深度学习框架
PyTorch 入门与实践

（第2版）

王博　周蓝翔　陈云◎编著

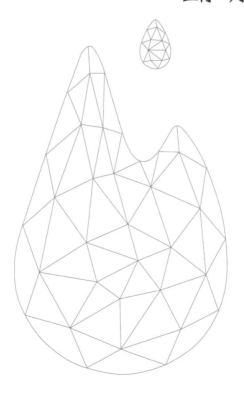

电子工业出版社·
Publishing House of Electronics Industry
北京·BEIJING

内 容 简 介

本书从多维数组 Tensor 开始，循序渐进地介绍 PyTorch 各方面的基础知识，并结合深度学习中的经典应用，带领读者从零开始完成几个经典而有趣的实际项目，包括动漫头像生成、风格迁移、自动写诗以及目标检测。本书还介绍了 PyTorch 的几个高级扩展，包括向量化计算、分布式加速以及 CUDA 扩展。

本书既适合深度学习的初学者及第一次接触 PyTorch 的研究人员阅读，也适合有一定 PyTorch 使用经验的用户阅读，帮助他们建立对 PyTorch 的基本认识，提高使用 PyTorch 框架解决实际问题的能力。

图书在版编目（CIP）数据

深度学习框架 PyTorch：入门与实践 / 王博，周蓝翔，陈云编著.—2 版.
—北京：电子工业出版社，2022.7
ISBN 978-7-121-43751-9

Ⅰ.①深… Ⅱ.①王… ②周… ③陈… Ⅲ.①机器学习 Ⅳ.①TP181

中国版本图书馆 CIP 数据核字（2022）第 101993 号

责任编辑：郑柳洁
印　　刷：涿州市般润文化传播有限公司
装　　订：涿州市般润文化传播有限公司
出版发行：电子工业出版社
　　　　　北京市海淀区万寿路 173 信箱　　　　邮编：100036
开　　本：787×980　　1/16　　印张：21.5　　字数：458 千字
版　　次：2018 年 1 月第 1 版
　　　　　2022 年 7 月第 2 版
印　　次：2024 年 4 月第 6 次印刷
定　　价：159.00 元

凡所购买电子工业出版社图书有缺损问题，请向购买书店调换。若书店售缺，请与本社发行部联系，联系及邮购电话：（010）88254888，88258888。

质量投诉请发邮件至 zlts@phei.com.cn，盗版侵权举报请发邮件至 dbqq@phei.com.cn。

本书咨询联系方式：（010）51260888-819，faq@phei.com.cn。

前言

为什么写这本书

伴随着人工智能浪潮的兴起，越来越多的研究者开始从事深度学习的相关研究。在实际的学习过程中，除了对理论本身进行研究与思考，还需要将自己的改进与优化付诸行动，从而更好地验证自己的想法。笔者在自身的学习生活以及助教生涯中发现，许多同学空有新奇的想法，但是很难将其实现。因此，有必要结合目前深度学习中最流行的框架 PyTorch 编写一本入门与实践指南。

本书第 1 版于 2018 年出版，当时主流的 PyTorch 版本为 0.3。随着 PyTorch 的不断更新迭代，许多函数接口已经被舍弃，同时新增了许多更加实用的功能接口。在本书第 1 版出版后，许多读者通过各路渠道提出了不少好的建议与意见，综合这些建议与意见，笔者对本书内容进行了较大程度的修订，主要修订和更新了以下几个方面的内容：

- 增加了 PyTorch 的扩展内容。本书新增了向量化计算、分布式加速以及 CUDA 扩展等高级内容，同时新增了更加丰富的函数方法，帮助读者编写更加高效、简洁的程序。

- 删除了陈旧的 API。使用 PyTorch 0.3 版本，在编写与神经网络相关的代码时，必须使用 Variable 定义数据，该版本的 Tensor 无法直接进行反向传播。当前版本的 PyTorch 已经优化了 Tensor 对象，可以直接进行反向传播。

- 修订了实战部分的内容，相比第 1 版而言更加实用。例如，实现了训练更加稳定的生成对抗网络，实现了支持任意风格的风格迁移网络，使用更加流行的 Transformer 架构进行自动写诗等。

本书的结构

本书分为四部分：第 1 部分（第 1 章）对深度学习框架进行简单介绍；第 2 部分（第 2 ~ 5 章）介绍 PyTorch 的基础知识；第 3 部分（第 6 ~ 8 章）介绍 PyTorch 的进阶

扩展；第 4 部分（第 9~13 章）介绍如何使用 PyTorch 进行实战。其中第 1、2、5、7、10、12、13 章由王博编写，第 3、4、6、8、9、11 章由周蓝翔编写，陈云在整本书的编写中提供了主体方向的指导及具体内容的修订建议。

第 1 章介绍深度学习框架的编年史，并对比介绍目前最为流行的两个深度学习框架——PyTorch 和 TensorFlow，同时解释了为什么要学习 PyTorch。

第 2 章介绍 PyTorch 的安装，以及相关学习环境的配置。同时，本章以概要的方式介绍了 PyTorch 的主要内容，帮助读者初步了解 PyTorch。

第 3 章介绍 PyTorch 中的多维数组 Tensor，以及自动微分系统 autograd 的使用，举例说明如何使用 Tensor 和 autograd 实现线性回归，并对比它们的不同点。本章对 Tensor 的基本结构以及 autograd 的原理进行了分析，帮助读者更加全面地了解 PyTorch 的底层模块。

第 4 章介绍 PyTorch 中神经网络模块 nn 的基本用法，讲解神经网络中的层、激活函数、损失函数以及优化器等。在本章的最后，带领读者使用不到 50 行的代码实现经典的网络结构 ResNet。

第 5 章介绍 PyTorch 中的数据处理、预训练模型、可视化工具以及 GPU 加速等工具，合理地使用这些工具可以提高用户的编程效率。

第 6 章介绍 PyTorch 中的向量化思想，主要包括广播法则、基本索引、高级索引以及爱因斯坦操作。在本章的最后，带领读者使用向量化思想实现深度学习中的卷积操作、交并比、RoI Align 以及反向 Unique 操作。

第 7 章介绍 PyTorch 中的分布式操作。并行计算和分布式计算可以加速网络的训练过程，本章详细介绍了并行计算和分布式计算的基本原理，同时介绍了如何使用 torch.distributed 和 Horovod 进行 PyTorch 的分布式训练。

第 8 章介绍 PyTorch 中的 CUDA 扩展，带领读者使用 CUDA 实现 Sigmoid 函数。同时，本章对 CUDA、NVIDIA-driver、cuDNN 和 Python 之间的关系进行了总结。

第 9 章是承上启下的一章，目标不是教会读者使用新函数、新知识，而是结合 Kaggle 中的一个经典比赛，实现深度学习中最为简单的图像二分类。在实现的过程中，将带领读者复习第 1~5 章的知识，并帮助读者合理地组织程序和代码，使程序更加易读且更好维护。同时，本章介绍了如何在 PyTorch 中调试代码。

第 10 章介绍生成对抗网络的基本原理，带领读者从零开始实现一个动漫头像生成器，能够利用生成对抗网络生成风格多变的动漫头像。

第 11 章介绍自然语言处理的一些基本知识，并详细介绍 CharRNN 和 Transformer 的基本原理。本章带领读者使用 Transformer 实现自动写诗，该程序可以模仿古人实现诗词的续写以及藏头诗的生成。

第 12 章介绍风格迁移的基本原理,带领读者实现支持任意风格迁移的神经网络。通过该网络,读者可以将任意图像转换为名画的风格。

第 13 章介绍目标检测的基本原理,带领读者实现单阶段、无锚框、无非极大值抑制的目标检测算法 CenterNet。CenterNet 的设计思路可以被迁移到三维图像的目标检测、人体姿态估计以及目标跟踪等经典的计算机视觉问题中。

适读人群

本书的目标读者可分为两类:一类是深度学习的初学者和第一次接触 PyTorch 的研究人员。本书没有简单、机械地介绍各个函数接口的使用,而是尝试分门别类、循序渐进地介绍 PyTorch 的基础知识,希望能够帮助这类读者构建对 PyTorch 较为完整的认识。

对于这类读者,如果想以最快的速度掌握 PyTorch,并将其应用到实际项目中,那么需要着重阅读第 2 章。在此基础上,如果需要深入了解某部分内容,那么再去阅读相应章节。如果想要完整、全面地掌握 PyTorch,则建议:

- 先阅读第 1~5 章,了解 PyTorch 各方面的基础知识。
- 再阅读第 9~13 章,挑选自己感兴趣的例子动手实践。
- 最后阅读第 6~8 章,学习 PyTorch 的进阶扩展。

另一类是有一定 PyTorch 使用经验的用户。对于这类读者,如果需要加强对 PyTorch 某个模块的了解,那么可以在前 5 章中进行有选择性的阅读。如果对本书的某些例子比较感兴趣,那么可以跳过前 5 章,直接阅读第 9 章,了解这些例子的程序设计与文件组织安排,然后阅读相应的例子。如果想要学习 PyTorch 的某些进阶扩展,编写更加高效的程序,那么可以有选择性地阅读第 6~8 章。

最后,希望读者在阅读本书的时候,尽量结合本书的配套代码进行阅读、修改并运行。

致谢

在编写本书的过程中,王浩宇和尹恒给予了很多建议,他们也分享了自己对 PyTorch 的使用经验,在此向他们表示谢意。感谢导师肖波副教授对我们的指导,他在本书的技术层面与行文逻辑上提供了很多建议。本书的策划编辑郑柳洁提出了大量有价值的建设性意见,并对许多细节问题进行了更正,在此向她致谢。同时,感谢本书的文字编辑葛娜对本书文字的加工润色。感谢同专业的好友樊常林、熊思诗、杜昀昊等给予的帮助,他们在本书的审阅过程中提供了许多建议。感谢我们的家人与朋友一直以来给予的支持,你们是我们完成本书的坚强后盾。

读者服务

微信扫码回复：43751
- 获取本书配套资源
- 加入"人工智能"读者群，与更多同道中人互动
- 获取【百场业界大咖直播合集】（持续更新），仅需 1 元

目录

1 深度学习框架简介

随着深度学习的不断发展，越来越多的人工智能应用进入人们的视线当中，如人脸检测、自动驾驶、AI 换脸等。这些应用诞生的背后是各种各样的深度学习框架，它们帮助算法工程师更加快速、准确地构建深度学习模型。本章将回顾深度学习框架的发展历史，并对比介绍两个主流的深度学习框架——PyTorch 和 TensorFlow，帮助读者选择更加适合自己的深度学习框架进行学习。

1.1 深度学习框架编年史

本节将按照时间顺序介绍近年来主流的深度学习框架，帮助读者建立对深度学习框架的一个基本认识。

图 1.1 展示了近年来在深度学习领域中影响较大的部分框架。总体而言，深度学习框架经历了从功能简陋到功能完备、从设计繁杂到设计简洁、从使用困难到使用轻松的发展历程，研究、开发深度学习框架的高校和公司也呈现百花齐放的态势。下面将简要介绍图中的几个深度学习框架，感兴趣的读者可以查阅相关资料来了解各个框架的具体开发理念与特点。

1. Torch

Torch 诞生于纽约大学，于 2002 年 10 月开源。Torch 提供了对多维数组 Tensor 的操作，用户可以便捷地搭建神经网络，并使用 GPU 进行加速。Torch 的目标在于帮助用户灵活、便捷地搭建深度学习模型，但美中不足的是，它使用了一种不是很大众的语言 Lua 作为接口，许多用户因为要学习一门新的语言就望而却步。2017 年，Torch 的幕后团队推出了 PyTorch，它在 Torch 的基础上进行重构，并提供了 Python 接口。目前 PyTorch 已经成为最受欢迎的深度学习框架之一。

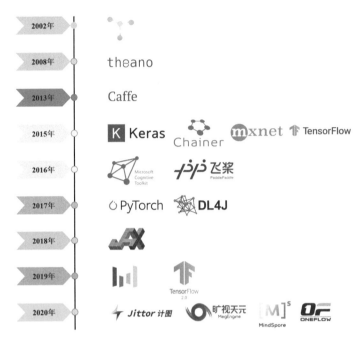

图 1.1　深度学习框架的发展历史

2.　Theano

　　Theano 是第一个有较大影响力的 Python 深度学习框架，它诞生于蒙特利尔大学 LISA 实验室，于 2008 年开始开发。Theano 为后续的深度学习框架开发奠定了基本的设计方向：以计算图框架为核心，采用 GPU 加速计算。Theano 诞生于研究机构，服务于研究人员，在工程设计上有较大的缺陷，不利于工业化部署。Theano 因为调试困难、构建计算图速度慢等缺点为人所诟病。为了加快推进深度学习研究的进程，人们在 Theano 的基础上提供了更好的封装接口，以方便用户使用。目前，Theano 已经停止开发，不推荐将其作为独立的研究工具继续学习。

3.　Caffe

　　随着计算机视觉的发展，Caffe 在很长一段时间内是最流行的深度学习框架。Caffe 诞生于加州大学伯克利分校，于 2013 年发布初版，主要作者为贾扬清。Caffe 的核心语言是 C++，同时提供命令行、Python 以及 MATLAB 接口。在 Caffe 中主要的抽象对象是层，每实现一个新的层，用户都需要使用 C++ 实现该层的前向传播和反向传播的代码。如果用户想要使用 GPU 进行网络的加速，那么还需要将上述代码用 CUDA 进行实现。随着贾扬清的毕业，以及许多其他出色的工业界框架的出现，Caffe 的开发渐渐放缓，现已基本停止更新。

2017 年 4 月 18 日，Facebook 正式开源了 Caffe 2，其侧重点是极致的性能与便携性。Caffe 2 以高性能、易扩展、移动端部署简单作为主要设计目标，它可以在多个平台上进行原型设计、训练和部署。2018 年 12 月，Facebook 正式宣布将 Caffe 2 合并至 PyTorch 当中，并正式发布 PyTorch 1.0 版本。

4. Keras

Keras 是对框架易用性的一个重要探索。它诞生于谷歌，于 2015 年 6 月 13 日开源。Keras 并不能称为一个独立的深度学习框架，它更像是一个深度学习接口，后端使用 TensorFlow、Theano 或者 CNTK 运行。Keras 采用 Python 开发，其简易的接口设计便于用户使用，能够帮助用户快速地将想法转换为结果。然而，Keras 为支持不同的后端进行了过度封装，这使得程序运行较为缓慢，同时用户难以新增操作或者获取底层的数据信息。因此，虽然 Keras 入门十分简单，但是其使用过程不够灵活，限制了用户对框架的深度学习和使用。

5. Chainer

Chainer 是第一个比较成功的基于动态图的深度学习框架。它诞生于日本的 Preferred Networks 公司，于 2015 年 6 月发布。Chainer 最大的优势是采用了动态图的设计模式，使用 Python 进行开发，便于用户进行调试。Chainer 是一个相对小众的框架，主要受众偏向于日本本土，没有得到有效的推广，开发该框架的公司已经宣布将项目迁移至 PyTorch。在易用性、灵活性和设计理念上，Chainer 都曾领先于 PyTorch，领先于整个业界，并且具有更好的 NumPy 兼容性。笔者认为，Chainer 是 PyTorch 的最大参考对象。Chainer 的结局揭示了一个心酸的事实：没有大公司背景的深度学习框架，很难获得长足发展。

6. MXNet

MXNet 诞生于 DMLC（Distributed Machine Learning Community），由多位华人学生共同开发，于 2015 年开源。MXNet 支持多种语言，以较强的分布式支持，明显的内存、显存优化为人称道。2016 年 11 月，MXNet 被亚马逊正式选为其云计算的官方深度学习平台。2017 年 8 月，MXNet 发布了动态图接口 Gluon，Gluon 与 PyTorch 的接口类似，MXNet 的作者李沐也亲自上阵，在线讲授如何从零开始利用 Gluon 入门深度学习，吸引了许多新用户。

7. TensorFlow

TensorFlow 的诞生代表着基于静态图的深度学习框架走到了巅峰。它诞生于 Google Brain 团队，于 2015 年 11 月 10 日开源。TensorFlow 基于静态图实现自动微分系统，使用数据流图进行数值计算，图中的节点表示数学运算，图中的边表示节点之间传递的张量。TensorFlow 是一个相对底层的系统，它创建了图、会话、命名空间、PlaceHolder 等诸多抽象概念，针对相同的概念同时提供了多种实现，这样相对复杂的系统设计导致用户学习成本较高。TensorFlow 有着强大的社区支持，提供了完备的部署工具，适应实际的生产环境，因此成为最炙手可热的深度学习框架之一。

2019 年 10 月 1 日，受于 PyTorch 的压力，谷歌正式发布 TensorFlow 2.0，该版本支持动态图和静态图的切换，同时吸取 PyTorch 的优势对接口的易用性进行了优化。然而，这样频繁迭代的接口要求用户花费大量的时间进行学习，许多开源的代码已经无法在新版本的 TensorFlow 上运行，关于 TensorFlow 2 的生态仍有待进一步完善。

8. CNTK

CNTK 诞生于微软，于 2016 年 1 月 25 日开源。和 TensorFlow 以及 Theano 一样，CNTK 将神经网络描述成一个计算图的结构，其中叶子节点表示输入或者网络参数，其他节点表示计算步骤。CNTK 在特定任务上表现比较出众，整体上属于较为均衡的框架，并没有得到大范围的推广。

9. PaddlePaddle

PaddlePaddle 诞生于百度，于 2016 年 9 月 27 日开源。PaddlePaddle 是国内开源最早的深度学习框架，在后续迭代中吸取了 TensorFlow 与 PyTorch 的优势，兼顾工程的实际部署和易用性。近年来，PaddlePaddle 加强了生态的建设力度，通过 AI Studio 平台为用户提供免费的 GPU 算力，并开源了诸如 PaddleOCR、PaddleDetection 等项目，便于用户部署使用。

10. PyTorch

PyTorch 诞生于 Facebook，于 2017 年 1 月 18 日开源。PyTorch 的前身是 2002 年诞生于纽约大学的科学计算库 Torch，它对 Tensor 之上的所有模块进行重构，新增了自动求导系统，成为最流行的动态图框架。受益于动态图与 Python 语言的灵活性，PyTorch 在易用性上做到了极致，熟悉 NumPy 的用户可以轻松使用 PyTorch 搭建深度学习模型，并灵活地进行修改。目前，PyTorch 凭借其易用性与灵活性已经成为最受研究人员喜爱的深度学习框架之一，绝大多数顶级会议的开源代码使用 PyTorch 实现。

11. Deeplearning4j

Deeplearning4j 于 2017 年 10 月发布，它基于 Java 语言开发，支持神经网络模型的构建、训练与部署，同时支持与 Hadoop、Spark 等框架进行对接。相较于其他成熟的框架而言，Deeplearning4j 的生态建设相对较差，部分功能也不太完备，用户较少。亚马逊于 2019 年推出了 Deep Java Library（DJL），DJL 提供了相对简洁的 API，同时支持多种深度学习框架，感兴趣的读者可以查阅相关资料。

12.　JAX

JAX 诞生于谷歌，于 2018 年 12 月开源。简单来说，JAX 就是支持 GPU 加速、自动微分的 NumPy 与 SciPy。作为最受欢迎的科学计算库，NumPy 具有功能齐全、API 稳定等优势。然而，NumPy 本身并不支持使用 GPU 加速，也不支持反向传播。JAX 提供了支持 Python 原生语句与 NumPy 函数的自动微分，通过 GPU 或者 TPU 进行加速计算，从而帮助用户快速地验证自己的想法。JAX 是一个相对底层的框架，基于它衍生出了许多优秀的开源代码库，如 Haiku、RLax、JAXNet 等，其生态正在不断演进中。

13.　BytePS

BytePS 诞生于字节跳动人工智能实验室，于 2019 年 6 月开源。BytePS 着重于分布式训练场景，通过引入辅助节点达到了更快的分布式训练速率。BytePS 提供了 TensorFlow、Keras、PyTorch、MXNet 等框架的使用接口，其 API 风格与 Uber 公司的 Horovod 类似，用户可以方便地进行迁移。

14.　Jittor

Jittor 诞生于清华大学计算机图形学组，于 2020 年 3 月 20 日开源。Jittor 基于统一计算图，融合了静态图与动态图的优势。Jittor 完全基于动态编译，用户可以对框架本身的代码进行修改，同时支持灵活地定义、组合新的算子。Jittor 整体的接口风格与 PyTorch 类似，同时提供 PyTorch 代码向 Jittor 代码的自动转换工具，用户的学习成本较低，但在生态方面仍需长时间的持续建设。

15.　MegEngine

MegEngine 诞生于旷视，于 2020 年 3 月 25 日开源。旷视宣称 MegEngine 是最适合工业级研发的框架之一，MegEngine 同时支持动态图与静态图，在训练与推理时使用完全相同的核心，无须进行额外的模型转换，测试时的速度和精度与训练时保持一致，可以方便地进行实际部署。MegEngine 的接口风格与 PyTorch 类似，用户的学习成本较低，同时还进行了显存与内存的优化，便于实际使用。

16.　MindSpore

MindSpore 诞生于华为，于 2020 年 7 月 31 日开源。MindSpore 使用基于源代码转换的自动微分，既支持自动控制流的自动微分，又支持静态编译优化，综合了静态图与动态图的优势。MindSpore 支持自动并行功能，可以根据开销自动选择数据并行、模型并行以及混合并行，十分方便地进行分布式训练。MindSpore 针对华为自研的晟腾处理器进行了进一步优化，但在生态方面仍需进一步完善与推广。

17. OneFlow

OneFlow 诞生于一流科技，于 2020 年 7 月 31 日开源。OneFlow 的主要关注点是分布式训练性能，旨在打造高性能且易用的多机多卡分布式训练体验。OneFlow 同时支持数据并行、模型并行以及混合并行，并称其分布式训练速度高于其他框架。作为一个年轻的框架，OneFlow 在生态方面仍需进一步完善与推广。

深度学习框架的发展历史可以被概括为：从蛮荒开始，到 TensorFlow 时，在功能上做到了极尽完备。而后，PyTorch 凭借着易用性吸引了大量的用户，引领了此后深度学习框架的设计理念。如今国内的许多机构针对自己的应用场景也在开发相应的框架，深度学习框架领域呈现百家争鸣的态势。

1.2 PyTorch 与 TensorFlow 的对比

PyTorch 和 TensorFlow 是目前最主流的两个深度学习框架，绝大多数研究者会选择 PyTorch 或者 TensorFlow 进行深度学习的入门学习。图 1.2 展示了近两年来几个主流深度学习框架的 Google 指数，其中 PyTorch 和 TensorFlow 的热度不相上下，均遥遥领先于其他框架。

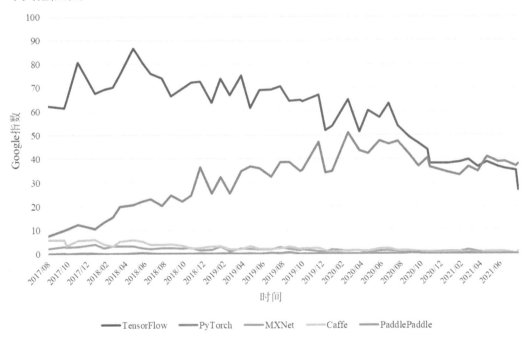

图 1.2 TensorFlow、PyTorch、MXNet、Caffe 和 PaddlePaddle 的 Google 指数

本节将从以下 4 个方面对比介绍 TensorFlow 和 PyTorch，帮助读者更好地选择学习和使用哪个框架。

1. 动态图与静态图

几乎所有的框架都是基于计算图的，计算图可以分为静态图和动态图两种。静态图是先定义再运行（define and run），一次定义、多次运行，这也意味着一旦创建就不能修改。静态图在定义时使用了特殊的语法，就像学习一门新的语言，同时在构建静态图时需要考虑所有的情况，这导致静态图过于庞大，可能占用过多的显存，不过其运行速度相对较快。动态图是在运行过程中被定义的，即在运行时构建（define by run），可以多次构建，多次运行。在构建动态图时可以使用 Python 的 if、while、for-loop 等常见语句，构建更加简单、直观，同时可以方便地进行修改、调试。

TensorFlow 最初选择使用静态图，这样的设计带来了较高的性能，但在构建网络时较为烦琐，用户需要专门学习 TensorFlow 的语法架构才能搭建网络，同时很难调试。PyTorch 选择使用动态图，动态图的设计模式更加符合人类的思考过程，方便查看、修改中间变量的值，用户可以轻松地搭建网络进行训练。目前，TensorFlow 2.0 之后的版本已经支持动态图的构建，并且提供动态图与静态图的转换功能。

2. 学术研究和开源代码

人工智能作为一个新兴学科，仍需进行大量研究、探索以解决各种问题。图 1.3 展示了近两年来几个主流深度学习框架在开源的学术论文中所占的比例（数据来源于 Paperswithcode），其中 PyTorch 凭借其易用性和大量的开源资源在学术界遥遥领先。以 2021 年 6 月的数据为例，PyTorch 所占的比例几乎是 TensorFlow 的 6 倍。随着开源资源数量的逐步增多，这种领先优势也会逐步扩大。

3. 工业化

工业界更加关心如何将深度学习算法部署到各种架构的平台上，TensorFlow 凭借其完备的功能支持受到了工业界的广泛欢迎。TensorFlow 提供了 TensorFlow Serving 和 TensorFlow Lite，可以便捷地将训练好的模型部署到集群以及移动设备上。同时，TensorFlow 开源较早，许多公司已经建立起完整的使用 TensorFlow 开发、部署的模式，这对于追求稳定性的工业界十分重要。不过，受限于 TensorFlow 2.0 版本后的接口变动，许多成熟的模型并不能直接在新版本的 TensorFlow 上运行。而 PyTorch 曾经在工业化部署方面相对较弱，但是背靠 Facebook 数十亿用户，近些年来，PyTorch 团队也在着手进行完善。PyTorch 于 2020 年 4 月发布了 TorchServe，以帮助用户灵活地进行模型部署。同时，PyTorch 对 ONNX（微软定义的一种开放式的文件格式）和 TensorRT 的支持也愈加丰富。然而，对于部分复杂的算子，仍然需要重新进行设计。

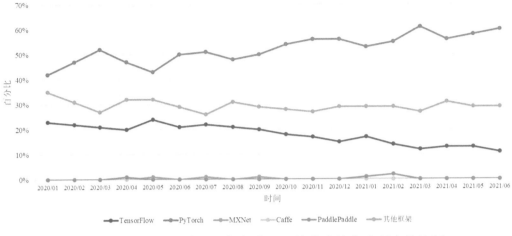

图 1.3　几个主流深度学习框架在开源的学术论文中所占的比例

4.　学习成本

　　TensorFlow 作为一个相对底层的系统，它创造了许多全新的概念，用户近似需要学习一门新的语言。TensorFlow 最令人诟病的是它混乱且频繁更新的接口设计：同样的功能提供了多种实现，对接口的设计没有考虑向后兼容性等。虽然有关 TensorFlow 的文档、教程很多，但是整体而言层次性不强，用户很难快速地使用 TensorFlow 完成具体的任务。

　　而 PyTorch 更多地从算法工程师的角度考虑，它的接口风格与 NumPy 类似，Python 用户可以便捷地使用 PyTorch 搭建模型，并进行调试。同时，PyTorch 提供了完整的文档、循序渐进的指南以及作者亲自维护的论坛供用户交流问题。

　　总体而言，TensorFlow 是一个十分完备的系统，在开发它时主要从系统设计的角度出发，目标十分宏大，力求成为最强大的深度学习框架。然而，作为一个还在快速发展探索的领域，人工智能研发人员实际需要的可能并没有这么复杂，他们更加希望快速地实现和尝试自己的想法，这也是为什么半路出家的 PyTorch 能够异军突起，一举成为最受欢迎的深度学习框架之一（可能没有"之一"）。

1.3　为什么选择 PyTorch

　　PyTorch 作为最受欢迎的深度学习框架之一，它主要有以下几个核心优势。

- **易用**：编程是一项智力劳动，通过易用的工具可以最快地实现用户的想法。最易用的程序就是用户需要学习新东西最少的程序，换句话说，最易用的程序就是最切合用户已有知识的程序。PyTorch 具有 Pythonic 设计风格，以及与 NumPy 类似的接口，Python 用户可以快速、方便地使用 PyTorch 搭建模型。同时，PyTorch 官方提供了层次分明的文档，用户的学习成本较低。基于动态图的优势，用户可以方便地调试 PyTorch 代码。PyTorch 的设计符合人们的思维，它让用户尽可能地专注于实现自己的想法，所思即所得，不需要考虑太多框架本身的束缚。

- **简洁**：PyTorch 的设计追求更少的封装，尽量避免重复造轮子。PyTorch 的设计遵循 Tensor→autograd→nn.Module 三个由低到高的抽象层次，其分别代表高维数组、自动求导和神经网络。这三个抽象之间的关系紧密，可以同时进行修改和操作。简洁的设计带来的另一个好处就是代码易于理解。更少的抽象、更加直观的设计，使得 PyTorch 的源码十分容易阅读，使用 PyTorch 搭建的模型也更加清晰、直观。PyTorch 的设计真正做到了 "Keep it Simple, Stupid"，与 UNIX 的简洁之美如出一辙。

- **生态**：PyTorch 拥有最多的开源模型，这意味着无论研究什么领域，用户都可以轻松找到相关源码进行研读。关于深度学习的绝大多数前沿研究是使用 PyTorch 进行的，许多顶级会议开放的源码也使用 PyTorch 构建。如果读者想要学习最新的算法，并将其应用在实践中，那么 PyTorch 将是不二之选。同时，PyTorch 有着优秀的社区，用户可以方便地交流和求教问题。背靠 Facebook，PyTorch 的开发者也会根据用户的反馈不断迭代更新 PyTorch。

- **拓展**：PyTorch 凭借其易用性与简洁性成为最受欢迎的深度学习框架之一。目前，许多国产的深度学习框架（如 Jittor、MegEngine 等）的接口风格均与 PyTorch 保持一致，以此降低用户的学习成本。读者在掌握了 PyTorch 的基本用法后，可以很容易学习和使用新的框架。

总体而言，PyTorch 十分适合作为用户学习的第一个深度学习框架，相信用户在学习和使用的过程中会逐渐爱上 PyTorch，并使用它打开深度学习和人工智能的大门。

2 | PyTorch 快速入门

本章将介绍如何安装 PyTorch，以及如何配置学习环境，并带领读者快速浏览 Py-Torch 中的主要内容，初步了解 PyTorch。

2.1 安装与配置

PyTorch 是一个以 C 语言为主导开发的轻量级深度学习框架，它提供了丰富的 Python 接口以便用户使用。在使用 PyTorch 之前，读者需要安装 Python 环境以及 pip 包管理工具，笔者推荐使用 Anaconda 配置相关虚拟环境。本书中的所有代码均使用 Py-Torch 1.8 版本编写，在 Python 3 环境中运行得到最终结果。此外，本书默认使用 Linux 系统作为开发环境。

为了方便用户安装和使用，PyTorch 官方提供了多种安装方法。本节将介绍几种常用的安装方法，读者可以根据自己的情况选用。

2.1.1 在 Linux 系统下安装 PyTorch

1. 使用 pip 安装

目前，使用 pip 安装 PyTorch 二进制包是最简单、最不容易出错的，同时也是最适合新手的安装方法。读者可以从 PyTorch 官网选择操作系统、包管理器、编程语言及 CUDA 版本，从而得到对应的安装命令，如图 2.1 所示。

以 Linux 平台、pip 包管理器、PyTorch 1.8 及 CUDA 10.2 为例，安装命令如下：

```
pip install torch==1.8.0 torchvision==0.9.0 torchaudio==0.8.0
```

待全部安装完成后，打开 Python，运行如下命令：

```
import torch as t
```

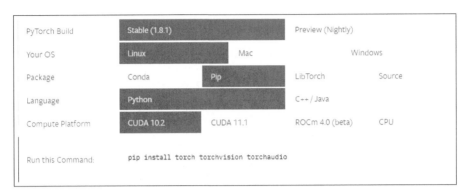

图 2.1　在 Linux 系统下使用 pip 安装 PyTorch

如果上述命令没有报错，那么表示 PyTorch 安装成功。在安装 PyTorch 时，读者需要注意以下两点：

- PyTorch 对应的 Python 包名是 torch，而非 pytorch。
- 如果需要使用 GPU 版本的 PyTorch，那么需要先安装 NVIDIA 显卡驱动，再安装 PyTorch。

2.　使用 conda 安装

conda 是 Anaconda 自带的包管理器。如果读者使用 Anaconda 作为 Python 环境，那么除了使用 pip 安装 PyTorch，还可以使用 conda 进行安装。同样，读者可以从 PyTorch 官网选择对应的操作系统、包管理器、编程语言及 CUDA 版本，从而得到对应的安装命令，如图 2.2 所示。

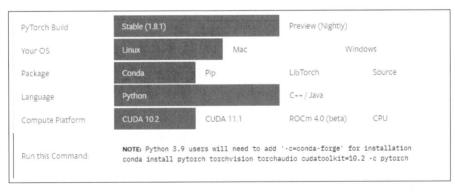

图 2.2　在 Linux 系统下使用 conda 安装 PyTorch

以 Linux 平台、conda 包管理器、PyTorch 1.8 及 CUDA 10.2 为例，安装命令如下：

```
conda install pytorch==1.8.0 torchvision==0.9.0 torchaudio==0.8.0 cudatoolkit=10.2 -c
pytorch
```

其中，-c pytorch 表示从官网下载安装，速度可能较慢。因此，可以将 conda 源更换为清华镜像源，读者可自行搜索更换方法。在配置完清华镜像源后，就可以去掉 -c pytorch 命令，从而较快地通过 conda 完成 PyTorch 的安装。

注意：PyTorch 在安装包中已经集成了与 CUDA 相关的二进制文件，因此 CUDA 版本可以和系统的 CUDA 版本不一致，具体可以参考 8.2 节。另外，读者也可以选择只支持 CPU 的版本，或者还处在测试阶段的 AMD GPU 版本（ROCm）。

2.1.2　在 Windows 系统下安装 PyTorch

1.　使用 pip 安装

对于 PyTorch 1.8，官网提供了基于 pip 包管理器的安装方法。同样，选择操作系统、pip 包管理器、编程语言及 CUDA 版本，就可以得到对应的安装命令，如图 2.3 所示。

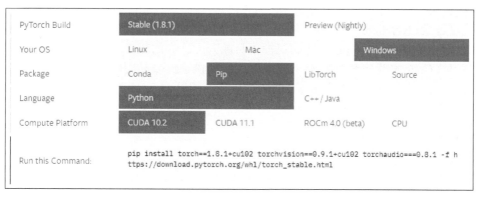

图 2.3　在 Windows 系统下使用 pip 安装 PyTorch

2.　使用 conda 安装

与在 Linux 系统下的安装类似，在进行相应的选择后，官网提供的命令界面如图 2.4 所示。

为了加快安装的速度，用户可以配置清华镜像源，读者可自行搜索配置方法。在配置完清华镜像源后，就可以去掉 -c pytorch 命令，从而较快地通过 conda 完成 PyTorch 的安装。

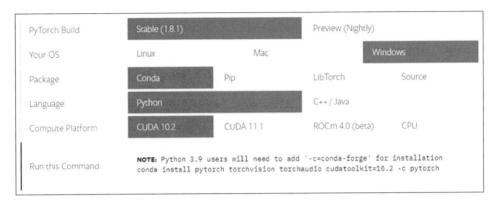

图 2.4　在 Windows 系统下使用 conda 安装 PyTorch

2.1.3　学习工具介绍

工欲善其事，必先利其器。在从事与科学计算相关的工作时，IPython 和 Jupyter Notebook 是两个重要的工具，笔者推荐使用 IPython 或者 Jupyter Notebook 来学习本书的示例代码。类似的开发工具还有 PyCharm 以及 Visual Studio Code（VS Code）。笔者认为，Jupyter Notebook 中聚合了网页与可视化的功能，十分便捷、易用；PyCharm 更全面，但也更复杂，更适合一些大规模项目的开发，它的较多功能需要使用付费的专业版；VS Code 的生态环境已经十分成熟，它提供了许多易用的插件以提升用户的体验感。因此，本节将向读者介绍 VS Code、IPython 以及 Jupyter Notebook 的安装与使用方法。

1.　Visual Studio Code

VS Code 是一款由微软开发的免费且开源的编辑器，它支持所有主流的开发语言。VS Code 适合用户进行远程开发，它支持 SSH 传输协议，可用于连接远程服务器。同时，VS Code 提供了十分丰富的插件来提高用户的开发效率，例如 Python（用于代码调试、变量检测等）、Remote-SSH（用于连接远程服务器）、Jupyter（用于加载 Jupyter Notebook）等。

在 VS Code 官网上可直接下载 VS Code，目前其支持 Windows、Linux 以及 macOS 系统。在成功安装 VS Code 后，读者可以通过左侧菜单栏中的扩展页面（快捷键为 Ctrl +⇧+X）下载相关插件，如图 2.5 所示。

在安装好 Python 插件以及 Jupyter 插件后，读者可以直接使用 VS Code 打开 .py 和 .ipynb 文件，在 VS Code 中使用 Jupyter Notebook，如图 2.6 所示。VS Code 提供了自动补全、悬停提示等多种实用的功能，十分适合 Python 入门者进行后续学习。

图 2.5　在 VS Code 中下载插件

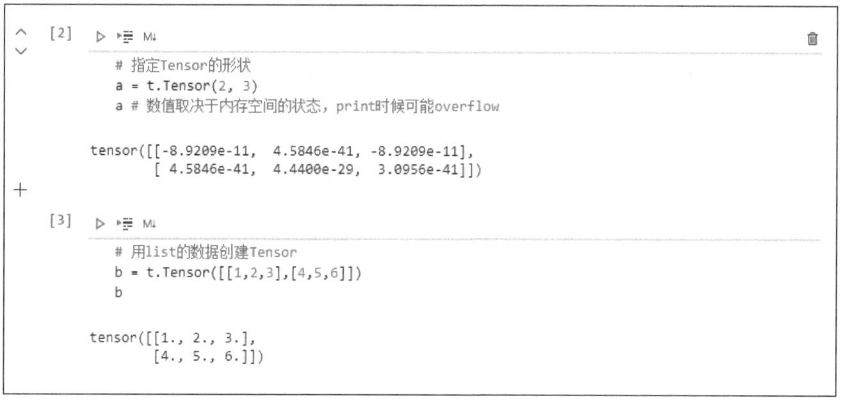

图 2.6　在 VS Code 中使用 Jupyter Notebook

2.　IPython

IPython 是一个交互式计算系统，可以认为是增强版的 Python Shell，它提供了强大的 REPL（交互式解析器）功能。对于从事科学计算的用户来说，IPython 提供了方便的可交互式学习以及调试的功能。

安装 IPython 十分简单，读者可以通过以下命令安装 IPython：

```
pip install ipython
```

在安装完成后，在命令行输入 `ipython` 即可启动 IPython，显示如下：

```
Python 3.6.13 | packaged by conda-forge | (default, Feb 19 2021, 05:36:01)
Type 'copyright', 'credits' or 'license' for more information
IPython 7.16.1 -- An enhanced Interactive Python. Type '?' for help.


In [1]: import torch as t
```

输入 exit 命令或者按 Ctrl + D 快捷键即可退出 IPython。IPython 有许多强大的功能，其中最常用的功能如下。

自动补全

IPython 最方便的功能之一是自动补全，输入一个函数或者变量的前几个字母，按 ⇥ 键，就能实现自动补全，如图 2.7 所示。

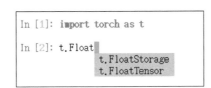

图 2.7　IPython 自动补全

内省

内省是指在程序运行时获得一个对象的全部类型信息，这对实际学习有很大的帮助。例如，在某个函数或者模块之后输入 ?，可以查看其对应的帮助文档。有些帮助文档比较长，可能跨页，这时可按空格键翻页，输入 q 命令退出。示例如下：

```
In [1]: import torch as t

In [2]: t.abs?
Docstring:
abs(input, out=None) -> Tensor


Computes the element-wise absolute value of the given:attr: input tensor.


.. math::
    \text{out}_{i} = |\text{input}_{i}|


Args:
    input (Tensor): the input tensor.
    out (Tensor, optional): the output tensor.
```

```
Example::

    >>> torch.abs(torch.tensor([-1, -2, 3]))
    tensor([ 1,  2,  3])
Type:        builtin_function_or_method
```

在函数或模块之后输入两个问号，例如 torch.nn.L1Loss??，可以查看这个对象的源码。**注意，此处的源码是 Python 对应的源码，无法查看 C/C++ 的源码。**

快捷键

IPython 提供了很多快捷键。例如，按上箭头可以重新输入上一条代码；一直按上箭头，可以追溯到之前输入的代码。按 Ctrl + C 快捷键可以清空当前输入，或者停止正在运行的程序。IPython 中常用的快捷键如表 2.1 所示。

表 2.1　IPython 中常用的快捷键

快捷键	功能
Ctrl + P 或上箭头	搜索之前命令历史中以当前输入文本开头的命令
Ctrl + N 或下箭头	搜索之后命令历史中以当前输入文本开头的命令
Ctrl + ⇧ + V	粘贴代码或代码块
Ctrl + A	跳转到行头
Ctrl + E	跳转到行尾
Ctrl + R	搜索命令历史中包含当前输入关键词的命令

魔术方法

IPython 还提供了一些特殊的命令，这些命令以 % 开头，称为魔术方法。例如，可以通过 %hist 查看当前 IPython 下的输入历史等。示例如下：

```
In [1]: import torch as t

In [2]: a = t.Tensor(2,3)

In [3]: %timeit a.sum() # 检测某条语句的执行时间
7.34 µs ± 18.3 ns per loop (mean ± std. dev. of 7 runs, 100000 loops each)
```

```
In [4]: %hist # 查看输入历史
import torch as t
a = t.Tensor(2, 3)
%timeit a.sum()
```

```
%hist

In [5]: %paste # 执行剪贴板中的代码，如果只需粘贴而不执行，那么使用 "Ctrl+Shift+V"
def add(x, y, z):
    return x + y + z
## -- End pasted text --

In [6]: %cat a.py # 查看某一个文件的内容，这个文件只有两行代码
b = a + 1
print(b.size())

In [7]: %run -i a.py # 执行文件，-i选项代表在当前命名空间中执行，此时会使用当前
                     # 命名空间中的变量，结果也会返回至当前命名空间中
torch.Size([2, 3])

In [8]: b
Out[8]:

tensor([[1., 1., 1.],
        [1., 1., 1.]])
```

和普通 Python 对象一样，魔术方法也支持内省，可以在命令后面加？或 ??，查看对应的帮助文档或源码。例如，通过 %run? 可以查看它的使用说明。IPython 中常用的魔术方法如表 2.2 所示。

表 2.2　IPython 中常用的魔术方法

命 令	说 明
%debug	最重要的命令，进入调试模式（使用 q 退出）
%quickref	显示快速参考
%who	显示当前命名空间中的变量
%magic	查看所有魔术方法
%env	查看系统环境变量
%xdel	删除变量并删除其在 IPython 上的一切引用

粘贴

IPython 支持多种格式的粘贴，除了使用 %paste 魔术方法，还可以直接粘贴多行代码、doctest 代码和 IPython 的代码（下面的代码都是使用 Ctrl + V 快捷键直接粘贴的。如果是 Linux 终端，则应该使用 Ctrl + ⇧ + V 快捷键直接粘贴，或者单击鼠标右键，选择"粘贴"选项）。

```
In [1]: In [1]: import torch as t
   ... :
   ... : In [2]: a = t.rand(2, 3)
   ... :
   ... : In [3]: a
Out[1]:
tensor([[0.9308, 0.3277, 0.4836],
        [0.8710, 0.8060, 0.7158]])

In [2]: >>> import torch as t
   ... : >>> a = t.rand(2, 3)
   ... : >>> a
   ... :
Out[2]:
tensor([[0.3637, 0.3146, 0.8401],
        [0.2032, 0.7698, 0.3965]])

In [3]: import torch as t
   ... : a = t.rand(2, 3)
   ... : a
Out[3]:
tensor([[0.6753, 0.6220, 0.3510],
        [0.9146, 0.5749, 0.4940]])
```

使用 IPython 进行调试

IPython 最主要、最好用的功能就是调试。IPython 的调试器 ipdb 增强了 pdb，提供了很多实用的功能，例如，按 [⇥] 键自动补全、语法高亮等。当通过 `%run main.py` 运行程序报错时，IPython 并不会退出，此时用户可以使用 `%debug` 魔术方法进入调试模式，直接跳转到报错的代码处，这样可以降低复现程序错误导致的开销。在调试模式下，可通过 u、d 实现在堆栈中上下移动。ipdb 中常用的调试命令如表 2.3 所示。

调试是一个重要的功能，不仅在学习 PyTorch 时需要用到，而且在学习 Python 或者 IPython 时也会经常使用。更多的调试功能，可以通过 h <命令> 查看该命令的使用方法来了解。关于调试的更多技巧，将在本书第 9 章中进行介绍。

如果想在 IPython 之外使用调试功能，那么首先需要使用 `pip install ipdb` 命令安装 ipdb，然后在需要调试的地方加上以下代码：

```
import ipdb
ipdb.set_trace()
```

19

当程序运行到这一步时，会自动进入调试模式。

表 2.3 ipdb 中常用的调试命令

命 令	功 能
h(help)	显示帮助信息
u(up)	在函数调用栈中向上移动
d(down)	在函数调用栈中向下移动
n(next)	单步执行，执行下一步
s(step)	单步进入当前函数调用
a(args)	查看当前调用函数的参数
l(list)	查看当前行的上下文参考代码
b(break)	在指定位置设置断点
q(quit)	退出

3. Jupyter Notebook

Jupyter Notebook 是一个交互式笔记本，其前身是 IPython Notebook，后来从 IPython 中独立出来，目前支持运行 40 多种编程语言。对希望编写漂亮的交互式文档和从事科学计算的用户来说，Jupyter Notebook 是一个不错的选择。

Jupyter Notebook 的使用方法与 IPython 非常类似，Jupyter Notebook 有以下三个优势。

- 更美观的界面：相比在终端使用 IPython，Jupyter Notebook 提供了图形化操作界面，更加美观、简洁。
- 更好的可视化支持：Jupyter Notebook 与 Web 技术深度融合，支持直接在 Jupyter Notebook 中可视化，这对于需要经常绘图的科学运算实验来说十分便利。
- 方便远程访问：在服务器端开启 Jupyter Notebook 服务后，客户端只需要有浏览器且能访问服务器，就可以使用远程服务器上的 Jupyter Notebook。这对于需要访问 Linux 服务器，而在办公电脑中使用的是 Windows 系统的用户来说十分方便，避免了在本地配置环境的复杂流程。

安装 Jupyter Notebook 只需要一条 pip 命令：

```
pip install jupyter
```

在安装完成后，用户在命令行输入 jupyter notebook 命令即可启动 Jupyter Notebook，此时浏览器会自动弹出，并打开 Jupyter Notebook 主界面，如图 2.8 所示。用户也可以手动打开浏览器，输入 http://127.0.0.1:8888（Jupyter Notebook 的默认端口是 8888，用户可以在启动时指定不同的端口）访问 Jupyter Notebook。

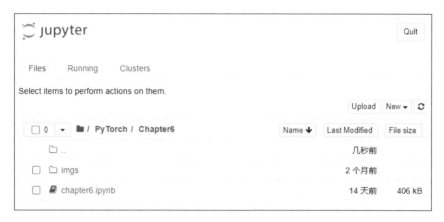

图 2.8　Jupyter Notebook 主界面

单击右侧的"New"按钮，选择相应的 Notebook 类型（如 Python 3、Python 2 等），就可以新建一个 Notebook。读者可以在 In [ ] 后面的编辑区输入代码，按 ⌨Ctrl + ⌨Enter 快捷键运行代码，如图 2.9 所示。

图 2.9　在 Jupyter Notebook 中运行代码

如果用户需要访问远程服务器上的 Jupyter Notebook，那么需要在服务器中搭建 Jupyter Notebook 服务，然后通过浏览器访问。设置流程如下：

（1）生成 Jupyter Notebook 的配置文件。

```
jupyter notebook --generate-config
```

执行上述命令，会在当前用户的 .jupyter 目录下生成名为 jupyter_notebook_config.py 的配置文件。

（2）设置密码，并获取加密后的密码。

```
from notebook.auth import passwd

p = passwd()
# 输入密码
# 确认密码
print(p)
```

打印得到的结果 argon2:... 即为加密后的密码。

（3）打开第一步生成的配置文件，修改以下内容。

```
# 加密后的密码
c.NotebookApp.password = u'argon2:...'

# 如果只想绑定某个IP地址，那么改成对应的IP地址即可
c.NotebookApp.ip = '*'

# 绑定端口号。如果该端口已经被占用，则会自动使用下一个端口号10000
c.NotebookApp.port = 9999
```

（4）启动 Jupyter Notebook。

```
jupyter notebook
```

（5）在客户端打开浏览器，访问 URL：http://[服务器IP地址]:9999，输入密码，即可访问 Jupyter Notebook。

如果在客户端浏览器中无法打开 Jupyter Notebook，那么有可能是防火墙的缘故，用户可以输入以下命令开放对应的端口（若使用 IPv6，则需要把 iptables 命令改成 ip6tables）：

```
iptables -I INPUT -p tcp --dport 9999 -j ACCEPT
iptables save
```

Jupyter Notebook 的使用和 IPython 极为类似，上文介绍的 IPython 使用技巧在 Jupyter Notebook 中都基本适用。Jupyter Notebook 支持自动补全、内省、魔术方法、调试等功能，但它的快捷键与 IPython 有较大的不同，读者可通过菜单栏中的 "Help" → "Keyboard Shortcuts" 查看详细的快捷键。Jupyter Notebook 还支持很多其他功能，如 Markdown 语法、HTML、各种可视化等。更多关于 IPython 和 Jupyter Notebook 的使用技巧，读者可以查看官方文档。

除了 Jupyter Notebook，Jupyter 还推出了最新的数据科学工具 JupyterLab。JupyterLab 包含了 Jupyter Notebook 的全部功能，并增强了交互式体验，比如提供了仪表盘用于灵

活地更改参数、多视图预览同一个文件等。二者的操作基本一致，读者可根据个人喜好
进行选择。

2.1.4　服务器开发介绍

一般来说，大规模计算资源（如 GPU）都被部署在远程服务器上，而用户通常是
在本地进行代码编辑的。因此，服务器开发是最常见的一种开发模式。下面对常见的几
种服务器开发模式进行总结。

- 首先将服务器上的文件夹通过 SSHFS 挂载到本地，然后在 VS Code 中打开，使用
  本地的 Python 解释器运行、调试代码。在这种开发模式下，挂载的文件的读/写、
  运行较慢，而且无法使用服务器的 GPU。
- 在本地的 VS Code 中编写代码，通过 Git 上传到远程服务器，在服务器中使用
  IPython/Python 运行代码。这种做法比较烦琐，不方便调试。
- 首先在远程服务器上启动 Jupyter Notebook 或 JupyterLab，然后在本地使用浏览器
  或者 VS Code 连接远程的 Jupyter Notebook 编写代码。由于 Jupyter 自带的编辑功
  能比较简陋，这种方法也不推荐。
- 笔者推荐的方法：首先利用 VS Code 的 Remote SSH 打开远程服务器上的文件夹，
  然后使用远程服务器的 Python 解释器运行、调试代码。在这种开发模式下，代码
  启动更快，读取远程数据也更方便。

2.2　PyTorch 快速入门指南

PyTorch 的简洁设计使得它易于入门，在深入介绍 PyTorch 之前，本节先介绍一些
PyTorch 的基础知识，以便读者对 PyTorch 有一个大致的了解，并能够用 PyTorch 搭建
一个简单的神经网络。对于暂时不太理解的部分内容，读者可以先不予深究，本书的
第 3 ~ 5 章将对这些内容进行深入讲解。

本节内容参考了 PyTorch 的官方教程，并做了相应的增删，内容更加贴合新版本的
PyTorch 接口，同时也更适合新手快速入门。另外，本书需要读者掌握基础的 NumPy 概
念。有关 NumPy 的基础知识，可以参考 CS231n 等教程。

2.2.1　Tensor

Tensor 是 PyTorch 中最重要的数据结构，它可以是一个数（标量）、一维数组（向
量）、二维数组（如矩阵、黑白图像等）或者更高维的数组（如彩色图像、视频等）。
Tensor 与 NumPy 的 ndarray 类似，但 Tensor 可以使用 GPU 加速。下面通过几个示例来
了解 Tensor 的基本使用方法。

```
In: import torch as t
    t.__version__ # 查看PyTorch的版本信息
```

```
Out:'1.8.0'
```

```
In: # 构建一个2×3的矩阵，只分配了空间未初始化，其数值取决于内存空间的状态
    x = t.Tensor(2, 3) # 维度: 2×3
    x
```

```
Out:tensor([[7.9668e-37, 4.5904e-41, 7.9668e-37],
            [4.5904e-41, 0.0000e+00, 0.0000e+00]])
```

注意：torch.Tensor() 可以使用 int 类型的整数初始化矩阵的行数和列数，torch.tensor() 需要确切的数值进行初始化。

```
In: y = t.Tensor(5)
    print(y.size())
    z = t.tensor([5]) # torch.tensor需要确切的数值进行初始化
    print(z.size())
```

```
Out:torch.Size([5])
    torch.Size([1])
```

```
In: # 使用正态分布初始化二维数组
    x = t.rand(2, 3)
    x
```

```
Out:tensor([[0.1533, 0.9600, 0.5278],
            [0.5453, 0.3827, 0.3212]])
```

```
In: print(x.shape) # 查看x的形状
    x.size()[1], x.size(1) # 查看列的个数，这两种写法等价
```

```
Out:torch.Size([2, 3])
    (3, 3)
```

```
In: y = t.rand(2, 3)
    # 加法的第一种写法
    x + y
```

```
Out:tensor([[1.1202, 1.6476, 1.1220],
            [1.0161, 1.1325, 0.3405]])
```

```
In: # 加法的第二种写法
    t.add(x, y)
```

```
Out:tensor([[1.1202, 1.6476, 1.1220],
            [1.0161, 1.1325, 0.3405]])
```

```
In: # 加法的第三种写法：指定加法结果的输出目标为result
    result = t.Tensor(2, 3) # 预先分配空间
    t.add(x, y, out=result) # 输入到result
    result
```

```
Out:tensor([[1.1202, 1.6476, 1.1220],
            [1.0161, 1.1325, 0.3405]])
```

```
In: print('初始的y值')
    print(y)

    print('第一种加法，y的结果')
    y.add(x) # 普通加法，不改变y的值
    print(y)

    print('第二种加法，y的结果')
    y.add_(x) # inplace加法，y改变了
    print(y)
```

```
Out:初始的y值
    tensor([[0.9669, 0.6877, 0.5942],
            [0.4708, 0.7498, 0.0193]])
第一种加法，y的结果
    tensor([[0.9669, 0.6877, 0.5942],
            [0.4708, 0.7498, 0.0193]])
第二种加法，y的结果
    tensor([[1.1202, 1.6476, 1.1220],
            [1.0161, 1.1325, 0.3405]])
```

注意：函数名后面带下画线 _ 的函数被称为 inplace 操作，它会修改 Tensor 本身。例如，x.add_(y) 和 x.t_() 会改变 x，x.add(y) 和 x.t() 返回一个新的 Tensor，x 不变。

```
In: # Tensor的索引操作与NumPy类似
    x[:, 1]
```

```
Out:tensor([0.8969, 0.7502, 0.7583, 0.3251, 0.2864])
```

Tensor 和 NumPy 数组之间的相互操作非常容易且快速。对于 Tensor 不支持的操作，可以先转为 NumPy 数组进行处理，然后再转回 Tensor。

```
In: a = t.ones(5) # 新建一个全1的Tensor
    a
```

```
Out:tensor([1., 1., 1., 1., 1.])
```

```
In: b = a.numpy() # Tensor → NumPy数组
    b
```

```
Out:array([1., 1., 1., 1., 1.], dtype=float32)
```

```
In: import numpy as np
    a = np.ones(5)
    b = t.from_numpy(a) # NumPy数组 → Tensor
    print(a)
    print(b)
```

```
Out:[1. 1. 1. 1. 1.]
    tensor([1., 1., 1., 1., 1.], dtype=torch.float64)
```

因为在大多数情况下 Tensor 和 NumPy 对象共享内存，所以它们之间的转换很快，几乎不会消耗资源。这也意味着，其中一个发生了变化，另一个会随之改变。

```
In: b.add_(1) # 以下画线结尾的函数会修改自身
    print(b)
    print(a)  # Tensor和NumPy对象共享内存
```

```
Out:tensor([2., 2., 2., 2., 2.], dtype=torch.float64)
    [2. 2. 2. 2. 2.]
```

如果想获取 Tensor 中某一个元素的值，那么可以使用索引操作得到一个零维度的 Tensor（一般称为 scalar），再通过 scalar.item() 获取具体的数值。

```
In: scalar = b[0]
    scalar
```

```
Out:tensor(2., dtype=torch.float64)
```

```
In: scalar.shape # 0-dim
```

```
Out:torch.Size([])
```

```
In: scalar.item() # 使用scalar.item()可以从中取出Python对象的数值
```

```
Out:2.0
```

```
In: tensor = t.tensor([2]) # 注意和scalar的区别
    tensor, scalar
```

```
Out:(tensor([2]), tensor(2., dtype=torch.float64))
```

```
In: tensor.size(), scalar.size()
```

```
Out:(torch.Size([1]), torch.Size([]))
```

```
In: # 只有一个元素的tensor也可以调用tensor.item()
    tensor.item(), scalar.item()
```

```
Out:(2, 2.0)
```

```
In: tensor = t.tensor([3,4]) # 新建一个包含3和4两个元素的Tensor
    old_tensor = tensor
    new_tensor = old_tensor.clone()
    new_tensor[0] = 1111
    old_tensor, new_tensor
```

```
Out:(tensor([3, 4]), tensor([1111,    4]))
```

注意：torch.tensor() 与 tensor.clone() 总是会进行数据复制，新的 Tensor 和原来的数据不再共享内存。如果需要共享内存，那么可以使用 torch.from_numpy() 或者 tensor.detach() 新建一个 Tensor。

```
In: new_tensor = old_tensor.detach()
    new_tensor[0] = 1111
    old_tensor, new_tensor
```

```
Out:(tensor([1111,    4]), tensor([1111,    4]))
```

在深度学习中，Tensor 的维度特征十分重要。有时需要对 Tensor 的维度进行变换，针对该问题，PyTorch 提供了许多快捷的变换方式，例如维度变换的 view、reshape，维度交换的 permute、transpose 等。

在维度变换中，可以使用 view 操作与 reshape 操作来改变 Tensor 的维度，二者之间有以下区别。

- view 操作只能用于内存中连续存储的 Tensor。如果 Tensor 使用了 transpose、

27

permute 等维度交换操作，那么 Tensor 在内存中会变得不连续。此时不能直接使用 view 操作，应该先将其连续化，即 tensor.contiguous.view()。

- reshape 操作不要求 Tensor 在内存中是连续的，直接使用即可。

下面举例说明几种维度变换操作。

```
In: x = t.randn(4, 4)
    y = x.view(16)
    z = x.view(-1, 8)  # -1表示由其他维度计算决定
    print(x.size(), y.size(), z.size())
```

```
Out:torch.Size([4, 4]) torch.Size([16]) torch.Size([2, 8])
```

```
In: p = x.reshape(-1, 8)
    print(p.shape)
```

```
Out:torch.Size([2, 8])
```

```
In: x1 = t.randn(2, 4, 6)
    o1 = x1.permute((2, 1, 0))
    o2 = x1.transpose(0, 2)
    print(f'o1 size {o1.size()}')
    print(f'o2 size {o2.size()}')
```

```
Out:o1 size torch.Size([6, 4, 2])
    o2 size torch.Size([6, 4, 2])
```

除了对 Tensor 进行维度变换，还可以针对 Tensor 的某些维度进行其他操作。例如，使用 tensor.squeeze() 可以进行 Tensor 的维度压缩，使用 tensor.unsqueeze() 可以扩展 Tensor 的维度，使用 torch.cat() 可以在 Tensor 指定维度上进行拼接等。

```
In: x = t.randn(3, 2, 1, 1)
    y = x.squeeze(-1)       # 将最后一维进行维度压缩
    z = x.unsqueeze(0)      # 在最前面增加一个维度
    w = t.cat((x, x), 0)    # 在第一个维度连接两个x
    print(f'y size {y.shape}')
    print(f'z size {z.shape}')
    print(f'w size {w.shape}')
```

```
Out:y size torch.Size([3, 2, 1])
    z size torch.Size([1, 3, 2, 1, 1])
    w size torch.Size([6, 2, 1, 1])
```

Tensor 可以通过 .cuda() 或者 .to(device) 方法转为 GPU 的 Tensor，从而享受 GPU 带来的加速运算。

```
In: # 在不支持CUDA的机器上，下一步还是在CPU上运行
    device = t.device("cuda:0" if t.cuda.is_available() else "cpu")
    x = x.to(device)
    y = y.to(x.device)
    z = x + y
```

此时，读者可能会发现 GPU 运算的速度并未提升太多，这是因为 x 和 y 的规模太小、运算简单，而且将数据从内存转移到显存需要额外的开销。GPU 的优势只有在大规模数据和复杂运算下才能体现出来。

2.2.2　autograd：自动微分

在深度学习中，反向传播算法被用来计算梯度，其主要流程是通过梯度下降法来最小化损失函数，以此更新网络参数。PyTorch 中的 autograd 模块实现了自动反向传播的功能，optim 模块实现了常见的梯度下降优化方法。几乎所有的 Tensor 操作，autograd 都能为它们提供自动微分，避免手动计算导数的复杂过程。

如果想使用 autograd 功能，则需要对求导的 Tensor 设置 tensor.requries_grad =True。下面举例说明 autograd 模块的用法。

```
In: # 为Tensor设置requires_grad标识，表示需要求导
    # PyTorch会自动调用autograd对Tensor求导
    x = t.ones(2, 2, requires_grad=True)

    # 上一步等价于
    # x = t.ones(2,2)
    # x.requires_grad = True
    x
```

```
Out:tensor([[1., 1.],
            [1., 1.]], requires_grad=True)
```

```
In: y = x.sum()
    y
```

```
Out:tensor(4., grad_fn=<SumBackward0>)
```

```
In: y.grad_fn
```

```
Out:<SumBackward0 at 0x7fca878c8748>
```

```
In: y.backward() # 反向传播，计算梯度
```

```
In: # y = x.sum() = (x[0][0] + x[0][1] + x[1][0] + x[1][1])
    # 每个值的梯度都为1
    x.grad
```

```
Out:tensor([[1., 1.],
            [1., 1.]])
```

注意： grad 在反向传播过程中是累加的（accumulated）。也就是说，反向传播得到的梯度会累加之前的梯度。因此，每次进行反向传播之前都需要把梯度清零。

```
In: y.backward()
    x.grad
```

```
Out:tensor([[2., 2.],
            [2., 2.]])
```

```
In: y.backward()
    x.grad
```

```
Out:tensor([[3., 3.],
            [3., 3.]])
```

```
In: # 以下画线结束的函数是inplace操作，它会修改自身的值，如add_
    x.grad.data.zero_()
```

```
Out:tensor([[0., 0.],
            [0., 0.]])
```

```
In: y.backward()
    x.grad # 清零后计算得到正确的梯度值
```

```
Out:tensor([[1., 1.],
            [1., 1.]])
```

```
In: a = t.randn(2, 2)
    a = ((a * 3) / (a - 1))
    print(a.requires_grad)
    a.requires_grad_(True)
    print(a.requires_grad)
    b = (a * a).sum()
```

```
print(b.grad_fn)
```

```
Out:False
    True
    <SumBackward0 object at 0x7fca87873128>
```

2.2.3　神经网络

虽然 autograd 实现了反向传播功能，但是直接用它来写深度学习的代码还是稍显复杂。torch.nn 是专门为神经网络设计的模块化接口，它构建于 autograd 之上，可以用来定义和运行神经网络。nn.Module 是 nn 中最重要的类，可以将它看作一个神经网络的封装，包含神经网络各层的定义以及前向（forward）传播方法，通过 forward(input)可以返回前向传播的结果。下面以最早的卷积神经网络 LeNet[1] 为例，介绍如何使用 nn.Module 实现该网络。LeNet 的网络结构如图 2.10 所示。

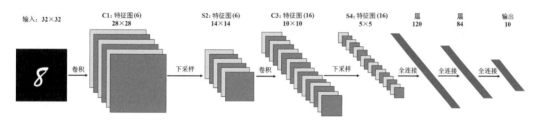

图 2.10　LeNet 的网络的结构

LeNet 共有 7 层，它的输入图像的大小为 32×32，共经过两个卷积层、两次下采样操作以及三个全连接层，得到最终的 10 维输出。在实现该网络之前，这里先对神经网络的通用训练步骤进行说明。

（1）定义一个包含可学习参数的神经网络。

（2）加载用于训练该网络的数据集。

（3）进行前向传播，得到网络的输出结果，计算损失（网络输出结果与正确结果的差距）。

（4）进行反向传播，更新网络参数。

（5）保存网络模型。

1.　定义网络

在定义网络时，模型需要继承 nn.Module，并实现它的 forward 函数。其中，网络中含有可学习参数的层，应该把它放在 __init__()构造函数中。如果某一层（如 ReLU）

不含有可学习参数，那么既可以把它放在构造函数中，也可以把它放在 forward 函数中。这里将不含有可学习参数的层放在 forward 函数中，并使用 nn.functional 实现。

```
In: import torch.nn as nn
    import torch.nn.functional as F
    class Net(nn.Module):
        def __init__(self):
            # nn.Module子类的函数必须在构造函数中执行父类的构造函数
            # 下式等价于nn.Module.__init__(self)
            super().__init__()

            # 卷积层, '1'表示输入图像为单通道, '6'表示输出通道数, '5'表示卷积核为5×5
            self.conv1 = nn.Conv2d(1, 6, 5)
            # 卷积层, '6'表示输入图像为单通道, '16'表示输出通道数, '5'表示卷积核为5×5
            self.conv2 = nn.Conv2d(6, 16, 5)
            # 仿射层/全连接层, y = Wx + b
            self.fc1 = nn.Linear(16 * 5 * 5, 120)
            self.fc2 = nn.Linear(120, 84)
            self.fc3 = nn.Linear(84, 10)

        def forward(self, x):
            # 卷积 -> 激活 -> 池化
            x = F.max_pool2d(F.relu(self.conv1(x)), (2, 2))
            x = F.max_pool2d(F.relu(self.conv2(x)), 2)
            # 改变Tensor的形状，-1表示自适应
            x = x.view(x.size()[0], -1)
            x = F.relu(self.fc1(x))
            x = F.relu(self.fc2(x))
            x = self.fc3(x)
            return x

    net = Net()
    print(net)
```

```
Out:Net(
        (conv1): Conv2d(1, 6, kernel_size=(5, 5), stride=(1, 1))
        (conv2): Conv2d(6, 16, kernel_size=(5, 5), stride=(1, 1))
        (fc1): Linear(in_features=400, out_features=120, bias=True)
        (fc2): Linear(in_features=120, out_features=84, bias=True)
        (fc3): Linear(in_features=84, out_features=10, bias=True)
    )
```

用户只需要在 nn.Module 的子类中定义 forward 函数，backward 函数就会自动实现（利用 autograd）。在 forward 函数中不仅可以使用 Tensor 支持的任何函数，而且可以使用 if、for、print、log 等 Python 语法，其写法和标准的 Python 写法一致。

使用 net.parameters() 可以得到网络的可学习参数，使用 net.named_parameters() 可以同时得到网络的可学习参数及其名称。下面举例说明。

```
In: params = list(net.parameters())
    print(len(params))
```

```
Out:10
```

```
In: for name, parameters in net.named_parameters():
        print(name, ':', parameters.size())
```

```
Out:conv1.weight: torch.Size([6, 1, 5, 5])
    conv1.bias: torch.Size([6])
    conv2.weight: torch.Size([16, 6, 5, 5])
    conv2.bias: torch.Size([16])
    fc1.weight: torch.Size([120, 400])
    fc1.bias: torch.Size([120])
    fc2.weight: torch.Size([84, 120])
    fc2.bias: torch.Size([84])
    fc3.weight: torch.Size([10, 84])
    fc3.bias: torch.Size([10])
```

```
In: input = t.randn(1, 1, 32, 32)
    out = net(input)
    out.size()
```

```
Out:torch.Size([1, 10])
```

```
In: net.zero_grad() # 所有参数的梯度清零
    out.backward(t.ones(1, 10)) # 反向传播
```

注意：torch.nn 只支持输入 mini-batch，不支持一次只输入一个样本。如果一次只输入一个样本，那么需要使用 input.unsqueeze(0) 将 batch_size 设置为 1。例如，nn.Conv2d 的输入必须是 4 维的，形如 nSamples × nChannels × Height × Width。如果一次只输入一个样本，则可以将 nSamples 设置为 1，即 1 × nChannels × Height × Width。

2. 损失函数

torch.nn 实现了神经网络中大多数的损失函数，例如，nn.MSELoss 用来计算均方误差，nn.CrossEntropyLoss 用来计算交叉熵损失等。下面举例说明。

```
In: output = net(input)
    target = t.arange(0, 10).view(1, 10).float()
    criterion = nn.MSELoss()
    loss = criterion(output, target)
    loss
```

```
Out:tensor(28.1249, grad_fn=<MseLossBackward>)
```

对 loss 进行反向传播溯源（使用 gradfn 属性），可以看到上文实现的 LeNet 的计算图如下：

```
input -> conv2d -> relu -> maxpool2d -> conv2d -> relu -> maxpool2d
    -> view -> linear -> relu -> linear -> relu -> linear
    -> MSELoss
    -> loss
```

当调用 loss.backward() 时，会动态生成计算图并自动微分，自动计算图中参数（parameters）的导数。示例如下：

```
In: # 运行.backward，观察调用之前和调用之后的grad
    net.zero_grad() # 把net中所有可学习参数的梯度清零
    print('反向传播之前 conv1.bias的梯度')
    print(net.conv1.bias.grad)
    loss.backward()
    print('反向传播之后 conv1.bias的梯度')
    print(net.conv1.bias.grad)
```

```
Out:反向传播之前 conv1.bias的梯度
    tensor([0., 0., 0., 0., 0., 0.])
    反向传播之后 conv1.bias的梯度
    tensor([ 0.0020, -0.0619,  0.1077,  0.0197,  0.1027, -0.0060])
```

3. 优化器

在完成反向传播中所有参数的梯度计算后，需要使用优化方法来更新网络的权重和参数。常用的随机梯度下降法（SGD）的更新策略如下：

```
weight = weight - learning_rate * gradient
```

用户可以手动实现这一更新策略：

```
learning_rate = 0.01
for f in net.parameters():
    f.data.sub_(f.grad.data * learning_rate) # inplace减法
```

torch.optim 实现了深度学习中大多数的优化方法，例如 RMSProp、Adam、SGD 等，因此，通常用户不需要手动实现上述代码。下面举例说明如何使用 torch.optim 进行网络的参数更新。

```
In: import torch.optim as optim
    # 新建一个优化器，指定要调整的参数和学习率
    optimizer = optim.SGD(net.parameters(), lr = 0.01)

    # 在训练过程中
    # 先梯度清零(与net.zero_grad()的效果一样)
    optimizer.zero_grad()

    # 计算损失
    output = net(input)
    loss = criterion(output, target)

    # 反向传播
    loss.backward()

    # 更新参数
    optimizer.step()
```

4. 数据加载与预处理

在深度学习中，数据加载与预处理是非常烦琐的过程。幸运的是，PyTorch 提供了可以极大简化和加快数据处理流程的工具，如 Dataset 和 DataLoader。同时，对于常用的数据集，PyTorch 提供了封装好的接口供用户快速调用，这些数据集主要被保存在 torchvision 中。torchvision 是一个视觉工具包，它提供了许多视觉图像处理工具，其主要包含以下三部分。

- datasets：提供了常用的数据集，如 MNIST、CIFAR-10、ImageNet 等。
- models：提供了深度学习中经典的网络结构与预训练模型，如 ResNet、MobileNet 等。
- transforms：提供了常用的数据预处理操作，主要包括对 Tensor、PIL Image 等的操作。

读者可以使用 torchvision 方便地加载数据，然后进行数据预处理（这部分内容会在本书第 5 章中进行详细介绍）。

2.2.4 小试牛刀：CIFAR-10 分类

下面尝试从零搭建一个 PyTorch 模型来完成 CIFAR-10 数据集中的图像分类任务。步骤如下：

（1）使用 torchvision 加载并预处理 CIFAR-10 数据集。

（2）定义网络。

（3）定义损失函数和优化器。

（4）训练网络，并更新网络参数。

（5）测试网络。

1. CIFAR-10 数据集加载与预处理

CIFAR-10 是一个常用的彩色图像数据集，它有 10 个类别，分别为 airplane、automobile、bird、cat、deer、dog、frog、horse、ship 和 truck。每张图像的大小都是 $3 \times 32 \times 32$，即三通道彩色图像，分辨率为 32×32。下面举例说明如何完成图像的加载与预处理。

```
In: import torch as t
    import torchvision as tv
    import torchvision.transforms as transforms
    from torchvision.transforms import ToPILImage
    show = ToPILImage() # 可以把Tensor转换成Image，Jupyter可直接显示Image对象
```

```
In: # 第一次运行程序torchvision会自动下载CIFAR-10数据集
    # 数据集大小约为100MB，需要花费一些时间
    # 如果已经下载好CIFAR-10数据集，那么可以通过root参数指定

    # 定义对数据的预处理
    transform = transforms.Compose([
        transforms.ToTensor(), # 转换为Tensor
        transforms.Normalize((0.5, 0.5, 0.5), (0.5, 0.5, 0.5)), # 归一化
                                ])
    # 训练集
    trainset = tv.datasets.CIFAR10(
                        root='./pytorch-book-cifar10/',
                        train=True,
                        download=True,
```

```
                    transform=transform)

trainloader = t.utils.data.DataLoader(
                    trainset,
                    batch_size=4,
                    shuffle=True,
                    num_workers=2)

# 测试集
testset = tv.datasets.CIFAR10(
                    './pytorch-book-cifar10/',
                    train=False,
                    download=True,
                    transform=transform)

testloader = t.utils.data.DataLoader(
                    testset,
                    batch_size=4,
                    shuffle=False,
                    num_workers=2)

classes = ('plane', 'car', 'bird', 'cat', 'deer',
           'dog', 'frog', 'horse', 'ship', 'truck')
```

```
Out:Files already downloaded and verified
    Files already downloaded and verified
```

Dataset 对象是一个数据集，可以按下标访问，返回形如 (data, label) 的数据。举例说明如下：

```
In: (data, label) = trainset[100]
    print(classes[label])

    # (data + 1) / 2，目的是还原被归一化的数据
    show((data + 1) / 2).resize((100, 100))
```

```
Out:ship
```

程序输出如图 2.11 所示。

图 2.11　程序输出：CIFAR-10 的示例图像

DataLoader 是一个可迭代对象，它将 Dataset 返回的每一条数据样本拼接成一个 batch，同时提供多线程加速优化和数据打乱等操作。当程序对 Dataset 的所有数据遍历完一遍后，对 DataLoader 也完成了一次迭代。

```
In: dataiter = iter(trainloader)     # 生成迭代器
    images, labels = dataiter.next() # 返回4张图像和标签
    print(' '.join('%11s'%classes[labels[j]] for j in range(4)))
    show(tv.utils.make_grid((images + 1) / 2)).resize((400,100))
```

```
Out: horse        frog       plane        bird
```

程序输出如图 2.12 所示。

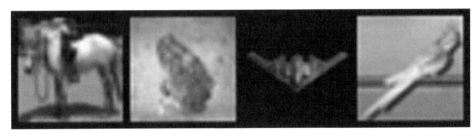

图 2.12　程序输出：测试集的图像

2.　定义网络

复制上面定义的 LeNet 网络代码，因为 CIFAR-10 数据集中的数据是三通道彩色图像，所以将 self.conv1 中的第一个通道参数修改为 3。

```
In: import torch.nn as nn
    import torch.nn.functional as F

    class Net(nn.Module):
```

```
        def __init__(self):
            super(Net, self).__init__()
            self.conv1 = nn.Conv2d(3, 6, 5) # 将第一个通道参数修改为3
            self.conv2 = nn.Conv2d(6, 16, 5)
            self.fc1   = nn.Linear(16 * 5 * 5, 120)
            self.fc2   = nn.Linear(120, 84)
            self.fc3   = nn.Linear(84, 10) # 类别数为10

        def forward(self, x):
            x = F.max_pool2d(F.relu(self.conv1(x)), (2, 2))
            x = F.max_pool2d(F.relu(self.conv2(x)), 2)
            x = x.view(x.size()[0], -1)
            x = F.relu(self.fc1(x))
            x = F.relu(self.fc2(x))
            x = self.fc3(x)
            return x

net = Net()
print(net)
```

```
Out:Net(
        (conv1): Conv2d(3, 6, kernel_size=(5, 5), stride=(1, 1))
        (conv2): Conv2d(6, 16, kernel_size=(5, 5), stride=(1, 1))
        (fc1): Linear(in_features=400, out_features=120, bias=True)
        (fc2): Linear(in_features=120, out_features=84, bias=True)
        (fc3): Linear(in_features=84, out_features=10, bias=True)
    )
```

3. 定义损失函数和优化器

这里使用交叉熵 nn.CrossEntropyLoss 作为损失函数，使用 SGD 作为优化器。

```
In: from torch import optim
    criterion = nn.CrossEntropyLoss() # 交叉熵损失函数
    optimizer = optim.SGD(net.parameters(), lr=0.001, momentum=0.9)
```

4. 训练网络

所有网络的训练流程都是类似的，也就是不断地执行如下步骤。

（1）输入数据。

（2）前向传播、反向传播。

（3）更新参数。

```
In: for epoch in range(2):
        running_loss = 0.0
        for i, data in enumerate(trainloader, 0):
            # 输入数据
            inputs, labels = data

            # 梯度清零
            optimizer.zero_grad()

            # forward + backward
            outputs = net(inputs)
            loss = criterion(outputs, labels)
            loss.backward()

            # 更新参数
            optimizer.step()

            # 打印log信息
            running_loss += loss.item()
            if i % 2000 == 1999: # 每2000个batch打印一次训练状态
                print('[%d, %5d] loss: %.3f' \
                        % (epoch+1, i+1, running_loss / 2000))
                running_loss = 0.0
    print('Finished Training')
```

```
Out:[1,   2000] loss: 2.228
    [1,   4000] loss: 1.890
    [1,   6000] loss: 1.683
    [1,   8000] loss: 1.592
    [1, 10000] loss: 1.513
    [1, 12000] loss: 1.478
    [2,   2000] loss: 1.387
    [2,   4000] loss: 1.368
    [2,   6000] loss: 1.346
    [2,   8000] loss: 1.324
    [2, 10000] loss: 1.300
    [2, 12000] loss: 1.255
    Finished Training
```

这里仅训练了两个 epoch（遍历完一遍数据集称为一个 epoch）。同时，就像把 Tensor

从 CPU 转移到 GPU 一样，模型也可以类似地从 CPU 转移到 GPU，从而加速网络训练：

```
In: device = t.device("cuda:0" if t.cuda.is_available() else "cpu")
    net.to(device)
    images = images.to(device)
    labels = labels.to(device)
    output = net(images)
    loss= criterion(output,labels)

    loss
```

```
Out:tensor(0.5668, device='cuda:0', grad_fn=<NllLossBackward>)
```

5.　测试网络

下面来看看网络有没有效果。将测试图像输入网络中，预测它属于的类别，然后与实际的 label 进行比较。

```
In: dataiter = iter(testloader)
    images, labels = dataiter.next() # 一个batch返回4张图像
    print('实际的label: ', ' '.join('%08s'%classes[labels[j]] for j in range(4)))
    show(tv.utils.make_grid(images / 2 - 0.5)).resize((400, 100))
```

```
Out:实际的label:        cat      ship      ship      plane
```

程序输出如图 2.13 所示。

图 2.13　程序输出的图像

接下来计算网络预测的分类结果。

```
In: # 计算图像在每个类别下的分数
    outputs = net(images)
    # 得分最高的那个类别
    _, predicted = t.max(outputs.data, 1)
```

```
    print('预测结果: ', ' '.join('%5s'% classes[predicted[j]] for j in range(4)))
```

Out:预测结果: cat ship ship ship

从结果可以看出，网络预测（或分类）的准确率很高，针对这 4 张图像达到了 75% 的准确率。然而，这只是一部分图像，下面再来看看在整个测试集上的效果。

```
In: correct = 0 # 预测正确的图像数
    total = 0 # 总共的图像数

    # 由于测试时不需要求导，所以可以暂时关闭autograd，提高速度，节约内存
    with t.no_grad():
        for data in testloader:
            images, labels = data
            outputs = net(images)
            _, predicted = t.max(outputs, 1)
            total += labels.size(0)
            correct += (predicted == labels).sum()

    print('10000张图像的准确率为: %f %%' % (100 * correct // total))
```

Out:10000张图像的准确率为: 52.000000 %

网络在整个测试集上预测的准确率远比随机猜测（准确率为 10%）好，证明网络确实学到了东西。

2.3　小结

本章主要介绍了 PyTorch 框架的安装及其学习环境的配置，同时给出了 PyTorch 快速入门指南，具体包含以下内容。

- Tensor：类似于 NumPy 数组的数据结构，它的接口与 NumPy 的接口类似，可以方便地相互转换。
- autograd：为 Tensor 提供自动求导功能。
- nn：专门为神经网络设计的接口，提供了很多有用的功能，如神经网络层、损失函数、优化器等。
- 神经网络训练：以 CIFAR-10 分类为例，演示了神经网络的训练流程，包括数据加载与预处理、网络定义、损失函数和优化器定义、网络训练和网络测试。

通过本章的学习，读者可以大概了解 PyTorch 的主要功能，并能够使用 PyTorch 编写简单的模型。从下一章开始，本书将深入系统地讲解 PyTorch 的各部分知识。

3 | Tensor 和 autograd

PyTorch 背后的设计核心是张量和计算图，其中张量实现了高性能的数据结构和运算，计算图则通过计算梯度来优化网络参数。本章将介绍 PyTorch 的张量系统（Tensor）和自动微分系统（autograd）。

3.1 Tensor 基础

Tensor，又名张量，读者对这个名词可能有似曾相识的感觉，它不仅在 PyTorch 中出现过，而且也是其他深度学习框架（如 TensorFlow、MXNet 等）中重要的数据结构。从工程的角度来讲，可以简单地认为 Tensor 是一个支持高效科学计算的数组。Tensor 可以是一个数（标量）、一维数组（向量）、二维数组（如矩阵、黑白图像）或者更高维的数组（如高阶数据、视频等）。Tensor 与 NumPy 的 ndarray 用法类似，而 PyTorch 的 Tensor 支持 GPU 加速。

本节将系统地讲解 Tensor 的基本用法，力求面面俱到，但不会涉及每个函数。对于 Tensor 的其他函数及其用法，读者可以在 IPython/Jupyter Notebook 中使用函数名加 ? 查看帮助文档，或者查阅 PyTorch 的官方文档来了解。

3.1.1 Tensor 的基本操作

学习过 NumPy 的读者对本节内容会比较熟悉，因为 Tensor 的接口设计与 NumPy 类似。本节不要求读者事先掌握 NumPy 的相关知识。

从接口的角度来说，对 Tensor 的操作可以分为以下两类。

- 形如 `torch.function` 的操作，如 `torch.save` 等。
- 形如 `tensor.function` 的操作，如 `tensor.view` 等。

为了方便用户使用，对 Tensor 的大部分操作同时支持这两类接口，在本书中不做具体区分。例如，torch.sum(a, b) 等价于 a.sum(b)。

从存储的角度来说，对 Tensor 的操作可以分为以下两类。

- 不会修改自身存储的数据的操作，如 a.add(b)，加法的结果会返回一个新的 Tensor。

- 会修改自身存储的数据的操作，如 a.add_(b)，加法的结果会被存储在 a 中，并返回这个结果。

函数名以 _ 结尾的函数都是 inplace 方式，即会修改调用者自身存储的数据，这一点在实际应用中需要加以区分。

1. 创建 Tensor

在 PyTorch 中创建 Tensor 有很多种方法，常见的如表 3.1 所示。

表 3.1 常见的创建 Tensor 的方法

使用的函数	功能
Tensor(*sizes)	基础构造函数
tensor(data,)	类似于 np.array 的构造函数
ones(*sizes)	返回全 1 的 Tensor
zeros(*sizes)	返回全 0 的 Tensor
eye(*sizes)	对角线值为 1、其余值为 0 的 Tensor
arange(s,e,step)	从 s 到 e，步长为 step
linspace(s,e,steps)	从 s 到 e，均匀切分成 steps 份
rand/randn(*sizes)	均匀分布/标准分布
normal(mean,std)/uniform(from,to)	正态分布/均匀分布
randperm(m)	随机排列
tensor.new_*/torch.*_like	创建一个形状相同、用 * 类型填充的张量，具有相同的 torch.dtype 和 torch.device

使用表 3.1 中的创建方法，都可以在创建 Tensor 时指定它的数据类型 dtype 和存放设备 device（CPU/GPU）。其中，在使用 torch.Tensor() 函数新建一个 Tensor 时，有如下几种方式。

- 接收对象为一个 list，根据 list 的数据创建 Tensor。

- 根据指定的形状新建 Tensor。

- 输入数据是其他的 Tensor。

下面举例说明。

```
In: # 查看PyTorch的版本号
    import torch as t
    t.__version__
```

```
Out:'1.8.0'
```

```
In: # 指定Tensor的形状
    a = t.Tensor(2, 3)
    a # 数值取决于内存空间的状态，在打印时可能溢出
```

```
Out:tensor([[-8.9209e-11,  4.5846e-41, -8.9209e-11],
            [ 4.5846e-41,  4.4400e-29,  3.0956e-41]])
```

```
In: # 使用list数据创建Tensor
    b = t.Tensor([[1,2,3],[4,5,6]])
    b
```

```
Out:tensor([[1., 2., 3.],
            [4., 5., 6.]])
```

```
In: b.tolist() # 把Tensor转换为list
```

```
Out:[[1.0, 2.0, 3.0], [4.0, 5.0, 6.0]]
```

```
In: # 输入数据是一个Tensor
    c = t.Tensor(t.rand(2, 3))
    c
```

```
Out: tensor([[0.4217, 0.3367, 0.4271],
             [0.9251, 0.4068, 0.6382]])
```

通过 tensor.size() 可以查看 Tensor 的形状，它返回一个 torch.Size 对象。虽然该对象是 tuple 的子类，但是在作为 torch.Tensor() 的输入对象时，它与 tuple 略有区别。

```
In: b_size = b.size()
    b_size
```

```
Out:torch.Size([2, 3])
```

```
In: # 创建一个和b形状一样的Tensor c
    c = t.Tensor(b_size)
    # 创建一个元素为2和3的Tensor d
```

```
d = t.Tensor((2, 3))
c, d
```

```
Out:(tensor([[0., 0., 0.],
            [0., 0., 0.]]), tensor([2., 3.]))
```

注意： 当使用 torch.Tensor(*sizes) 创建 Tensor 时，系统不会立刻分配空间，只会计算剩余的内存是否足够使用，只有在真正使用到所创建的 Tensor 时才会分配空间。其他操作都是在创建完 Tensor 之后立刻进行空间分配的。在创建 Tensor 时，读者很容易混淆 torch.Tensor() 与 torch.tensor()，二者的区别如下：

- torch.Tensor() 是 Python 类，默认是 torch.FloatTensor()。运行 torch.Tensor([2,3]) 会直接调用 Tensor 类的构造函数 __init__()，生成结果是单精度浮点类型的 Tensor。关于 Tensor 的类型，将在下一部分进行介绍。
- torch.tensor() 是 Python 函数，函数的原型为 torch.tensor(data, dtype=None, device=None, requires_grad=False)，其中 data 支持 list、tuple、array、scalar 等类型的数据。torch.tensor() 直接从 data 中进行数据复制，并根据原数据的类型生成相应类型的 Tensor。

由于 torch.tensor() 能够根据数据类型生成相应类型的 Tensor，而且接口与 NumPy 更像，因此在实际应用中，笔者更推荐使用 torch.tensor() 创建新的 Tensor。下面举例说明。

```
In: # 使用torch.Tensor()可以直接创建空的张量
    t.Tensor()
```

```
Out:tensor([])
```

```
In: # 使用torch.tensor()不可以直接创建空的张量，必须传入一个data
    # t.tensor()
    # TypeError: tensor() missing 1 required positional
    # arguments: "data"
    t.tensor(()) # ()等效于一个空数据
```

```
Out:tensor([])
```

```
In: a = t.tensor([2, 3]) # t.tensor会从数据中推理出所需的数据类型
    print(a.type())
    b = t.Tensor([2, 3]) # t.Tensor默认是FloatTensor
    print(b.type())
```

```
Out:torch.LongTensor
    torch.FloatTensor
```

```
In: import numpy as np
    arr = np.ones((2, 3), dtype=np.float64)
    a = t.tensor(arr) # 也可以使用t.from_numpy(arr)，但实现有区别，见3.1.3节
    a
```

```
Out:tensor([[1., 1., 1.],
            [1., 1., 1.]], dtype=torch.float64)
```

其他创建 Tensor 的方法举例如下：

```
In: # 创建一个形状是(2,3)、值全为1的Tensor
    t.ones(2, 3)
```

```
Out:tensor([[1., 1., 1.],
            [1., 1., 1.]])
```

与 torch.ones() 类似的函数还有 torch.ones_like(input)。其中，输入 input 是一个 Tensor，函数返回一个与之大小相同、值全为 1 的新 Tensor。也就是说，torch.ones_like(input) 等价于 torch.ones(input.size(), dtype=input.dtype, layout=input.layout, device=input.device)。

```
In: input_tensor = t.tensor([[1, 2, 3], [4, 5, 6]])
    t.ones_like(input_tensor)
```

```
Out:tensor([[1, 1, 1],
            [1, 1, 1]])
```

```
In: # 创建一个形状是(2,3)、值全为0的Tensor
    t.zeros(2, 3)
```

```
Out:tensor([[0., 0., 0.],
            [0., 0., 0.]])
```

```
In: # 创建一个对角线值为1、其余值为0的Tensor，不要求行列数一致
    t.eye(2, 3, dtype=t.int)
```

```
Out:tensor([[1, 0, 0],
            [0, 1, 0]], dtype=torch.int32)
```

```
In: # 创建一个起始值为1、上限为6、步长为2的Tensor
```

```
t.arange(1, 6, 2)
```

```
Out:tensor([1, 3, 5])
```

```
In: # 创建一个间距均匀的Tensor，将1至10的数分为3份
    t.linspace(1, 10, 3)
```

```
Out:tensor([ 1.0000,  5.5000, 10.0000])
```

```
In: # 创建一个形状是(2,3)的Tensor，取值是从标准正态分布中抽取的随机数
    t.randn(2, 3)
```

```
Out:tensor([[ 1.3969, -1.5042, -0.8430],
            [-0.8707, -1.0794, -1.3357]])
```

```
In: # 创建一个长度为5、随机排列的Tensor
    t.randperm(5)
```

```
Out:tensor([2, 4, 0, 3, 1])
```

```
In: # 创建一个大小为(2,3)、值全为1的Tensor，保留原始的torch.dtype和torch.device
    a = t.tensor((), dtype=t.int32)
    a.new_ones((2, 3))
```

```
Out:tensor([[1, 1, 1],
            [1, 1, 1]], dtype=torch.int32)
```

```
In: # 统计a中的元素总数，两种方式等价
    a.numel(), a.nelement()
```

```
Out:(6, 6)
```

2. Tensor 的类型

Tensor 的类型可以细分为设备类型（device）和数据类型（dtype）。其中，设备类型分为 CUDA 和 CPU，数据类型有 bool、float、int 等。Tensor 的数据类型如表 3.2 所示，每种数据类型都有 CPU 和 GPU 版本。读者可以通过 `tensor.device` 获得 Tensor 的设备类型，通过 `tensor.dtype` 获得 Tensor 的数据类型。

Tensor 的默认数据类型是 FloatTensor，读者可以通过 `torch.set_default_tensor _type` 修改默认的 Tensor 类型（如果默认类型为 GPU Tensor，那么所有操作都将在 GPU 上进行）。了解 Tensor 的类型对分析内存占用很有帮助，例如，一个形状为 (1000, 1000, 1000) 的 FloatTensor，它有 $1000 \times 1000 \times 1000 = 10^9$ 个元素，每个元素占 32bit÷8 = 4Byte

内存，所以这个 Tensor 占大约 4GB 内存/显存。HalfTensor 是专门为 GPU 版本设计的，同样的元素个数，HalfTensor 的显存占用只有 FloatTensor 的一半，因此使用 HalfTensor 可以极大缓解 GPU 显存不足的问题。**需要注意的是，HalfTensor 所能表示的数值大小和精度有限，可能会出现数据溢出等问题。**

表 3.2 Tensor 的数据类型

数据类型	dtype	CPU Tensor	GPU Tensor
32bit 浮点型	torch.float32 或 torch.float	torch.FloatTensor	torch.cuda.FloatTensor
64bit 浮点型	torch.float64 或 torch.double	torch.DoubleTensor	torch.cuda.DoubleTensor
16bit 半精度浮点型	torch.float16 或 torch.half	torch.HalfTensor	torch.cuda.HalfTensor
8bit 无符号整型	torch.uint8	torch.ByteTensor	torch.cuda.ByteTensor
8bit 有符号整型	torch.int8	torch.CharTensor	torch.cuda.CharTensor
16bit 有符号整型	torch.int16 或 torch.short	torch.ShortTensor	torch.cuda.ShortTensor
32bit 有符号整型	torch.int32 或 torch.int	torch.IntTensor	torch.cuda.IntTensor
64bit 有符号整型	torch.int64 或 torch.long	torch.LongTensor	torch.cuda.LongTensor
布尔型	torch.bool	torch.BoolTensor	torch.cuda.BoolTensor

不同类型 Tensor 之间相互转换的常用方法如下：

- 最通用的方法是 tensor.type(new_type)，同时还有 tensor.float()、tensor.long()、tensor.half() 等快捷方法。
- CPU Tensor 与 GPU Tensor 之间的相互转换通过 tensor.cuda() 和 tensor.cpu() 实现。此外，还可以使用 tensor.to(device)。
- 创建同种类型的 Tensor，即 torch.*_like 和 tensor.new_*，这两种方法适合编写与设备兼容的代码。其中，torch.*_like(tensorA) 可以生成与 tensorA 拥有同样属性（如类型、形状和 CPU/GPU）的新 Tensor；tensor.new_*(new_shape) 可以新建一个形状不同，但是拥有相同属性的 Tensor。

下面举例说明不同类型 Tensor 之间的相互转换。

```
In: # 更改默认的Tensor类型
    a = t.rand(2, 3)
    print(a.dtype)
    # 设置默认类型为DoubleTensor
    t.set_default_tensor_type('torch.DoubleTensor')
```

```
a = t.rand(2, 3)
print(a.dtype)
# 恢复之前的默认设置
t.set_default_tensor_type('torch.FloatTensor')
```

```
Out:torch.float32
    torch.float64
```

```
In: # 通过type方法和快捷方法修改Tensor的类型
    b1 = a.type(t.FloatTensor)
    b2 = a.float()
    b3 = a.type_as(b1) # 等价于a.type(b.dtype)或a.type(b.type())
    a.dtype, b1.dtype, b2.dtype, b3.dtype
```

```
Out:(torch.float64, torch.float32, torch.float32, torch.float32)
```

```
In: # new_*方法相当于利用DoubleTensor的构造函数，因为此时a是torch.float64类型
    a.new_ones(2, 4)
```

```
Out:tensor([[1., 1., 1., 1.],
           [1., 1., 1., 1.]], dtype=torch.float64)
```

```
In: # 同时new_*方法还会复制Tensor的device
    a = t.randn(2, 3).cuda()
    a.new_ones(2, 4)
```

```
Out: tensor([[1., 1., 1., 1.],
            [1., 1., 1., 1.]], device='cuda:0')
```

3. 索引操作

在 NumPy 中经常使用索引操作获取指定位置的数据，Tensor 支持与 NumPy 类似的索引操作。下面通过一些示例讲解常用的索引操作，其中大多数索引操作通过修改 Tensor 的 stride 等属性与原 Tensor 共享内存，即修改了其中一个 Tensor，另一个 Tensor 会跟着改变。关于索引操作更详细的内容，将在本书第 6 章中进行讲解。

```
In: a = t.randn(3, 4)
    a
```

```
Out:tensor([[-0.0317,  1.7469, -1.4530, -0.4462],
            [ 2.5300, -1.0586, -1.0968,  0.0187],
            [-0.5891,  0.1420,  0.3084, -0.5744]])
```

```
In: print("查看第1行结果: ", a[0])
    print("查看第2列结果: ", a[:,1])
    print("查看第2行最后两个元素: ", a[1, -2:])
```

```
Out:查看第1行结果:  tensor([-0.0317,  1.7469, -1.4530, -0.4462])
    查看第2列结果:  tensor([ 1.7469, -1.0586,  0.1420])
    查看第2行最后两个元素:  tensor([-1.0968,  0.0187])
```

```
In: # 返回一个BoolTensor
    print(a > 0) # 布尔型
    print((a > 0).int()) # 整型
```

```
Out:tensor([[False,  True, False, False],
            [ True, False, False,  True],
            [False,  True,  True, False]])
    tensor([[0, 1, 0, 0],
            [1, 0, 0, 1],
            [0, 1, 1, 0]], dtype=torch.int32)
```

```
In: # 返回Tensor中满足条件的结果, 下面两种写法等价
    # 选择返回的结果与原Tensor不共享内存
    print(a[a > 0])
    print(a.masked_select(a>0))
    # 使用torch.where保留原始的索引位置, 不满足条件的位置置0
    print(t.where(a > 0, a, t.zeros_like(a)))
```

```
Out:tensor([1.7469, 2.5300, 0.0187, 0.1420, 0.3084])
    tensor([1.7469, 2.5300, 0.0187, 0.1420, 0.3084])
    tensor([[0.0000, 1.7469, 0.0000, 0.0000],
            [2.5300, 0.0000, 0.0000, 0.0187],
            [0.0000, 0.1420, 0.3084, 0.0000]])
```

PyTorch 中常用的选择函数如表 3.3 所示。

表 3.3　PyTorch 中常用的选择函数

函数	功能
index_select(input, dim, index)	在指定维度 dim 上选择，比如选择某些行、某些列
masked_select(input, mask)	例子如上，a[a>0]，使用 BoolTensor 进行选择
non_zero(input)	非 0 元素的下标
gather(input, dim, index)	根据 index，在维度 dim 上选择数据，输出的 size 与 index 一样

其中，gather 是一个比较复杂的操作，对于一个二维的 Tensor，每个位置的元素输出如下：

```
out[i][j] = input[index[i][j]][j]  # dim=0
out[i][j] = input[i][index[i][j]]  # dim=1
```

```
In: a = t.arange(0, 16).view(4, 4)
    a
```

```
Out:tensor([[ 0,  1,  2,  3],
            [ 4,  5,  6,  7],
            [ 8,  9, 10, 11],
            [12, 13, 14, 15]])
```

```
In: # 选择对角线上的元素
    index = t.tensor([[0,1,2,3]])
    a.gather(0, index)
```

```
Out:tensor([[ 0,  5, 10, 15]])
```

```
In: # 选择反对角线上的元素
    index = t.tensor([[3,2,1,0]]).t()
    a.gather(1, index)
```

```
Out:tensor([[ 3],
            [ 6],
            [ 9],
            [12]])
```

```
In: # 选择正、反对角线上的元素
    index = t.tensor([[0,1,2,3],[3,2,1,0]]).t()
    b = a.gather(1, index)
    b
```

```
Out:tensor([[ 0,  3],
            [ 5,  6],
            [10,  9],
            [15, 12]])
```

与 gather 相对应的逆操作是 scatter_：gather 将数据从 input 中按 index 取出，scatter_ 按照 index 将数据写入。**注意：scatter_ 函数是 inplace 操作，会直接对当前数据进行修改。**

```
out = input.gather(dim, index)
-->近似逆操作

out = Tensor()
out.scatter_(dim, index)
```

```
In: # 将正、反对角线上的元素放至指定位置
    c = t.zeros(4,4).long()
    c.scatter_(1, index, b)
```

```
Out:tensor([[ 0,  0,  0,  3],
            [ 0,  5,  6,  0],
            [ 0,  9, 10,  0],
            [12,  0,  0, 15]])
```

对 Tensor 进行任意索引操作得到的结果仍然是一个 Tensor。如果想获取标准的 Python 对象数值，那么需要调用 tensor.item()。这种方法只对仅包含一个元素的 Tensor 适用。

```
In: t.Tensor([1.]).item()
    # t.Tensor([1, 2]).item()  ->
    # raise ValueError: only one element tensors can be converted to Python scalars
```

```
Out:1.0
```

4.　拼接操作

拼接操作是指将多个 Tensor 在指定维度上拼（Concatenate）在一起的操作。PyTorch 中常用的拼接操作如表 3.4 所示。

表 3.4　PyTorch 中常用的拼接操作

函数	功能
cat(tensors, dim)	将多个 Tensor 在指定维度 dim 上进行拼接
stack(tensors, dim)	将多个 Tensor 沿一个新的维度进行拼接

cat 和 stack 函数的输入对象都是多个 Tensor 组成的一个序列（如列表、元组等），所有的 Tensor 在拼接之外的维度都必须相同或者可以进行广播。cat 和 stack 在指定维度时稍有区别，cat 会将多个 Tensor 在维度 dim 上进行拼接，而 stack 指定的维度 dim 是一个新的维度，最终在这个新的维度上进行拼接。下面举例说明这两个函数的用法和区别。

```
In: a = t.arange(6).view(2, 3)
    a
```

```
Out:tensor([[0, 1, 2],
            [3, 4, 5]])
```

```
In: # cat函数在dim=0上进行拼接
    t.cat((a, a), 0) # 等价于t.cat([a, a], 0)
```

```
Out:tensor([[0, 1, 2],
            [3, 4, 5],
            [0, 1, 2],
            [3, 4, 5]])
```

```
In: # cat函数在dim=1上进行拼接
    t.cat((a, a), 1) # 等价于t.cat([a, a], 1)
```

```
Out:tensor([[0, 1, 2, 0, 1, 2],
            [3, 4, 5, 3, 4, 5]])
```

```
In: # stack函数在dim=0上进行拼接
    b = t.stack((a, a), 0)
    b
```

```
Out:tensor([[[0, 1, 2],
             [3, 4, 5]],
            [[0, 1, 2],
             [3, 4, 5]]])
```

```
In: # 注意输出形状的改变
    b.shape
```

```
Out:torch.Size([2, 2, 3])
```

从上面的例子可以看出，stack 函数会在 Tensor 上扩展一个新的维度，然后基于这个维度完成 Tensor 的拼接。

5. 高级索引

目前，PyTorch 支持绝大多数 NumPy 风格的高级索引。虽然可以将高级索引看成基本索引操作的扩展，但是操作结果一般不与原 Tensor 共享内存。关于高级索引的更多内容，将在本书第 6 章中进行详细介绍。

```
In: x = t.arange(0,16).view(2,2,4)
    x
```

```
Out:tensor([[[ 0,  1,  2,  3],
             [ 4,  5,  6,  7]],
            [[ 8,  9, 10, 11],
             [12, 13, 14, 15]]])
```

```
In: x[[1, 0], [1, 1], [2, 0]] # x[1,1,2]和x[0,1,0]
```

```
Out:tensor([14,  4])
```

```
In: x[[1, 0], [0], [1]] # 等价于x[1,0,1],x[0,0,1]
```

```
Out:tensor([9, 1])
```

6. 逐元素操作

逐元素（point-wise，或 element-wise）操作会对 Tensor 的每一个元素进行操作，此类操作的输入与输出的形状一致。PyTorch 中常用的逐元素操作如表 3.5 所示。

PyTorch 对很多操作都实现了运算符重载，读者可以很方便地直接使用。例如，torch.pow(a,2) 等价于 a ** 2，torch.mul(a,2) 等价于 a * 2。

截断函数 clamp(x, min, max) 通常被使用在需要比较大小的地方，它的运算规则如式（3.1）所示。

$$y_i = \begin{cases} \min, & \text{如果 } x_i < \min \\ x_i, & \text{如果 } \min \leqslant x_i \leqslant \max \\ \max, & \text{如果 } x_i > \max \end{cases} \qquad （3.1）$$

表 3.5　PyTorch 中常用的逐元素操作

函数	功能
abs/sqrt/div/exp/fmod/log/pow ...	绝对值/平方根/除法/指数/求余/对数/求幂…
cos/sin/asin/atan2/cosh ...	三角函数
ceil/round/floor/trunc	上取整/四舍五入/下取整/只保留整数部分
clamp(input, min, max)	超过 min 和 max 的部分截断
sigmoid/tanh/ ...	激活函数

下面举例说明一些常见的逐元素操作。

```
In: a = t.arange(0, 6).float().view(2, 3)
    t.cos(a)
```

```
Out:tensor([[ 1.0000,  0.5403, -0.4161],
            [-0.9900, -0.6536,  0.2837]])
```

```
In: # 取模运算的运算符重载，二者等价
    print(a % 3)
    print(t.fmod(a, 3))
```

```
Out:tensor([[0., 1., 2.],
            [0., 1., 2.]])
    tensor([[0., 1., 2.],
            [0., 1., 2.]])
```

```
In: # 将a的值进行上下限截断
    print(a)
    print(t.clamp(a, min=2, max=4))
```

```
Out:tensor([[0., 1., 2.],
            [3., 4., 5.]])
    tensor([[2., 2., 2.],
            [3., 4., 4.]])
```

7. 归并操作

归并操作只使用 Tensor 中的部分元素进行计算，其输出结果的形状通常小于输入的形状。用户可以沿着某一维度进行指定的归并操作，例如，使用 sum 既可以计算整个 Tensor 的和，又可以计算 Tensor 中每一行或每一列的和。PyTorch 中常用的归并操作如表 3.6 所示。

表 3.6　PyTorch 中常用的归并操作

函数	功能
mean/sum/median/mode	均值/求和/中位数/众数
norm/dist	范数/距离
std/var	标准差/方差
cumsum/cumprod	累加/累乘

大多数执行归并操作的函数都有一个维度参数 dim，它用来指定这些操作是在哪个维度上执行的。关于 dim（对应于 NumPy 中的 axis）的解释众说纷纭，这里提供一种简单的记忆方式。

假设输入的形状是 (m, n, k)，有如下三种情况。

- 如果指定 dim=0，那么输出的形状是 $(1, n, k)$ 或者 (n, k)。
- 如果指定 dim=1，那么输出的形状是 $(m, 1, k)$ 或者 (m, k)。
- 如果指定 dim=2，那么输出的形状是 $(m, n, 1)$ 或者 (m, n)。

在输出的形状中是否有维度 1，取决于参数 keepdim，如果指定 keepdim=True，那么结果就会保留维度 1。注意：以上只是经验总结，并非所有函数都符合这种形状变化方式，比如 cumsum。下面举例说明。

```
In: # 注意对比是否保留维度1的区别
    b = t.ones(2, 3)
    print(b.sum(dim=0, keepdim=True ), b.sum(dim=0, keepdim=True ).shape)
    print(b.sum(dim=0, keepdim=False), b.sum(dim=0, keepdim=False).shape)
```

```
Out:tensor([[2., 2., 2.]]) torch.Size([1, 3])
    tensor([2., 2., 2.]) torch.Size([3])
```

```
In: a = t.arange(2, 8).view(2, 3)
    print(a)
    print(a.cumsum(dim=1)) # 沿着行累加
```

```
Out:tensor([[2, 3, 4],
            [5, 6, 7]])
```

```
tensor([[ 2,  5,  9],
        [ 5, 11, 18]])
```

8. 比较操作

PyTorch 的部分比较函数是逐元素比较的，操作类似于逐元素操作，另一些类似于归并操作。PyTorch 中常用的比较操作如表 3.7 所示。

表 3.7　PyTorch 中常用的比较操作

函数	功能
gt/lt/ge/le/eq/ne	大于/小于/大于或等于/小于或等于/等于/不等于
topk(input, k)	返回最大的 k 个元素和它们的索引
sort(input, dim)	对指定维度进行排序
argsort(input, dim)	返回指定维度排序结果的索引
max/min	比较两个 Tensor 的最大值、最小值
allclose(tensor1, tensor2)	判断两个浮点类型的 Tensor 是否近似相等

表 3.7 中第一行的比较操作已经实现了运算符重载，所以可以使用 a>=b、a>b、a!=b 和 a==b，其返回结果是一个 BoolTensor，可以用来选择元素。max 和 min 这两个操作比较特殊，以 max 为例，它有以下三种使用情况。

- torch.max(tensor)：返回 Tensor 中最大的元素。
- torch.max(tensor, dim)：指定维度上最大的元素，返回 Tensor 和索引。
- torch.max(tensor1, tensor2)：返回两个 Tensor 对应位置上较大的元素。

下面举例说明。

```
In: a = t.linspace(0, 15, 6).view(2, 3)
    b = t.linspace(15, 0, 6).view(2, 3)
    print(a > b)
    print("a中大于b的元素: ", a[a > b])  # 返回a中大于b的元素
    print("a中最大的元素: ", t.max(a))   # 返回a中最大的元素
```

```
Out:tensor([[False, False, False],
            [ True,  True,  True]])
    a中大于b的元素:  tensor([ 9., 12., 15.])
    a中最大的元素:  tensor(15.)
```

```
In: t.max(b, dim=1)
    # 执行该操作有两个返回值
    # 第一个返回值(15,6)分别表示b中第1行和第2行最大的元素
```

```
# 第二个返回值(0,0)分别表示b中每行最大元素的索引
```

```
Out:torch.return_types.max(
    values=tensor([15.,  6.]),
    indices=tensor([0, 0]))
```

```
In: t.max(a, b) # 返回两个Tensor对应位置上较大的元素
```

```
Out:tensor([[15., 12.,  9.],
            [ 9., 12., 15.]])
```

```
In: a = t.tensor([2, 3, 4, 5, 1])
    t.topk(a, 3) # 返回最大的3个元素和它们对应的索引
```

```
Out:torch.return_types.topk(
    values=tensor([5, 4, 3]),
    indices=tensor([3, 2, 1]))
```

```
In: a = t.randn(2, 3)
    a
```

```
Out:tensor([[-0.1712,  0.2442, -1.1505],
            [-0.0754, -0.1402,  1.1420]])
```

```
In: t.argsort(a, dim=1) # 第一行的数据是-1.1505<-0.1712<0.2442，对应的索引是2,0,1
```

```
Out:tensor([[2, 0, 1],
            [1, 0, 2]])
```

在比较两个整型 Tensor 时，可以使用 == 符号直接进行比较。对于有精度限制的浮点数，需要使用 allclose 函数进行比较。

```
In: a = t.tensor([1.000001, 1.000001, 0.999999])
    b = t.ones_like(a) # [1., 1., 1.]
    print(a == b)
    t.allclose(a, b)
```

```
Out:tensor([False, False, False])
    True
```

9. 其他操作

PyTorch 1.8 版本新增了快速傅里叶变换（FFT）（`torch.fft`）和线性代数模块（`torch.linalg`），常用的线性代数基本操作如表 3.8 所示。

表 3.8　常用的线性代数基本操作

函数	功能
`linalg.det()`	行列式
`linalg.matrix_rank()`	矩阵的秩
`linalg.norm()`	矩阵或向量范数
`linalg.inv()`	矩阵的逆
`linalg.pinv()`	矩阵的伪逆（Moore-Penrose 广义逆矩阵）
`linalg.svd()`	奇异值分解
`linalg.qr()`	QR 分解
`fft.fft()`	一维离散傅里叶变换
`fft.ifft()`	一维离散傅里叶逆变换

此外，在 `torch.distributions` 中，PyTorch 还提供了可自定义参数的概率分布函数和采样函数，其中封装了伯努利分布、柯西分布、正态分布、拉普拉斯分布等。关于这些函数的详细用法，读者可以查阅 PyTorch 的官方文档来了解。

3.1.2　命名张量

命名张量（Named Tensor）允许用户将显式名称与 Tensor 的维度关联起来，便于对 Tensor 进行其他操作。笔者推荐使用维度的名称进行维度操作，这样可以避免重复计算 Tensor 每个维度的位置。支持命名张量的工厂函数（factory function）有 `tensor`、`empty`、`ones`、`zeros`、`randn` 等。

下面举例说明命名张量的使用，其中 N 表示 batch_size，C 表示通道数，H 表示高度，W 表示宽度。

```
In: # 命名张量API后续可能还有变化，系统会提示warning，在此忽略
    import warnings
    warnings.filterwarnings("ignore")
    # 直接使用names参数创建命名张量
    imgs = t.randn(1, 2, 2, 3, names=('N', 'C', 'H', 'W'))
    imgs.names
```

```
Out:('N', 'C', 'H', 'W')
```

```
In: # 查看旋转操作造成的维度变换
```

```
imgs_rotate = imgs.transpose(2, 3)
imgs_rotate.names
```

```
Out:('N', 'C', 'W', 'H')
```

```
In: # 通过refine_names对未命名的张量命名，不需要名字的维度可以用None表示
    another_imgs = t.rand(1, 3, 2, 2)
    another_imgs = another_imgs.refine_names('N', None, 'H', 'W')
    another_imgs.names
```

```
Out:('N', None, 'H', 'W')
```

```
In: # 修改部分维度的名称
    renamed_imgs = imgs.rename(H='height', W='width')
    renamed_imgs.names
```

```
Out:('N', 'C', 'height', 'width')
```

```
In: # 通过维度的名称进行维度变换
    convert_imgs = renamed_imgs.align_to('N', 'height', 'width', 'C')
    convert_imgs.names
```

```
Out:('N', 'height', 'width', 'C')
```

在进行张量的计算时，命名张量可以提供更高的安全性。例如，在进行 Tensor 的加法时，如果两个 Tensor 的维度名称没有对齐，那么即使它们的维度相同，也无法进行计算。

```
In: a = t.randn(1, 2, 2, 3, names=('N', 'C', 'H', 'W'))
    b = t.randn(1, 2, 2, 3, names=('N', 'H', 'C', 'W'))
    # a + b
    # 报错，RuntimeError: Error when attempting to broadcast
    # dims ['N', 'C', 'H', 'W'] and dims ['N', 'H', 'C', 'W']:
    # dim 'H' and dim 'C' are at the same position from the
    # right but do not match.
```

3.1.3　Tensor 与 NumPy

Tensor 在底层设计上参考了 NumPy 数组，它们之间的相互转换非常简单、高效。因为 NumPy 中已经封装了常用操作，同时与 Tensor 在某些情况下共享内存，所以当遇到 CPU Tensor 不支持的操作时，可以先将其转换成 NumPy 数组，在完成相应的处理后再转换回 Tensor。由于这样的操作开销很小，所以在实际应用中经常进行二者的相互转

换。下面举例说明。

```
In: import numpy as np
    a = np.ones([2, 3], dtype=np.float32)
    a
```

```
Out:array([[1., 1., 1.],
           [1., 1., 1.]], dtype=float32)
```

```
In: # 将NumPy数组转换为Tensor，由于dtype为float32，所以a和b共享内存
    b = t.from_numpy(a)
    # 在这种情况下，使用t.Tensor创建的Tensor与NumPy数组仍然共享内存
    # b = t.Tensor(a)
    b
```

```
Out:tensor([[1., 1., 1.],
            [1., 1., 1.]])
```

```
In: # 此时，NumPy数组和Tensor是共享内存的
    a[0, 1] = -1
    b # 修改a的值，b的值也会发生改变
```

```
Out:tensor([[ 1., -1.,  1.],
            [ 1.,  1.,  1.]])
```

注意：使用 torch.Tensor() 创建的张量默认 dtype 为 float32，如果 NumPy 的数据类型与默认类型不一致，那么数据仅会被复制，不会共享内存。

```
In: a = np.ones([2, 3])
    # 注意和上面的a的区别（dtype不是float32）
    a.dtype
```

```
Out:dtype('float64')
```

```
In: b = t.Tensor(a) # 此处进行复制，不共享内存
    b.dtype
```

```
Out:torch.float32
```

```
In: c = t.from_numpy(a) # 注意c的类型（DoubleTensor）
    c
```

```
Out:tensor([[1., 1., 1.],
            [1., 1., 1.]], dtype=torch.float64)
```

```
In: a[0, 1] = -1
    print(b) # b与a不共享内存，所以，即使a改变了，b也不会变
    print(c) # c与a共享内存
```

```
Out:tensor([[1., 1., 1.],
            [1., 1., 1.]])
    tensor([[ 1., -1.,  1.],
            [ 1.,  1.,  1.]], dtype=torch.float64)
```

注意： 无论输入类型是什么，`torch.tensor()` 都只进行数据复制，不会共享内存。读者需要注意 `torch.Tensor()`、`torch.from_numpy()` 与 `torch.tensor()` 在内存共享方面的区别。

```
In: a_tensor = t.tensor(a)
    a_tensor[0, 1] = 1
    a # a和a_tensor不共享内存
```

```
Out:array([[ 1., -1.,  1.],
           [ 1.,  1.,  1.]])
```

除了使用上述操作完成 NumPy 数组和 Tensor 之间的数据转换，PyTorch 还构建了 `torch.utils.dlpack` 模块。该模块可以实现 PyTorch 张量和 DLPack 内存张量结构之间的相互转换，因此，用户可以轻松实现不同深度学习框架的张量数据的交换。注意：转换后的 DLPack 张量与原 PyTorch 张量仍然是共享内存的。

3.1.4　Tensor 的基本结构

Tensor 的数据结构如图 3.1 所示。Tensor 分为头信息区（Tensor）和存储区（Storage）。头信息区主要保存 Tensor 的形状（Size）、步长（Stride）、数据类型（Type）等信息，真正的数据在存储区被保存成连续数组。头信息区元素占用的内存较少，主要的内存占用取决于 Tensor 中元素的数目，即存储区的大小。

一般来说，每一个 Tensor 都有与之对应的存储区，存储区是在数据之上封装的接口。Tensor 的内存地址指向 Tensor 的头（Head），不同 Tensor 的头信息一般不同，但可能使用相同的存储区。关于 Tensor 的很多操作虽然创建了一个新的头，但是它们仍共享同一个存储区，下面举例说明。

```
In: a = t.arange(0, 6).float()
    b = a.view(2, 3)
    # 存储区的内存地址是一样的，即它们是同一个存储区
    a.storage().data_ptr() == b.storage().data_ptr()
```

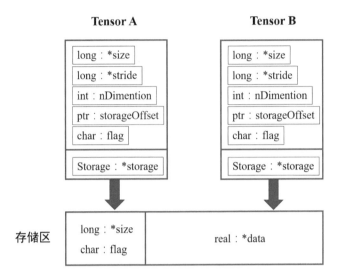

图 3.1　Tensor 的数据结构

```
Out:True
```

```
In: # a改变了，b也随之改变，因为它们共享存储区
    a[1] = 100
    b
```

```
Out:tensor([[  0., 100.,   2.],
            [  3.,   4.,   5.]])
```

```
In: # 对a进行索引操作，只改变了头信息，存储区相同
    c = a[2:]
    a.storage().data_ptr() == c.storage().data_ptr()
```

```
Out:True
```

```
In: c.data_ptr(), a.data_ptr() # data_ptr返回Tensor首元素的内存地址
    # 可以看出两个内存地址相差8，因为2×4=8：相差两个元素，每个元素占4个字节(float)
    # 如果差值不是8，而是16，则可以用a.type()查看数据类型是不是torch.FloatTensor
```

```
Out:(94880397551496, 94880397551488)
```

```
In: c[0] = -100 # c[0]的内存地址对应a[2]的内存地址
    a
```

```
Out:tensor([   0.,  100., -100.,    3.,    4.,    5.])
```

```
In: d = t.Tensor(c.storage()) # d和c仍然共享内存
    d[0] = 6666
    b
```

```
Out:tensor([[ 6.6660e+03,  1.0000e+02, -1.0000e+02],
            [ 3.0000e+00,  4.0000e+00,  5.0000e+00]])
```

```
In: # 下面4个Tensor共享存储区
    a.storage().data_ptr() == b.storage().data_ptr() == c.storage().data_ptr() == d.
storage().data_ptr()
```

```
Out:True
```

```
In: # c取得a的部分索引，改变了偏移量
    a.storage_offset(), c.storage_offset(), d.storage_offset()
```

```
Out:(0, 2, 0)
```

```
In: e = b[::2, ::2] # 隔两行/列取一个元素
    print(a.storage().data_ptr() == e.storage().data_ptr()) # 共享内存
    print(e.is_contiguous()) # e的存储空间是不连续的
```

```
Out:True
    False
```

由此可见，绝大多数操作不是修改 Tensor 的存储区，而是修改 Tensor 的头信息。这种做法更节省内存，同时提升了处理速度。此外，有些操作会导致 Tensor 不连续，这时需要调用 `tensor.contiguous()` 方法将它们变成连续的数据。该方法会复制数据到新的内存，不再与原来的数据共享存储区。

读者可以思考一个问题：高级索引一般不共享存储区，而基本索引共享存储区，这是为什么呢？（提示：基本索引可以通过修改 Tensor 的偏移量、步长和形状实现，不用修改存储区的数据，而高级索引则不行。）

3.1.5 变形记：N 种改变 Tensor 形状的方法

Tensor 作为 PyTorch 的基本数据对象，在使用过程中经常需要进行变形操作。在设计上，PyTorch 允许一个 Tensor 是另一个 Tensor 的视图（view），这有效避免了显式的数据复制，从而可以更加高效、便捷地进行 Tensor 的变形、切片等操作。在 PyTorch 中有很多用于改变 Tensor 形状的函数，本节将详细介绍它们的用法。

本节介绍的所有函数都可以使用 tensor.shape 和 tensor.reshape(*new_shape) 实现。下面对与 Tensor 形状相关的常见操作进行总结，以方便读者选择最灵活、便捷的函数。

1. 查看 Tensor 的维度

关于 Tensor 的形状信息，除了使用 tensor.shape 查看，还可以使用如下三个常用函数。

- tensor.size()：等价于 tensor.shape。
- tensor.dim()：用于查看 Tensor 的维度，其等价于 len(tensor.shape)，对应于 NumPy 中的 array.ndim。
- tensor.numel()：用于查看 Tensor 中元素的数量，其等价于 tensor.shape[0] *tensor.shape[1]* ... 或者 np.prod(tensor.shape)，对应于 NumPy 中的 array.size。

```
In: import torch as t
    tensor = t.arange(24).reshape(2, 3, 4)
    # tensor.shape和tensor.size()等价
    print(f"a.shape={tensor.shape}. a.size()={tensor.size()}")
```

```
Out:a.shape=torch.Size([2, 3, 4]). a.size()=torch.Size([2, 3, 4])
```

```
In: f'这是一个{tensor.dim()}维Tensor, 共有{tensor.numel()}个元素'
```

```
Out:'这是一个3维Tensor, 共有24个元素'
```

2. 改变 Tensor 的维度

所有改变 Tensor 形状的操作都可以通过 tensor.reshape() 实现。tensor.reshape (new_shape) 首先会把内存空间中不连续的 Tensor 变成连续的，然后再进行形状变化，这一操作等价于 tensor.contiguous().view(new_shape)。关于 reshape 和 view 的选用可参考下面两点建议。

- reshape：接口使用更加便捷，会自动把内存空间中不连续的 Tensor 变为连续的，可以避免很多报错。它的函数名与 NumPy 的一致，便于使用。
- view：函数名更短，仅能处理内存空间中连续的 Tensor，经过 view 操作之后的 Tensor 仍然共享存储区。

reshape 和 view 之间还有一些区别：如果 Tensor 在内存空间中不是连续的，那么 tensor.reshape 会先将原 Tensor 进行复制，利用 contiguous() 方法把它变成连续的之后再进行形状变化，而 `tensor.view` 会报错。

```
In: a = t.arange(1, 13)
    b = a.view(2, 6)
    c = a.reshape(2, 6) # 此时view和reshape等价，因为Tensor是连续的
    # a, b, c三个对象的内存地址是不一样的，其中保存的是Tensor
    # 的形状、步长、数据类型等信息
    id(a) == id(b) == id(c)
```

```
Out:False
```

```
In: # 虽然view和reshape被存储在与原始对象不同的地址内存中，但是它们共享存储区
    # 也就意味着它们共享基础数据
    a.storage().data_ptr() == b.storage().data_ptr() == c.storage().data_ptr()
```

```
Out:True
```

```
In: b = b.t() # b不再连续
    b.reshape(-1, 4) # 仍然可以使用reshape操作进行形状变化

    # 下面会报错，view无法在改变数据存储的情况下进行形状变化
    # b.view(-1, 4)
```

```
Out:tensor([[ 1,  7,  2,  8],
            [ 3,  9,  4, 10],
            [ 5, 11,  6, 12]])
```

常用的快捷变形方法有以下几种。

- `tensor.view(dim1,-1,dimN)`：在调整 Tensor 的形状时，用户不需要指定每一维的形状，可以把其中一个维度指定为 -1，PyTorch 会自动计算对应的形状。
- `tensor.view_as(other)`：将 Tensor 的形状变为和 other 一样，等价于 `tensor.view(other.shape)`。
- `tensor.squeeze()`：将 Tensor 中尺寸为 1 的维度去掉，例如，形状 $(1,3,1,4)$ 会变为 $(3,4)$。
- `tensor.flatten(start_dim=0, end_dim=-1)`：将 Tensor 形状中某些连续的维度合并为一个维度，例如，形状 $(2,3,4,5)$ 会变为 $(2,12,5)$。
- `tensor[None]` 和 `tensor.unsqueeze(dim)`：为 Tensor 新建一个维度，该维度的尺寸为 1，例如，形状 $(2,3)$ 会变为 $(2,1,3)$。

```
In: # 创建一张噪声图像，并计算RGB每一个通道的噪声均值
    img_3xHxW = t.randn(3, 128, 256)
```

```
# 将img_3xHxW的后两维合并
img_3xHW = img_3xHxW.view(3, -1)
# 等价于 img_3xHxW.view(3, 128*256)
# 也等价于 img_3xHxW.flatten(1, 2)
img_3xHW.mean(dim=1)
```

```
Out:tensor([-1.6643e-03, -3.8993e-03, 8.6497e-07])
```

```
In: # 除了RGB通道，图像还可以有alpha通道用来表示透明度
    alpha_HxW = t.rand(128, 256)
    alpha_1xHxW = alpha_HxW[None] # 等价于alpha.unsqueeze(0)
    rgba_img = t.cat([alpha_1xHxW, img_3xHxW], dim=0)
    rgba_img.shape
```

```
Out:torch.Size([4, 128, 256])
```

```
In: # 去掉第一维的1
    # 等价于alpha_1xHxW.squeeze()：去掉所有为1的维度
    # 等价于alpha_1xHxW.flatten(0,1)：1和128合并
    # 等价于alpha_1xHxW[0]：通过索引取出第一个维度的数据
    alpha_HxW = alpha_1xHxW.view(128, 256)
```

3. Tensor 的转置

Tensor 的转置（transpose）和改变形状（reshape）是两个不同的概念。例如，将一张图像旋转 90° 属于向量的转置，无法通过改变向量的形状来实现。

虽然 transpose 函数和 permute 函数都可以用于高维矩阵的转置，但是在用法上稍有区别：transpose 只能用于两个维度的转置，即只能改变两个维度的信息；permute 可以对任意高维矩阵进行转置，直接输入目标矩阵维度的索引即可。通过多次 transpose 变换可以达到和 permute 相同的效果。常用的转置操作还有 tensor.t() 和 tensor.T，它们和 tensor.transpose() 一样都属于 permute 的特例。

另外，虽然在大多数情况下转置操作的输出和输入的 Tensor 共享存储区，但是转置操作会使得 Tensor 在内存空间中变得不连续，此时最好通过 tensor.contiguous() 将其变成连续的。部分操作（比如 tensor.sum()/max()）支持对内存空间中不连续的 Tensor 进行运算，此时就无须连续化这一步操作，这样可以节省内存/显存。

```
In: mask = t.arange(6).view(2,3) # 一张高度为2、宽度为3的图像
    mask
```

```
Out:tensor([[0, 1, 2],
            [3, 4, 5]])
```

```
In: # 将图像旋转90°，也就是将第一个维度和第二个维度交换
    # 等价于mask.transpose(1,0)
    # 等价于mask.t()或mask.T
    # 等价于mask.permute(1,0)，不等价于mask.permute(0,1)
    mask.transpose(0,1)
```

```
Out:tensor([[0, 3],
            [1, 4],
            [2, 5]])
```

```
In: # 单纯改变图像的形状
    # 注意和上面的区别，结果仍然是连续的
    mask.view(3,2)
```

```
Out:tensor([[0, 1],
            [2, 3],
            [4, 5]])
```

```
In: # 在PyTorch等深度学习框架中，图像一般被存储为C×H×W
    img_3xHxW = t.randn(3, 128, 256)

    # 在OpenCV/NumPy/skimage中，图像一般被存储为H×W×C
    # img_3xHxW的形状为shape=[3, H, W]，经过permute(1, 2, 0)得到的形状为
    # [shape[1], shape[2], shape[0]] = [H, W, 3]
    img_HxWx3 = img_3xHxW.permute(1,2,0)

    img_HxWx3.is_contiguous()
```

```
Out:False
```

```
In: img_HxWx3.reshape(-1) # view会报错，因为img_HxWx3不连续
```

```
Out:tensor([ 0.4553,  1.0848, -1.9221, ..., -0.6087, 0.2638, -0.0149])
```

在选择使用 tensor.reshape() 还是 tensor.transpose() 时，如果输出 Tensor 的维度数据排列和输入一样，那么使用 tensor.reshape()，否则应该使用 tensor. transpose()。

```
In: H, W = 4, 5
    img_3xHxW = t.randn(3, H, W)

    # 目标数据排列和输入一样，直接使用reshape
    img_3xHW = img_3xHxW.reshape(3, -1)

    # 目标数据排列和输入不一样，先通过transpose变成(3,W,H)，再变成(3,WH)
    img_3xWH = img_3xHxW.transpose(1, 2).reshape(3, -1)

    # 再变形为3xWxH的形式
    img_3xWxH = img_3xWH.reshape(3, W, H)
```

3.2 小试牛刀：线性回归

线性回归是机器学习的入门内容，应用十分广泛。线性回归利用数理统计中的回归分析来确定两种或两种以上变量间相互依赖的定量关系，其表达形式为 $y = wx + b + e$。其中，x 和 y 是输入/输出数据，w 和 b 是可学习参数，误差 e 服从均值为 0 的正态分布。线性回归的损失函数如式（3.2）所示。

$$\text{loss} = \sum_{i}^{N} \frac{1}{2}(y_i - (wx_i + b))^2 \qquad (3.2)$$

本节利用随机梯度下降法更新参数 w 和 b 来最小化损失函数，最终学得 w 和 b 的值。

```
In: import torch as t
    %matplotlib inline
    from matplotlib import pyplot as plt
    from IPython import display

    device = t.device('cpu') # 如果使用GPU，则改成t.device('cuda:0')
```

```
In: # 设置随机数种子，保证在不同机器上运行时下面的输出一致
    t.manual_seed(2021)

    def get_fake_data(batch_size=8):
        ''' 产生随机数据：y=2x+3，加上了一些噪声'''
        x = t.rand(batch_size, 1, device=device) * 5
        y = x * 2 + 3 +  t.randn(batch_size, 1, device=device)
        return x, y
```

```
In: # 来看看产生的x-y分布
    x, y = get_fake_data(batch_size=16)
    plt.scatter(x.squeeze().cpu().numpy(), y.squeeze().cpu().numpy())
```

```
Out: <matplotlib.collections.PathCollection at 0x7fcd24179c88>
```

程序输出如图 3.2 所示。

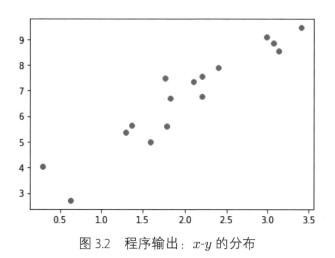

图 3.2　程序输出：$x\text{-}y$ 的分布

```
In: # 随机初始化参数
    w = t.rand(1, 1).to(device)
    b = t.zeros(1, 1).to(device)

    lr = 0.02 # 学习率（learning rate）

    for ii in range(500):
        x, y = get_fake_data(batch_size=4)

        # 前向传播：计算loss
        y_pred = x.mm(w) + b.expand_as(y) # expand_as用到了广播法则
        loss = 0.5 * (y_pred - y) ** 2 # 均方误差
        loss = loss.mean()

        # 反向传播：手动计算梯度
        dloss = 1
        dy_pred = dloss * (y_pred - y)
```

```
        dw = x.t().mm(dy_pred)
        db = dy_pred.sum()

        # 更新参数
        w.sub_(lr * dw) # inplace函数
        b.sub_(lr * db)

        if ii % 50 == 0:
            # 画图
            display.clear_output(wait=True)
            x = t.arange(0, 6).float().view(-1, 1)
            y = x.mm(w) + b.expand_as(x)
            plt.plot(x.cpu().numpy(), y.cpu().numpy()) # 线性回归的结果

            x2, y2 = get_fake_data(batch_size=32)
            plt.scatter(x2.numpy(), y2.numpy()) # 真实数据

            plt.xlim(0, 5)
            plt.ylim(0, 13)
            plt.show()
            plt.pause(0.5)

    print(f'w: {w.item():.3f}, b: {b.item():.3f}')
```

```
Out:w: 1.911 b: 3.044
```

程序输出如图 3.3 所示。

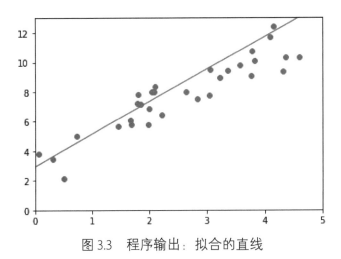

图 3.3　程序输出：拟合的直线

可见，程序已经基本学得 $w=2$、$b=3$，并且图中直线和数据已经实现较好的拟合。

上面提到了 Tensor 的许多操作，这里不要求读者全部掌握，日后使用时可以再查阅这部分内容或者查阅官方文档，在此读者只需有一个基本印象即可。

3.3　autograd 和计算图基础

在训练网络时使用 Tensor 非常方便，从 3.2 节中线性回归的例子来看，反向传播过程需要手动实现，这对于像线性回归这样较为简单的模型来说还比较容易。然而，在实际使用中经常出现非常复杂的网络结构，此时手动实现反向传播不仅费时、费力，而且容易出错，难以检查。torch.autograd 就是为了方便用户使用而专门开发的一套自动求导引擎，它能够根据输入和前向传播过程自动构建计算图，执行反向传播。

计算图（Computation Graph）是包括 PyTorch 和 TensorFlow 在内的许多现代深度学习框架的核心，它为反向传播（Back Propogation）算法提供了计算基础，了解计算图在实际写程序的过程中会有极大的帮助。

3.3.1　autograd 的用法：requires_grad 与 backward

PyTorch 在 autograd 模块中实现了计算图的相关功能，autograd 中的核心数据结构依然是 Tensor，只需要对 Tensor 增加一个 requires_grad=True 属性。当用户定义网络模型时，autograd 会记录与网络相关的所有 Tensor 操作，从而形成一个前向传播的有向无环图（Directed Acyclic Graph，DAG）。在这个图中，输入网络的 Tensor 被称为叶子节点，网络输出的 Tensor 被称为根节点。autograd 从根节点开始遍历，并对其中所有 requires_grad=True 的 Tensor 进行求导操作，这样逐层遍历至叶子节点时，可以通过链式操作计算梯度，从而自动完成反向传播操作。autograd 中核心的反向传播函数如下：

```
torch.autograd.backward(tensors, grad_tensors=None, retain_graph=None, create_graph=
False)
```

它主要涉及以下 4 个参数。

- tensors：用于计算梯度的 Tensor，如 torch.autograd.backward(y)，等价于 y.backward()。
- grad_tensors：形状与 tensors 一致，对于 y.backward()，grad_tensors 相当于链式法则 $\frac{\mathrm{d}z}{\mathrm{d}x} = \frac{\mathrm{d}z}{\mathrm{d}y} \times \frac{\mathrm{d}y}{\mathrm{d}x}$ 中的 $\frac{\mathrm{d}z}{\mathrm{d}y}$。
- retain_graph：反向传播需要缓存一些中间结果，在反向传播之后，缓存就会被清空。可以通过指定这个参数不清空缓存，用来进行多次反向传播。
- create_graph：对反向传播过程再次构建计算图，可以通过 backward of backward 实现求高阶导数。

下面举几个简单的例子来说明 autograd 的用法。

```
In: import torch as t
    # 下面两种写法等价
    a = t.randn(3, 4, requires_grad=True)
    # a = t.randn(3, 4).requires_grad_()
    a.requires_grad
```

```
Out:True
```

```
In: # 也可以单独设置requires_grad
    a = t.randn(3, 4)
    a.requires_grad = True
```

```
In: b = t.zeros(3, 4).requires_grad_()
    c = (a + b).sum()
    c.backward()
    c
```

```
Out:tensor(-1.6152, grad_fn=<SumBackward0>)
```

```
In: a.grad
```

```
Out:tensor([[1., 1., 1., 1.],
            [1., 1., 1., 1.],
            [1., 1., 1., 1.]])
```

```
In: # 此处虽然没有指定c需要求导，但c依赖于a，而a需要求导，
    # 因此c的requires_grad属性会被自动设为True
    a.requires_grad, b.requires_grad, c.requires_grad
```

```
Out:(True, True, True)
```

对于计算图中的 Tensor 而言，is_leaf=True 的 Tensor 被称为 Leaf Tensor，也就是计算图中的叶子节点。设计 Leaf Tensor 的初衷是为了节省内存/显存，在通常情况下，不会直接使用非叶子节点的梯度信息。对 Leaf Tensor 的判断准则如下：

- 当 Tensor 的 requires_grad 为 False 时，它就是 Leaf Tensor。
- 当 Tensor 的 requires_grad 为 True，而且是由用户创建的时候，它也是 Leaf Tensor，它的梯度信息会被保留下来。

注意：Leaf Tensor 的 grad_fn 属性为 None。

```
In: a.is_leaf, b.is_leaf, c.is_leaf
```

```
Out:(True, True, False)
```

```
In: a = t.rand(10, requires_grad=True)
    a.is_leaf
```

```
Out:True
```

```
In: # 接下来的几个测试是在GPU的环境下进行的
    b = t.rand(10, requires_grad=True).cuda(0)
    b.is_leaf # b是在CPU上的Tensor转换为CUDA上的Tensor时创建的, 所以它不是Leaf Tensor
```

```
Out:False
```

```
In: c = t.rand(10, requires_grad=True) + 2
    c.is_leaf
```

```
Out:False
```

```
In: d = t.rand(10).cuda(0)
    print(d.requires_grad) # False
    print(d.is_leaf) # 除了创建, 没有其他操作 (由autograd实现)
```

```
Out:False
    True
```

```
In: e = t.rand(10).cuda(0).requires_grad_()
    e.is_leaf # 同样地, 在创建e时没有额外的操作
```

```
Out:True
```

下面来看看用 autograd 计算的导数和手动推导的导数之间的区别。对于函数 $y = x^2 e^x$，它的导函数如式（3.3）所示。

$$\frac{dy}{dx} = 2xe^x + x^2e^x \tag{3.3}$$

```
In: def f(x):
        '''计算y'''
        y = x**2 * t.exp(x)
        return y
```

```
    def gradf(x):
        '''手动求导函数'''
        dx = 2*x*t.exp(x) + x**2*t.exp(x)
        return dx
```

```
In: x = t.randn(3, 4, requires_grad=True)
    y = f(x)
    y
```

```
Out:tensor([[0.0109, 0.2316, 0.8111, 7.1278],
            [0.4126, 0.5035, 0.5146, 0.9632],
            [0.5159, 1.0523, 0.0118, 0.3755]], grad_fn=<MulBackward0>)
```

```
In: y.backward(t.ones(y.size())) # 梯度的形状与y一致
    assert t.all(x.grad == gradf(x)) # 没有抛出异常，说明autograd的计算结果与利用公式
                                     # 手动计算的结果一致
```

3.3.2　autograd 的原理：计算图

PyTorch 中 autograd 的底层采用了计算图，计算图是一种特殊的有向无环图，用于记录算子与变量之间的关系。一般用矩形表示算子，用椭圆形表示变量。例如，表达式 $z = wx + b$ 可以被分解为 $y = wx$ 和 $z = y + b$，其计算图如图 3.4 所示，图中的 MUL、ADD 都是算子，w、x、b 为变量。

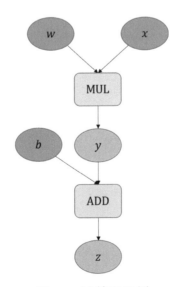

图 3.4　计算图示例

在这个有向无环图中，x 和 b 是叶子节点，它们通常由用户自己创建，不依赖于其他变量。z 为根节点，是计算图的最终目标。利用链式法则很容易求得各个叶子节点的梯度，如式（3.4）所示。

$$\frac{\partial z}{\partial b} = 1, \frac{\partial z}{\partial y} = 1$$
$$\frac{\partial y}{\partial w} = x, \frac{\partial y}{\partial x} = w$$
$$\frac{\partial z}{\partial x} = \frac{\partial z}{\partial y} \times \frac{\partial y}{\partial x} = 1 \times w$$
$$\frac{\partial z}{\partial w} = \frac{\partial z}{\partial y} \times \frac{\partial y}{\partial w} = 1 \times x \qquad (3.4)$$

有了计算图，链式求导即可利用计算图的反向传播自动完成，其过程如图 3.5 所示。

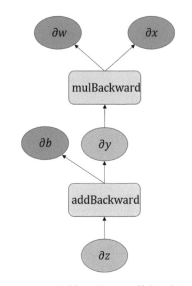

图 3.5　计算图的反向传播过程

在 PyTorch 的实现中，autograd 会随着用户的操作，记录生成当前 Tensor 的所有操作，由此建立一个有向无环图。用户每进行一个操作，相应的计算图都会发生改变。在底层的实现中，图中记录了操作 Function，每一个变量在图中的位置，都可通过其 grad_fn 属性在图中的位置推测得到。在反向传播过程中，autograd 沿着这个图从当前变量（根节点 z）溯源，利用链式法则计算所有叶子节点的梯度。每一个前向传播操作的函数都有与之对应的反向传播函数用来计算输入 Tensor 的梯度，这些函数的函数名通常以 Backward 结尾。下面结合代码介绍 autograd 的实现细节。

```
In: x = t.ones(1)
    b = t.rand(1, requires_grad = True)
    w = t.rand(1, requires_grad = True)
    y = w * x # 等价于y=w.mul(x)
    z = y + b # 等价于z=y.add(b)


    x.requires_grad, b.requires_grad, w.requires_grad
```

```
Out:(False, True, True)
```

```
In: # 虽然未指定y.requires_grad为True，但由于y依赖于需要求导的w，
    # 因此y.requires_grad为True
    y.requires_grad
```

```
Out:True
```

```
In: # 使用grad_fn可以查看这个Tensor的反向传播函数
    # z是add函数的输出，所以它的反向传播函数是addBackward
    z.grad_fn
```

```
Out:<AddBackward0 at 0x7fcd240d3e80>
```

```
In: # next_functions保存了grad_fn的输入，grad_fn的输入是一个tuple
    # 第一个是y，它是乘法（mul）的输出，所以对应的反向传播函数y.grad_fn是mulBackward
    # 第二个是b，它是叶子节点，需要求导，所以对应的反向传播函数是AccumulateGrad
    z.grad_fn.next_functions
```

```
Out:((<MulBackward0 at 0x7fcd240d3f28>, 0),
    (<AccumulateGrad at 0x7fcd240d3f60>, 0))
```

```
In: # 第一个是w，叶子节点，需要求导，梯度是累加的
    # 第二个是x，叶子节点，不需要求导，所以为None
    y.grad_fn.next_functions
```

```
Out:((<AccumulateGrad at 0x7fcd240d3da0>, 0), (None, 0))
```

```
In: # 叶子节点的grad_fn为None
    w.grad_fn, x.grad_fn
```

```
Out:(None, None)
```

在计算 w 的梯度时，需要用到 x 的值（$\frac{\partial y}{\partial w} = x$），该值在前向传播过程中会被保存为 buffer（在反向传播过程中不需要更新），在反向传播后会被自动清空。为了能够进行多次反向传播，需要指定 retain_graph=True 来保存这些不需要更新的值。

```
In: # 指定retain_graph=True来保存不需要更新的值
    z.backward(retain_graph=True)
    w.grad
```

```
Out:tensor([1.])
```

```
In: # 多次反向传播，梯度累加，这也是w中AccumulateGrad标识的含义
    z.backward()
    w.grad
```

```
Out:tensor([2.])
```

PyTorch 使用的是动态图，因为它的计算图在每次前向传播时都是从头开始构建的，所以它能够使用 Python 控制语句（如 for、if 等）根据需求创建计算图。这一点在自然语言处理领域中很有帮助，它意味着无须事先构建所有可能用到的图路径，只有在运行时才进行图的构建。

```
In: def abs(x):
        if x.data[0] > 0: return x
        else: return -x
    x = t.ones(1, requires_grad=True)
    y = abs(x)
    y.backward()
    x.grad
```

```
Out:tensor([1.])
```

```
In: def f(x):
        result = 1
        for ii in x:
            if ii.item() > 0: result = ii * result
        return result
    x = t.arange(-2, 4).float().requires_grad_()
    y = f(x) # y = x[3]*x[4]*x[5]
    y.backward()
    x.grad
```

```
Out:tensor([0., 0., 0., 6., 3., 2.])
```

变量的 requires_grad 属性的默认值为 False，如果某一个节点的 requires_grad 被设置为 True，那么所有依赖它的节点的 requires_grad 都为 True。这其实很好理解，对于 $x \rightarrow y \rightarrow z$，x.requires_grad 为 True。在计算 $\frac{\partial z}{\partial x}$ 时，根据链式法则 $\frac{\partial z}{\partial x} = \frac{\partial z}{\partial y} \times \frac{\partial y}{\partial x}$，自然也需要求 $\frac{\partial z}{\partial y}$，所以 y.requires_grad 会被自动设置为 True。

有些时候可能并不希望 autograd 对 Tensor 求导，因为求导需要缓存许多中间结果，从而增加额外的内存/显存开销。对于不需要反向传播的场景（如在测试推理时），关闭自动求导可以实现一定程度的速度提升，并节省约一半显存。

```
In: x = t.ones(1, requires_grad=True)
    w = t.rand(1, requires_grad=True)
    y = x * w
    # y依赖于w，而w.requires_grad = True
    x.requires_grad, w.requires_grad, y.requires_grad
```

```
Out:(True, True, True)
```

```
In: with t.no_grad(): # 关闭自动求导
        x = t.ones(1)
        w = t.rand(1, requires_grad = True)
        y = x * w
    # y依赖于w和x，虽然w.requires_grad=True，但是y的requires_grad依旧为False
    x.requires_grad, w.requires_grad, y.requires_grad
```

```
Out:(False, True, False)
```

```
In: t.set_grad_enabled(False) # 更改了默认设置
    x = t.ones(1)
    w = t.rand(1, requires_grad = True)
    y = x * w
    # y依赖于w和x，虽然w.requires_grad=True，但是y的requires_grad依旧为False
    x.requires_grad, w.requires_grad, y.requires_grad
```

```
Out:(False, True, False)
```

```
In: # 恢复默认设置
    t.set_grad_enabled(True)
```

```
Out:<torch.autograd.grad_mode.set_grad_enabled at 0x7fcd240d62e8>
```

如果想要修改 Tensor 的数值，又不希望被 autograd 记录，那么可以对 tensor.data 进行操作。

```
In: a = t.ones(3, 4, requires_grad=True)
    b = t.ones(3, 4, requires_grad=True)
    c = a * b

    a.data # 同样是一个Tensor
```

```
Out:tensor([[1., 1., 1., 1.],
            [1., 1., 1., 1.],
            [1., 1., 1., 1.]])
```

```
In: a.data.requires_grad # 已经独立于计算图了
```

```
Out:False
```

在反向传播过程中，非叶子节点的梯度不会被保存。如果想查看这些变量的梯度，那么有以下两种方法。

- 使用 autograd.grad 函数。
- 使用 hook 方法。

autograd.grad 和 hook 方法都是很强大的工具，可以参考官方文档来了解其详细的用法，这里仅举例说明其基础的使用方法。笔者推荐使用 hook 方法。

```
In: x = t.ones(3, requires_grad=True)
    w = t.rand(3, requires_grad=True)
    y = x * w
    # y依赖于w，而w.requires_grad = True
    z = y.sum()
    x.requires_grad, w.requires_grad, y.requires_grad
```

```
Out:(True, True, True)
```

```
In: # 非叶子节点的梯度不会被保存，y.grad为None
    z.backward()
    (x.grad, w.grad, y.grad)
```

```
Out:(tensor([0.8637, 0.1238, 0.0123]), tensor([1., 1., 1.]), None)
```

```
In: # 第一种方法：使用grad获取中间变量的梯度
    x = t.ones(3, requires_grad=True)
    w = t.rand(3, requires_grad=True)
    y = x * w
    z = y.sum()
```

```
# z对y的梯度，隐式调用backward()
t.autograd.grad(z, y)
```

```
Out:(tensor([1., 1., 1.]),)
```

```
In:  # 第二种方法：使用hook
     # hook方法的输入是梯度，没有返回值
     def variable_hook(grad):
         print('y的梯度: ', grad)

     x = t.ones(3, requires_grad=True)
     w = t.rand(3, requires_grad=True)
     y = x * w
     # 注册hook
     hook_handle = y.register_hook(variable_hook)
     z = y.sum()
     z.backward()

     # 除非每次都要使用hook，否则在用完之后记得移除hook
     hook_handle.remove()
```

```
Out:y的梯度:  tensor([1., 1., 1.])
```

在 PyTorch 中计算图的特点可总结如下：

- autograd 根据用户对 Tensor 的操作构建计算图，这些操作可以被抽象为 Function。
- 由用户创建的节点被称为叶子节点，叶子节点的 grad_fn 为 None。对于在叶子节点中需要求导的 Tensor，因为其梯度是累加的，所以具有 AccumulateGrad 标识。
- Tensor 默认是不需要求导的，即 requires_grad 属性的默认值为 False。如果某一个节点的 requires_grad 被设置为 True，那么所有依赖它的节点的 requires_grad 都为 True。
- 在多次反向传播中，梯度是不断累加的。反向传播过程中的中间缓存仅在当次反向传播中有效，为了进行多次反向传播，需要指定 retain_graph=True 来保存这些中间缓存。
- 在反向传播过程中，非叶子节点的梯度不会被保存，可以使用 autograd.grad 或 hook 方法来获取非叶子节点的梯度。
- Tensor 的 grad 与 data 的形状一致，应避免直接修改 tensor.data，因为对 data 的直接操作无法利用 autograd 进行反向传播。
- PyTorch 采用动态图设计，用户可以很方便地查看中间层的输出，从而动态地设计计算图结构。

这些内容在大多数情况下并不影响读者对 PyTorch 的正常使用，但是掌握它们有助于更好地理解 PyTorch，并有效地避开很多潜在的陷阱。

3.3.3　扩展 autograd：Function

目前，绝大多数函数可以使用 autograd 实现反向求导。如果需要自己写一个复杂的函数，但不支持自动反向求导，这时应该怎么办呢？答案是写一个 Function，实现它的前向传播和反向传播的代码。Function 对应于计算图中的矩形，它接收参数，计算并返回结果。下面给出一个例子。

```
In: from torch.autograd import Function
    class MultiplyAdd(Function):

        @staticmethod
        def forward(ctx, w, x, b):
            ctx.save_for_backward(w, x) # 记录中间值
            output = w * x + b
            return output

        @staticmethod
        def backward(ctx, grad_output):
            w, x = ctx.saved_tensors # 取出中间值
            grad_w = grad_output * x
            grad_x = grad_output * w
            grad_b = grad_output * 1
            return grad_w, grad_x, grad_b
```

在上面扩展 autograd 的示例中，需要关注以下几点。

- 自定义的 Function 需要继承 autograd.Function，没有构造函数 __init__，所实现的 forward 和 backward 函数都属于静态方法。
- backward 函数的输出和 forward 函数的输入一一对应，backward 函数的输入和 forward 函数的输出一一对应。
- 在反向传播过程中，可能会利用前向传播的某些中间结果。在前向传播过程中，需要保存这些中间结果，否则前向传播结束后这些对象即被释放。
- 使用 Function.apply(tensor) 调用新实现的 Function。

```
In: x = t.ones(1)
    w = t.rand(1, requires_grad = True)
    b = t.rand(1, requires_grad = True)
    # 开始前向传播
```

```
z = MultiplyAdd.apply(w, x, b)
# 开始反向传播
z.backward()

# x不需要求导，中间过程还是会计算它的导数，但随后被清空
x.grad, w.grad, b.grad
```

```
Out:(None, tensor([1.]), tensor([1.]))
```

```
In: x = t.ones(1)
    w = t.rand(1, requires_grad = True)
    b = t.rand(1, requires_grad = True)
    # print('开始前向传播')
    z = MultiplyAdd.apply(w, x, b)
    # print('开始反向传播')

    # 调用MultiplyAdd.backward
    # 输出grad_w, grad_x, grad_b
    z.grad_fn
```

```
Out:<torch.autograd.function.MultiplyAddBackward object at 0x7fcd1fe14668>
```

```
In: z.grad_fn.apply(t.ones(1))
```

```
Out:(tensor([1.]), tensor([0.3763], grad_fn=<MulBackward0>), tensor([1.]))
```

3.3.4 小试牛刀：利用 autograd 实现线性回归

在 3.2 节中讲解了如何利用 Tensor 实现线性回归，本节将讲解如何利用 autograd 实现线性回归，读者可以从中体会 autograd 的便捷之处。

```
In: import torch as t
    %matplotlib inline
    from matplotlib import pyplot as plt
    from IPython import display
    import numpy as np
```

```
In: # 设置随机数种子，保证结果可复现
    t.manual_seed(1000)

    def get_fake_data(batch_size=8):
        ''' 产生随机数据：y = x * 2 + 3，加上了一些噪声'''
```

```
    x = t.rand(batch_size,1) * 5
    y = x * 2 + 3 + t.randn(batch_size, 1)
    return x, y
```

In: # 看看产生的x-y分布是什么样的
```
    x, y = get_fake_data()
    plt.scatter(x.squeeze().numpy(), y.squeeze().numpy())
```

Out:<matplotlib.collections.PathCollection at 0x7fcd1c1ed3c8>

程序输出如图 3.6 所示。

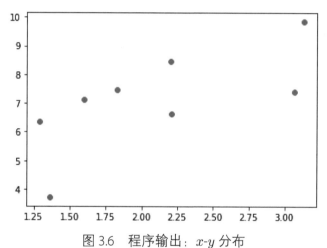

图 3.6　程序输出：x-y 分布

In: # 随机初始化参数
```
    w = t.rand(1,1, requires_grad=True)
    b = t.zeros(1,1, requires_grad=True)
    losses = np.zeros(500)

    lr = 0.005 # 学习率

    for ii in range(500):
        x, y = get_fake_data(batch_size=32)

        # 前向传播：计算loss
        y_pred = x.mm(w) + b.expand_as(y)
        loss = 0.5 * (y_pred - y) ** 2
        loss = loss.sum()
        losses[ii] = loss.item()
```

```
        # 反向传播：自动计算梯度
    loss.backward()

        # 更新参数
    w.data.sub_(lr * w.grad.data)
    b.data.sub_(lr * b.grad.data)

        # 梯度清零
    w.grad.data.zero_()
    b.grad.data.zero_()

    if ii%50 ==0:
        # 画图
        display.clear_output(wait=True)
        x = t.arange(0, 6).float().view(-1, 1)
        y = x.mm(w.data) + b.data.expand_as(x)
        plt.plot(x.numpy(), y.numpy()) # 预测结果

        x2, y2 = get_fake_data(batch_size=20)
        plt.scatter(x2.numpy(), y2.numpy()) # 真实数据

        plt.xlim(0,5)
        plt.ylim(0,13)
        plt.show()
        plt.pause(0.5)

print(f'w: {w.item():.3f}, b: {b.item():.3f}')
```

```
Out:w: 2.026 b: 2.973
```

程序输出如图 3.7 所示。

```
In: plt.plot(losses) # 可视化损失（见图3.8）
    plt.ylim(5,50)
```

相比于 3.2 节介绍的线性回归，利用 autograd 实现的线性回归不需要手动完成反向传播，可以自动计算微分。这一点不单是在深度学习中，在许多机器学习的问题中都很有用。**需要注意的是，在每次进行反向传播之前，都需要先把梯度清零，避免累加。**

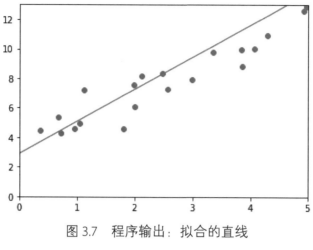

图 3.7　程序输出：拟合的直线

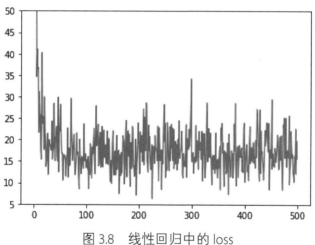

图 3.8　线性回归中的 loss

3.4　小结

　　本章主要介绍了 PyTorch 中基础底层的数据结构 Tensor 和自动微分模块 autograd。Tensor 是一个类似于 NumPy 数组的数据结构，能高效地执行数据计算，并提供 GPU 加速。autograd 是 PyTorch 的自动微分引擎，采用动态计算图技术，能够自动地计算导数，快速便捷地完成反向传播。Tensor 和 autograd 是 PyTorch 底层的模块，本书后续的所有内容都是构建在这两个模块之上的。

神经网络工具箱 nn

第 3 章中提到，虽然使用 autograd 可以实现深度学习模型，但是它的抽象程度较低，需要编写大量的代码。本章介绍的 nn 模块，是构建于 autograd 之上的神经网络模块。除了 nn，本章还会介绍神经网络中常用的工具，比如优化器 optim、初始化 init 等。

4.1　nn.Module

torch.nn 是专门为深度学习设计的模块，它的核心数据结构是 Module。torch.nn 是一个抽象的概念，既可以表示神经网络中的某个层（layer），又可以表示一个包含很多层的神经网络。在实际使用中，最常见的做法是继承 nn.Module，然后编写自己的网络/层。下面先来看看如何使用 nn.Module 实现自己的全连接层。全连接层，又名仿射层，它的输出 y 和输入 x 满足 $y = Wx + b$，其中 W 和 b 是可学习参数。

```
In: import torch as t
    from torch import nn
    print(t.__version__)
```

```
Out:1.8.0
```

```
In: # 继承nn.Module，必须重写构造函数__init__和前向传播函数forward
    class Linear(nn.Module):
        def __init__(self, in_features, out_features):
            super().__init__() # 等价于nn.Module.__init__(self)，常用super方式
            # nn.Parameter内的参数是网络中的可学习参数
            self.W = nn.Parameter(t.randn(in_features, out_features))
            self.b = nn.Parameter(t.randn(out_features))

        def forward(self, x):
```

```
        x = x.mm(self.W) # 矩阵乘法，等价于x@(self.W)
        return x + self.b.expand_as(x)
```

```
In: layer = Linear(4,3)
    input = t.randn(2,4)
    output = layer(input)
    output
```

```
Out:tensor([[-1.0987, -0.2932, -3.5264],
            [-0.0662, -5.5573, -8.1498]], grad_fn=<AddBackward0>)
```

```
In: for name, parameter in layer.named_parameters():
        print(name, parameter) # W和b
```

```
Out:W Parameter containing:
    tensor([[ 0.5180,  1.4337,  0.4373],
            [ 0.2299, -1.6198, -0.7570],
            [ 0.0694, -1.7724, -0.2443],
            [ 0.0258,  0.1944,  3.4072]], requires_grad=True)
    b Parameter containing:
    tensor([-0.4774,  1.4022, -1.4314], requires_grad=True)
```

从上面的例子可以看出，全连接层的实现非常简单，代码量不超过 10 行。以上述代码为例，在自定义层时需要注意以下几点。

- 自定义层 Linear 必须继承 nn.Module，在构造函数中需要调用 nn.Module 的构造函数，即 super().__init__() 或 nn.Module.__init__(self)。笔者推荐使用第一种方法。

- 在构造函数 __init__() 中必须自行定义可学习参数，并封装成 nn.Parameter。在本例中，将 W 和 b 封装成 Parameter。Parameter 是一种特殊的 Tensor，它默认需要求导（requires_grad=True），感兴趣的读者可以通过 nn.Parameter?? 查看 Parameter 类的源代码。

- forward 函数实现了前向传播过程，它的输入可以是一个或者多个 Tensor。

- 反向传播函数无须手动编写，nn.Module 能够利用 autograd 自动实现反向传播，这一点比 Function 简单许多。

- 在使用时，可以将 layer 看成数学概念中的函数，调用 layer(input) 可以得到 input 对应的结果，它等价于 layers.__call__(input)。在 __call__ 函数中，主要是调用 layer.forward(x)，同时还对钩子函数（hook）做了一些处理。在实际应用中应尽量使用 layer(x)，而不使用 layer.forward(x)。关于钩子技术的具体内容，将在下文讲解。

- nn.Module 中的可学习参数可以通过 named_parameters() 或者 parameters()
返回一个迭代器，前者会给每个参数都附上名字，使其更具有辨识度。

利用 nn.Module 实现的全连接层，相较于利用 Function 实现的更加简单，这是因为无须手动编写反向传播函数。nn.Module 能够自动检测到自己的 Parameter，并将其作为学习参数。除了 Parameter，module 还可能包含子 module，主 module 能够递归查找子 module 中的 Parameter。下面以多层感知机为例进行说明。

多层感知机的网络结构如图 4.1 所示，它由两个全连接层组成，采用 sigmoid 函数作为激活函数。其中，x 表示输入，y 表示输出，b 表示偏置，W 表示全连接层的参数。

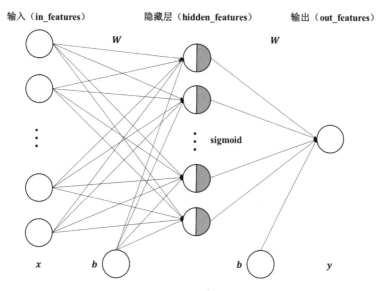

图 4.1　多层感知机的网络结构

```
In: class Perceptron(nn.Module):
        def __init__(self, in_features, hidden_features, out_features):
            super().__init__()
            # 此处的Linear是前面自定义的全连接层
            self.layer1 = Linear(in_features, hidden_features)
            self.layer2 = Linear(hidden_features, out_features)
        def forward(self, x):
            x = self.layer1(x)
            x = t.sigmoid(x)
            return self.layer2(x)
```

```
In: perceptron = Perceptron(3, 4, 1)
    for name, param in perceptron.named_parameters():
        print(name, param.size())
```

```
Out:layer1.W torch.Size([3, 4])
    layer1.b torch.Size([4])
    layer2.W torch.Size([4, 1])
    layer2.b torch.Size([1])
```

即使是稍微复杂的多层感知机，它的实现也仍然很简单。在构造函数 __init__()中，可以将前面自定义的 Linear 层（module）作为当前 module 对象的一个子 module。子 module 的可学习参数，也会成为当前 module 的可学习参数。在 forward 函数中，可以加上各层之间的处理函数（如激活函数、数学处理函数等），并定义层与层之间的关系。

在 module 中，对 Parameter 的全局命名规范如下：

- 对 Parameter 直接命名。例如 self.param_name = nn.Parameter(t.randn(3, 4))，可以直接命名为 param_name。
- 对于子 module 中的 Parameter，会在其名字前面加上当前 module 的名字。例如 self.sub_module = SubModel()，在 SubModel 中有一个 Parameter 的名字叫作 param_name，那么二者拼接而成的参数名称就是 sub_module.param_name。

为了方便用户使用，PyTorch 实现了神经网络中绝大多数的网络层，这些层都继承于 nn.Module，它们都封装了可学习参数 Parameter，并实现了 forward 函数。同时，大部分 layer 专门针对 GPU 运算进行了 cuDNN 优化，它们的速度和性能都十分优异。本章不会对 nn.Module 中的所有层进行详细介绍，读者可参考官方文档来了解具体内容，或者在 IPython/Jupyter 中使用 nn.layer? 进行查看。读者在阅读文档时应该主要关注以下几点。

- 构造函数的参数，例如 nn.Linear(in_features, out_features, bias)，需关注这三个参数的作用。
- 属性、可学习的网络参数和包含的子 module。例如，nn.Linear 中有 weight 和 bias 两个可学习参数，不包含子 module。
- 输入、输出的形状。例如，nn.linear 的输入形状是 (N, input_features)，输出形状是 (N, output_features)，其中 N 是 batch_size。

这些自定义 layer 对输入形状都有规定：输入是一个 batch 数据，而不是单个数据。当输入只有一个数据时，必须调用 tensor.unsqueeze(0) 或 tensor[None] 将数据伪装成 batch_size=1 的一个 batch。

下面将从应用层面出发，对一些常用的网络层进行简单介绍。

4.2　常用的神经网络层

本节对常用的神经网络层进行介绍，这部分内容在神经网络的构建中将发挥重要作用。

4.2.1　图像相关层

图像相关层主要包括卷积层（Conv）、池化层（Pool）等，这些层在实际使用中可以分为一维（1D）、二维（2D）和三维（3D）几种情况。池化方式包括平均池化（AvgPool）、最大值池化（MaxPool）、自适应平均池化（AdaptiveAvgPool）等。卷积层除了有常用的前向卷积，还有逆卷积或转置卷积（TransposeConv）。

1.　卷积层

在与图像处理相关的网络结构中，最重要的就是卷积层。卷积神经网络的本质是卷积层、池化层、激活层以及其他层的叠加，理解卷积层的工作原理是极其重要的。本节以最常见的二维卷积为例，对卷积层进行介绍。

在 `torch.nn` 工具箱中，已经封装好了二维卷积类：

```
torch.nn.Conv2d(in_channels, out_channels, kernel_size, stride, padding, dilation,
groups, bias, padding_mode)
```

它有以下 6 个重要的参数。

- in_channels：输入图像的维度。常见的 RGB 彩色图像的维度为 3，灰度图像的维度为 1。
- out_channels：经过卷积操作后输出的维度。
- kernel_size：卷积核大小，常见的卷积核为二维方阵，维度为 $[T \times T]$，正方形卷积核可以写为 T(int)。
- stride：每次卷积操作移动的步长。
- padding：卷积操作在边界是否有填充，默认值为 0。
- bias：是否有偏置。它是一个可学习参数，默认值为 True。

在卷积操作中需要知道输出结果的形状，以便对后续网络结构进行设计。假设输入的形状为 $(N, C_{in}, H_{in}, W_{in})$，输出的形状为 $(N, C_{out}, H_{out}, W_{out})$，通过式（4.1）可以得到卷积输出结果的形状。

$$H_{out} = \left\lfloor \frac{H_{in} + 2 \times \text{padding}[0] - \text{kernel\_size}[0]}{\text{stride}[0]} + 1 \right\rfloor$$

$$W_{out} = \left\lfloor \frac{W_{in} + 2 \times padding[1] - kernel\_size[1]}{stride[1]} + 1 \right\rfloor \qquad (4.1)$$

下面举例说明卷积操作的具体过程。

```
In: from PIL import Image
    from torchvision.transforms import ToTensor, ToPILImage
    to_tensor = ToTensor() # image → Tensor
    to_pil = ToPILImage()
    lena = Image.open('imgs/lena.png')
    lena # 将lena可视化输出
```

程序输出如图 4.2 所示。

图 4.2　程序输出：lena 可视化

```
In: # 输入是一个batch，batch_size＝1
    lena = to_tensor(lena).unsqueeze(0)
    print("Input Size:",lena.size()) # 查看输入的维度
    # 锐化卷积核
    kernel = t.ones(3, 3) / (-9.)
    kernel[1][1] = 1
    conv = nn.Conv2d(1, 1, (3, 3), 1, bias=False)
    conv.weight.data = kernel.view(1, 1, 3, 3)

    out = conv(lena)
    print("Output Size:",out.size())
    to_pil(out.data.squeeze(0))
```

```
Out:Input Size: torch.Size([1, 1, 200, 200])
    Output Size: torch.Size([1, 1, 198, 198])
```

程序输出如图 4.3 所示。

图 4.3 程序输出：卷积得到的结果

在上面的例子中，输入 Tensor 的大小为 200×200，卷积核大小为 3×3，步长为 1，填充为 0，根据式（4.1）可以计算得到输出的形状为：$H_{\text{out}} = W_{\text{out}} = \lfloor \frac{200+2\times0-3}{1} + 1 \rfloor = 198$，这与程序输出的维度一致。

上面以二维卷积为例，对卷积层的输入/输出进行了介绍。除了二维卷积，对图像的卷积操作还有各种变体，感兴趣的读者可以进一步查阅相关资料。

2. 池化层

池化层可以被看作一种特殊的卷积层，它主要用于下采样。增加池化层可以在保留主要特征的同时降低参数量，从而在一定程度上防止过拟合。池化层没有可学习参数，它的 weight 是固定的。在 torch.nn 工具箱中已经封装好了各种池化层，常用的有最大池化和平均池化。下面对平均池化进行举例说明。

```
In: input = t.randint(10, (1, 1, 4, 4))
    print(input)
    # 平均池化，池化中的卷积核大小为2×2，步长默认等于卷积核的长度，无填充
    pool = nn.AvgPool2d(2, 2)
    pool(input)
```

```
Out:tensor([[[[6, 8, 9, 2],
             [0, 3, 1, 4],
             [7, 0, 9, 9],
```

```
               [9, 3, 2, 7]]]])
```

```
Out:tensor([[[[4, 4],
              [4, 6]]]])
```

```
In: list(pool.parameters()) # 可以看到，池化层中并没有可学习参数
```

```
Out:[]
```

```
In: out = pool(lena)
    to_pil(out.data.squeeze(0)) # 输出池化后的lena
```

程序输出如图 4.4 所示。

图 4.4　程序输出：池化得到的结果

3. 其他层

除了卷积层和池化层，在深度学习中还经常使用以下几个层。

- Linear：全连接层。
- BatchNorm：批标准化层，分为 1D、2D 和 3D。除了标准的 BatchNorm，还有在风格迁移中常用到的 InstanceNorm 层。
- Dropout：该层用于防止过拟合，同样分为 1D、2D 和 3D。

下面举例说明它们的使用方法。

```
In: # 输入的batch_size为2，维度为3
    input = t.randn(2, 3)
    linear = nn.Linear(3, 4)
    h = linear(input)
```

```
h
```

```
Out:tensor([[-0.2782, -0.7852,  0.0166, -0.1817],
            [-0.1064, -0.5069, -0.2169, -0.0372]], grad_fn=<AddmmBackward>)
```

```
In: # 4通道，初始化标准差为4，均值为0
    bn = nn.BatchNorm1d(4)
    bn.weight.data = t.ones(4) * 4
    bn.bias.data = t.zeros(4)

    bn_out = bn(h)
    bn_out
```

```
Out:tensor([[-3.9973, -3.9990,  3.9985, -3.9962],
            [ 3.9973,  3.9990, -3.9985,  3.9962]],
            grad_fn=<NativeBatchNormBackward>)
```

```
In: # 注意输出的均值和方差
    bn_out.mean(0), bn_out.std(0, unbiased=False)
```

```
Out:(tensor([ 0.0000e+00, -8.3447e-07,  0.0000e+00,  0.0000e+00],
            grad_fn=<MeanBackward1>),
    tensor([3.9973, 3.9990, 3.9985, 3.9962], grad_fn=<StdBackward1>))
```

```
In: # 每个元素都以0.5的概率随机舍弃
    dropout = nn.Dropout(0.5)
    o = dropout(bn_out)
    o # 有一半左右的数变为0
```

```
Out:tensor([[-7.9946, -0.0000,  0.0000, -0.0000],
            [ 0.0000,  0.0000, -7.9971,  7.9923]], grad_fn=<MulBackward0>)
```

以上例子都是对 module 的可学习参数直接进行操作的。在实际使用中，这些参数一般会随着学习的进行不断改变。除非需要进行特殊的初始化，否则应该尽量不要直接修改这些参数。

4.2.2　激活函数

线性模型不能够解决所有的问题，因此激活函数应运而生。激活函数给模型加入了非线性因素，可以提高神经网络对模型的表达能力，解决线性模型所不能解决的问题。PyTorch 实现了常见的激活函数，它们可以作为独立的 layer 使用，请参阅官方文档来了解这些激活函数的具体接口信息。这里对最常用的激活函数 ReLU 进行介绍，它的数学表达式如式（4.2）所示。

$$\mathrm{ReLU}(x) = \max(0, x) \qquad (4.2)$$

下面举例说明如何在 `torch.nn` 中使用 ReLU 函数。

```
In: relu = nn.ReLU(inplace=True)
    input = t.randn(2, 3)
    print(input)
    output = relu(input)
    print(output) # 小于0的输出结果都被截断为0
    # 等价于input.clamp(min=0)
```

```
Out:tensor([[ 0.1584,  1.3065,  0.6037],
            [ 0.4320, -0.0310,  0.0563]])
    tensor([[0.1584, 1.3065, 0.6037],
            [0.4320, 0.0000, 0.0563]])
```

ReLU 函数有一个 inplace 参数，如果将其设置为 True，那么它的输出会直接覆盖输入，可以有效节省内存/显存。之所以这里可以直接覆盖输入，是因为在计算 ReLU 的反向传播的梯度时，只需要根据输出就能够推算出来。只有少数的 autograd 操作才支持 inplace 操作，如 `tensor.sigmoid_()`。如果一个 Tensor 只作为激活层的输入使用，那么对于这个激活层就可以设置 `inplace=True`。除了 ReLU 函数，常见的激活函数还有 tanh 和 sigmoid，读者可以根据实际的网络结构、数据分布等灵活地选用各类激活函数。

4.2.3　构建神经网络

在上面的例子中，每一层的输出基本上都直接成为下一层的输入，这样的网络被称为前馈神经网络（Feedforward Neural Network，FNN）。对于此类网络，重复编写复杂的 forward 函数比较麻烦，这里有两种简化方式，即使用 Sequential 和 ModuleList。Sequential 是一个特殊的 module，它可以包含几个子 module，在前向传播时会将输入一层接一层地传递下去。ModuleList 也是一个特殊的 module，它也可以包含几个子 module，读者可以像使用 list 一样使用它，但不能直接将输入传给 ModuleList。下面举例说明。

```
In: # Sequential的三种写法
    net1 = nn.Sequential()
    net1.add_module('conv', nn.Conv2d(3, 3, 3))
    net1.add_module('batchnorm', nn.BatchNorm2d(3))
    net1.add_module('activation_layer', nn.ReLU())

    net2 = nn.Sequential(
```

```
                nn.Conv2d(3, 3, 3),
                nn.BatchNorm2d(3),
                nn.ReLU()
            )

    from collections import OrderedDict
    net3= nn.Sequential(OrderedDict([
            ('conv1', nn.Conv2d(3, 3, 3)),
            ('bn1', nn.BatchNorm2d(3)),
            ('relu1', nn.ReLU())
        ]))
    print('net1:', net1)
    print('net2:', net2)
    print('net3:', net3)
```

```
Out:net1: Sequential(
      (conv): Conv2d(3, 3, kernel_size=(3, 3), stride=(1, 1))
      (batchnorm): BatchNorm2d(3, eps=1e-05, momentum=0.1, affine=True,
track_running_stats=True)
      (activation_layer): ReLU()
    )
    net2: Sequential(
      (0): Conv2d(3, 3, kernel_size=(3, 3), stride=(1, 1))
      (1): BatchNorm2d(3, eps=1e-05, momentum=0.1, affine=True,
track_running_stats=True)
      (2): ReLU()
    )
    net3: Sequential(
      (conv1): Conv2d(3, 3, kernel_size=(3, 3), stride=(1, 1))
      (bn1): BatchNorm2d(3, eps=1e-05, momentum=0.1, affine=True,
track_running_stats=True)
      (relu1): ReLU()
    )
```

```
In: # 可根据名字或序号取出子module
    net1.conv, net2[0], net3.conv1
```

```
Out:(Conv2d(3, 3, kernel_size=(3, 3), stride=(1, 1)),
    Conv2d(3, 3, kernel_size=(3, 3), stride=(1, 1)),
    Conv2d(3, 3, kernel_size=(3, 3), stride=(1, 1)))
```

```
In: # 调用已构建的网络
```

```
    input = t.rand(1, 3, 4, 4)
    output = net1(input)
    output = net2(input)
    output = net3(input)
    output = net3.relu1(net1.batchnorm(net1.conv(input)))
```

```
In: modellist = nn.ModuleList([nn.Linear(3,4), nn.ReLU(), nn.Linear(4,2)])
    input = t.randn(1, 3)
    for model in modellist:
        input = model(input)
    # 下面会报错，因为modellist没有实现forward函数
    # output = modellist(input)
```

看到这里读者可能会问，为什么不直接使用 Python 中自带的 list，非要多此一举呢？这是因为 ModuleList 是 nn.Module 的子类，当在主 module 中使用它时，ModuleList 能够自动被主 module 识别为子 module。下面举例说明。

```
In: class MyModule(nn.Module):
        def __init__(self):
            super().__init__()
            self.list = [nn.Linear(3, 4), nn.ReLU()]
            self.module_list = nn.ModuleList([nn.Conv2d(3, 3, 3), nn.ReLU()])
        def forward(self):
            pass
    model = MyModule()
    model
```

```
Out:MyModule(
        (module_list): ModuleList(
            (0): Conv2d(3, 3, kernel_size=(3, 3), stride=(1, 1))
            (1): ReLU()
        )
    )
```

```
In: for name, param in model.named_parameters():
        print(name, param.size())
```

```
Out:module_list.0.weight torch.Size([3, 3, 3, 3])
    module_list.0.bias torch.Size([3])
```

可以看出，list 中的子 module 不能被主 module 识别，ModuleList 中的子 module 能够被主 module 识别。这意味着，如果使用 list 保存子 module，那么在反向传播时将无法调整子 module 的参数，因为子 module 中的参数并没有被加入主 module 的参数中。

除了 ModuleList，还有 ParameterList，它是一个可以包含多个 Parameter 的类似于 list 的对象。在实际应用中，ParameterList 的使用方式与 ModuleList 类似。如果在构造函数 __init__() 中用到 list、tuple、dict 等对象，那么一定要思考是否应该用 ModuleList 或 ParameterList 代替。

4.2.4 循环神经网络

近年来，随着深度学习和自然语言处理的逐渐火热，循环神经网络（RNN）得到了广泛的关注。PyTorch 中实现了最常用的三种循环神经网络：RNN（Vanilla RNN）、LSTM 和 GRU。此外，还有对应的三种 RNNCell。

RNN 和 RNNCell 层的区别在于，前者一次能够处理整个序列，后者一次只能处理序列中一个时间点的数据。RNN 的封装更完备，也更易于使用；RNNCell 层更具灵活性，RNN 层可以通过组合调用 RNNCell 来实现。

```
In: t.manual_seed(2021)
    # 输入：batch_size=3，序列长度都为2，序列中每个元素占4维
    input = t.randn(2, 3, 4).float()
    # lstm输入向量4维，3个隐藏元，1层
    lstm = nn.LSTM(4, 3, 1)
    # 初始状态：1层，batch_size=3，表示3个隐藏元
    h0 = t.randn(1, 3, 3) # 隐藏层状态（hidden state）
    c0 = t.randn(1, 3, 3) # 单元状态（cell state）
    out1, hn = lstm(input, (h0, c0))
    out1.shape
```

```
Out:torch.Size([2, 3, 3])
```

```
In: t.manual_seed(2021)
    input = t.randn(2, 3, 4).float()
    # 一个LSTMCell对应的层数只能是1层
    lstm = nn.LSTMCell(4, 3)
    hx = t.randn(3, 3)
    cx = t.randn(3, 3)
    out = []
    for i_ in input:
        hx, cx = lstm(i_, (hx, cx))
        out.append(hx)
    out2 = t.stack(out)
    out2.shape
```

```
Out:torch.Size([2, 3, 3])
```

上述两种 LSTM 实现的结果是完全一致的。读者可以对比这两种实现方式，看看有何区别，并从中体会 RNN 和 RNNCell 层的区别。

```
In: # 受限于精度问题，这里使用allclose函数说明结果的一致性
    out1.allclose(out2)
```

```
Out:True
```

词向量在自然语言处理中应用十分广泛，PyTorch 提供了用于生成词向量的 Embedding 层。

```
In: # 有4个词，每个词用5维的向量表示
    embedding = nn.Embedding(4, 5)
    # 可以用预训练好的词向量初始化embedding
    weight = t.arange(0, 20).view(4, 5).float()
    nn.Embedding.from_pretrained(weight)
```

```
Out:Embedding(4, 5)
```

```
In: input = t.arange(3, 0, -1).long()
    output = embedding(input)
    output
```

```
Out:tensor([[-0.6590, -2.2046, -0.1831, -0.5673,  0.6770],
            [ 1.8060,  1.0928,  0.6670,  0.4997,  0.1662],
            [ 0.1592, -0.3728, -1.1482, -0.4520,  0.5914]],
           grad_fn=<EmbeddingBackward>)
```

4.2.5　损失函数

在深度学习中会经常使用各种各样的损失函数（loss function），这些损失函数可以被看作一种特殊的 layer，PyTorch 将这些损失函数实现为 nn.Module 的子类。在实际使用中，通常将这些损失函数专门提取出来，作为独立的一部分。读者可以参考官方文档来了解损失函数的具体用法。下面以在分类问题中最常用的交叉熵损失 CrossEntropyLoss 为例进行讲解。

```
In: # batch_size=3，计算对应每个类别的分数（只有两个类别）
    score = t.randn(3, 2)
    # 三个样本分别属于1、0、1类，label必须是LongTensor
    label = t.Tensor([1, 0, 1]).long()

    # loss与普通的layer无差异
    criterion = nn.CrossEntropyLoss()
```

```
loss = criterion(score, label)
loss
```

```
Out:tensor(0.5865)
```

本节对 nn 中的常用模块进行了详细介绍，读者可以利用这些模块快速地搭建神经网络。在使用这些模块时应当注意每一个 module 所包含的参数输入/输出的形状及含义，从而避免一些不必要的错误。

4.3 nn.functional

在 torch.nn 中还有一个很常用的模块：nn.functional。torch.nn 中的大多数 layer，在 nn.functional 中都有一个与之相对应的函数。nn.functional 中的函数和 nn.Module 的主要区别在于：使用 nn.Module 实现的 layer 是一个特殊的类，由 class layer(nn.Module) 定义，会自动提取可学习参数；使用 nn.functional 实现的 layer 更像是纯函数，由 def function(input) 定义。

4.3.1 nn.functional 与 nn.Module 的区别

下面举例说明 nn.functional 的使用，并对比它与 nn.Module 的不同之处。

```
In: input = t.randn(2, 3)
    model = nn.Linear(3, 4)
    output1 = model(input)
    output2 = nn.functional.linear(input, model.weight, model.bias)
    output1.equal(output2)
```

```
Out:True
```

```
In: b1 = nn.functional.relu(input)
    b2 = nn.ReLU()(input)
    b1.equal(b2)
```

```
Out:True
```

此时有读者可能会问,应该什么时候使用nn.Module、什么时候使用nn.functional呢?答案很简单,如果模型具有可学习参数,那么最好使用nn.Module;否则,既可以使用nn.functional,也可以使用nn.Module。二者在性能上没有太大的差异,具体的选择取决于个人的喜好。由于激活函数（如 ReLU、sigmoid、tanh）层、池化（如 MaxPool）层等没有可学习参数,因此可以使用对应的nn.functional 中的函数代替,而对于卷积层、全连接层等具有可学习参数的层,则建议使用nn.Module。另外,虽然dropout操作也没有可学习参数,但还是建议使用nn.Dropout,而不使用nn.functional.dropout,

因为 dropout 操作在训练和测试两个阶段的行为有所差异，使用 nn.Module 对象能够通过 model.eval() 操作加以区分。下面举例说明如何在模型中搭配使用 nn.Module 和 nn.functional。

```
In: from torch.nn import functional as F
    class Net(nn.Module):
        def __init__(self):
            super().__init__()
            self.conv1 = nn.Conv2d(3, 6, 5)
            self.conv2 = nn.Conv2d(6, 16, 5)
            self.fc1 = nn.Linear(16 * 5 * 5, 120)
            self.fc2 = nn.Linear(120, 84)
            self.fc3 = nn.Linear(84, 10)

        def forward(self, x):
            x = F.pool(F.relu(self.conv1(x)), 2)
            x = F.pool(F.relu(self.conv2(x)), 2)
            x = x.view(-1, 16 * 5 * 5)
            x = F.relu(self.fc1(x))
            x = F.relu(self.fc2(x))
            x = self.fc3(x)
            return x
```

对于不具有可学习参数的层（如激活函数层、池化层等），可以使用 nn.functional 函数来代替它们，这样可以不用将其放置在构造函数 __init__() 中。对于具有可学习参数的层，也可以使用 nn.functional 函数代替，只不过实现起来较为烦琐，需要手动定义参数 Parameter。例如前面实现的全连接层，就可以将 weight 和 bias 两个参数单独拿出来，在构造函数中初始化为 Parameter。

```
In: class MyLinear(nn.Module):
        def __init__(self):
            super().__init__()
            self.weight = nn.Parameter(t.randn(3, 4))
            self.bias = nn.Parameter(t.zeros(3))
        def forward(self):
            return F.linear(input, weight, bias)
```

关于 nn.functional 的设计初衷，以及它和 nn.Module 的比较说明，读者可参考 PyTorch 论坛的相关讨论和说明。

4.3.2 采样函数

在 nn.functional 中还有一个常用的函数，即采样函数 torch.nn.functional.
grid_sample，它的主要作用是对输入的 Tensor 进行双线性采样，并将输出变换为用户
想要的形状。下面以 lena 为例进行说明。

```
In: to_pil(lena.data.squeeze(0)) # 原始的lena数据
```

程序输出如图 4.5 所示。

图 4.5　程序输出：lena 可视化

```
In: # lena的形状是1×1×200×200，(N,C,Hin,Win)
    # 仿射变换，对图像进行旋转
    angle = -90 * math.pi / 180
    theta = t.tensor([[math.cos(angle), math.sin(-angle), 0], \
                      [math.sin(angle), math.cos(angle), 0]], dtype=t.float)
    # grid的形状为（N,Hout,Wout,2）
    # grid最后一个维度的大小为2，表示输入图像中像素的位置信息，取值范围为（-1,1）
    grid = F.affine_grid(theta.unsqueeze(0), lena.size())
```

```
In: import torch
    from torch.nn import functional as F
    import warnings
    warnings.filterwarnings("ignore")

    out = F.grid_sample(lena, grid=grid, mode='bilinear')
    to_pil(out.data.squeeze(0))
```

程序输出如图 4.6 所示。

图 4.6　程序输出：变形后的 lena

4.4　初始化策略

在深度学习中，参数的初始化十分重要，良好的初始化能让模型更快地收敛，并达到更高水平，而糟糕的初始化可能使模型迅速崩溃。在 PyTorch 中，对 nn.Module 中的模块参数都采取了较为合理的初始化策略，用户一般无须再进行设计。用户也可以使用自定义的初始化策略来代替系统的默认初始化。在使用 Parameter 时，自定义初始化尤为重要，这是因为 torch.Tensor() 返回的是内存中的随机数，很可能会有极大值，这在实际训练网络时会造成溢出或者梯度消失。PyTorch 中的 nn.init 模块就是专门为初始化设计的，它实现了常用的初始化策略。下面举例说明它的用法。

```
In: # 利用nn.init初始化
    from torch.nn import init
    linear = nn.Linear(3, 4)
    t.manual_seed(2021)

    init.xavier_normal_(linear.weight)
```

```
Out:Parameter containing:
    tensor([[ 1.2225,  0.3428, -0.4605],
            [-0.1951, -0.3705,  0.4823],
            [-1.4530, -0.7739,  0.3334],
            [ 0.2577, -1.2324,  0.4905]], requires_grad=True)
```

```
In: # 利用公式直接初始化
    t.manual_seed(2021)

    # Xavier初始化的计算公式
```

```
std = 2 ** 0.5 / 7 ** 0.5
linear.weight.data.normal_(0, std)
```

```
Out:tensor([[ 1.2225,  0.3428, -0.4605],
            [-0.1951, -0.3705,  0.4823],
            [-1.4530, -0.7739,  0.3334],
            [ 0.2577, -1.2324,  0.4905]])
```

```
In: # 对模型的所有参数进行初始化
    net = Net()
    for name, params in net.named_parameters():
        if name.find('linear') != -1:
            # 初始化线性层函数
            params[0] # weight
            params[1] # bias
        elif name.find('conv') != -1:
            pass
        elif name.find('norm') != -1:
            pass
```

4.5　优化器

PyTorch 将深度学习中常用的优化方法全部封装在 torch.optim 中，它的设计非常灵活，能够被方便地扩展为自定义的优化方法。所有的优化方法都继承自基类 optim.Optimizer，并实现了自己的优化步骤。下面以最基本的优化方法——随机梯度下降法（SGD）为例进行说明，这里需要重点掌握以下几点。

- 优化方法的基本使用方法。
- 如何对模型的不同部分设置不同的学习率。
- 如何调整学习率。

```
In: # 以4.1节介绍的多层感知机为例
    class Perceptron(nn.Module):
        def __init__(self, in_features, hidden_features, out_features):
            super().__init__()
            # 此处的Linear是前面自定义的全连接层
            self.layer1 = Linear(in_features, hidden_features)
            self.layer2 = Linear(hidden_features, out_features)
        def forward(self, x):
            x = self.layer1(x)
            x = t.sigmoid(x)
```

```
        return self.layer2(x)

net = Perceptron(3, 4, 1)
```

```
In: from torch import optim
    # 第一种用法：为一个网络设置学习率
    optimizer = optim.SGD(params=net.parameters(), lr=1)
    optimizer.zero_grad() # 梯度清零，等价于net.zero_grad()

    input = t.randn(32, 3)
    output = net(input)
    output.backward(output) # 真正的反向传播过程在下一步执行
    optimizer.step() # 执行优化
```

```
In: # 第二种用法：为不同的参数分别设置不同的学习率
    weight_params = [param for name, param in net.named_parameters() if
name.endswith('.W')]
    bias_params = [param for name, param in net.named_parameters() if
name.endswith('.b')]

    optimizer = optim.SGD([
                    {'params': bias_params},
                    {'params': weight_params, 'lr': 1e-2}
                ], lr=1e-5)
```

调整学习率主要有以下两种做法。

- 修改 optimizer.param_groups 中对应的学习率。

- 新建一个优化器。

optimizer 十分轻量级，构建新的 optimizer 的开销很小。然而，新建优化器会重新初始化动量等状态信息，这对于使用动量的优化器（如 Adam）来说，可能会造成损失函数在收敛过程中出现震荡等情况。下面举例说明如何新建一个优化器。

```
In: # 调整学习率，新建一个optimizer
    prev_lr = 0.1
    optimizer1 =optim.SGD([
                    {'params': bias_params},
                    {'params': weight_params, 'lr': prev_lr*0.1}
                ], lr=1e-5)
```

```
In: # 手动衰减学习率，保存动量
    for param_group in optimizer.param_groups:
```

```
param_group['lr'] *= 0.1 # 学习率为之前的0.1倍
```

4.6　nn.Module 深入分析

如果想要更加深入地了解 nn.Module，那么研究它的底层原理是十分必要的。首先来看 nn.Module 基类的构造函数。

```
def __init__(self):
    self._parameters = OrderedDict()
    self._modules = OrderedDict()
    self._buffers = OrderedDict()
    self._backward_hooks = OrderedDict()
    self._forward_hooks = OrderedDict()
    self.training = True
```

它有以下 5 个重要的属性。

- _parameters: 有序字典，保存用户直接设置的 Parameter。例如，对于 self.param1 = nn.Parameter(t.randn(3, 3))，构造函数会在字典中加入一个 key 为 param1、value 为对应 Parameter 的 item。self.submodule = nn.Linear(3, 4) 中的 Parameter 不会被保存在该字典中。
- _modules: 子 module。例如，通过 self.submodel = nn.Linear(3, 4) 指定的子 module 会被保存于此。
- _buffers: 缓存。例如，BatchNorm 使用动量机制，每次前向传播时都需要用到上一次前向传播的结果。
- _backward_hooks 与 _forward_hooks: 钩子技术，用来提取中间变量。
- training: BatchNorm 层与 Dropout 层在训练阶段和测试阶段采取的策略不同，通过 training 属性决定前向传播策略。

在上述几个属性中，通过 self.key 可以获得 _parameters、_modules 和 _buffers 这三个字典中的键值，效果等价于 self._parameters['key']。下面举例说明。

```
In: class Net(nn.Module):
        def __init__(self):
            super().__init__()
            # 等价于self.register_parameter('param1', nn.Parameter(t.randn(3, 3)))
            self.param1 = nn.Parameter(t.rand(3, 3))
            self.submodel1 = nn.Linear(3, 4)
        def forward(self, input):
            x = self.param1.mm(input)
            x = self.submodel1(x)
```

```
        return x
    net = Net()
    net
```

```
Out:Net(
        (submodel1): Linear(in_features=3, out_features=4, bias=True)
    )
```

```
In: net._modules
```

```
Out:OrderedDict([('submodel1', Linear(in_features=3, out_features=4, bias=True))])
```

```
In: net._parameters
```

```
Out:OrderedDict([('param1', Parameter containing:
                tensor([[0.9518, 0.6976, 0.2651],
                        [0.0453, 0.1703, 0.0534],
                        [0.6597, 0.9927, 0.1376]], requires_grad=True))])
```

```
In: net.param1 # 等价于net._parameters['param1']
```

```
Out:Parameter containing:
    tensor([[0.9518, 0.6976, 0.2651],
            [0.0453, 0.1703, 0.0534],
            [0.6597, 0.9927, 0.1376]], requires_grad=True)
```

```
In: for name, param in net.named_parameters():
        print(name, param.size())
```

```
Out:param1 torch.Size([3, 3])
    submodel1.weight torch.Size([4, 3])
    submodel1.bias torch.Size([4])
```

```
In: for name, submodel in net.named_modules():
        print(name, submodel) # 当前module和它的子module
```

```
Out: Net(
        (submodel1): Linear(in_features=3, out_features=4, bias=True)
    )
    submodel1 Linear(in_features=3, out_features=4, bias=True)
```

```
In: bn = nn.BatchNorm1d(2)
    input = t.rand(3, 2)
```

```
output = bn(input)
bn._buffers
```

```
Out:OrderedDict([('running_mean', tensor([0.0397, 0.0299])),
                 ('running_var', tensor([0.9065, 0.9008])),
                 ('num_batches_tracked', tensor(1))])
```

从上面的示例中可以看出，在实际使用中 nn.Module 可能层层嵌套，即一个 module 可能包含若干个子 module，每一个子 module 也可能包含更多的子 module。为了方便用户访问各个子 module，nn.Module 实现了很多方法，比如使用 children 函数可以查看所有直接子 module，使用 modules 函数可以查看所有子 module（包括当前 module）。与之对应的函数还有 named_childen 和 named_modules，它们能在返回 module 列表的同时返回自己的名字。

由于 Dropout 层、BatchNorm 层等在训练阶段和测试阶段时采取的策略不同，所以可以通过设置 training 属性来切换不同的前向传播策略。下面举例说明。

```
In: input = t.arange(0, 12).view(3, 4).float()
    model = nn.Dropout()
    # 在训练阶段，会有一半左右的数被随机置为0
    model(input)
```

```
Out:tensor([[ 0.,  2.,  4.,  0.],
            [ 8., 10.,  0.,  0.],
            [ 0., 18., 20.,  0.]])
```

```
In: model.training  = False
    # 在测试阶段，Dropout什么都不做
    model(input)
```

```
Out:tensor([[ 0.,  1.,  2.,  3.],
            [ 4.,  5.,  6.,  7.],
            [ 8.,  9., 10., 11.]])
```

对于这些在训练阶段和测试阶段行为差异较大的层，如果在测试时不将其 training 属性设置为 False，那么可能会有很大的影响，这在实际使用中要格外注意。虽然可以直接设置 training 属性，将子 module 划分为 train 模式和 eval 模式，但这种方式较为烦琐。如果一个模型具有多个 Dropout 层，那么需要为每个 Dropout 层都指定 training 属性。笔者推荐的做法是调用 model.train() 函数，它会将当前 module 及其子 module 中所有的 training 属性都设置为 True。相应地，model.eval() 函数会把所有的 training 属性都设置为 False。下面举例说明。

```
In: net.training, net.submodel1.training
```

```
Out:(True, True)
```

```
In: net.eval() # eval()将所有的training属性都设置为False
    net.training, net.submodel1.training
```

```
Out:(False, False)
```

```
In: list(net.named_modules())
```

```
Out:[('', Net(
        (submodel1): Linear(in_features=3, out_features=4, bias=True)
    )), ('submodel1', Linear(in_features=3, out_features=4, bias=True))]
```

如果想要查看中间层变量的梯度，那么需要使用钩子函数。register_forward_hook 和 register_backward_hook 函数可以在 module 前向传播或反向传播时注册钩子函数，每次前向传播结束后都会执行钩子函数。前向传播的钩子函数具有如下形式：

```
hook(module, input, output) -> None
```

反向传播的钩子函数具有如下形式：

```
hook(module, grad_input, grad_output) -> Tensor or None
```

钩子函数不应该修改模型的输入和输出，在使用后应该及时删除，避免每次都运行钩子函数增加运行负载。钩子函数主要用于获取某些中间结果，例如，网络中间某一层的输出或某一层的梯度。本应将这些结果写在 forward 函数中，但是，如果在 forward 函数中专门加上这些处理，那么处理逻辑会比较复杂，此时使用钩子函数更加合适。

下面考虑一种场景：有一个预训练好的模型，需要提取模型的某一层（不是最后一层）的输出作为特征进行分类，但又不希望修改原有模型的定义文件，这时就可以利用钩子函数。下面给出实现的伪代码。

```
model = VGG()
features = t.Tensor()
def hook(module, input, output):
    '''把这一层的输出复制到features中'''
    features.copy_(output.data)

handle = model.layer8.register_forward_hook(hook)
_ = model(input)
# 用完钩子函数后删除
```

```
handle.remove()
```

nn.Module 对象在构造函数中的行为看起来有些怪异，如果想要真正掌握它的原理，那么需要了解两种魔法方法，即 __getattr__ 和 __setattr__。在 Python 中有两种常用的 buildin 方法：getattr 和 setattr，下面对这两种 buildin 方法进行介绍。

- getattr(obj, 'attr1') 等价于 obj.attr1，如果 getattr 方法无法找到所需的属性，那么 Python 会调用 obj.__getattr__('attr1') 方法。如果这个对象没有实现 __getattr__ 方法，或者遇到 __getattr__ 方法无法处理的情况，那么程序就会抛出 AttributeError 异常。
- setattr(obj, 'name', value) 等价于 obj.name = value，如果 obj 对象实现了 __setattr__ 方法，那么 setattr 会直接调用 obj.__setattr__('name', value)，否则调用 buildin 方法。

关于这两种方法的总结如下：

- result = obj.name 会调用 buildin 方法 getattr(obj, 'name')，如果该属性找不到，那么调用 obj.__getattr__('name')。
- obj.name = value 会调用 buildin 方法 setattr(obj, 'name', value)，如果 obj 对象实现了 __setattr__ 方法，那么 setattr 会直接调用 obj.__setattr__('name', value)。

nn.Module 实现了自定义的 __setattr__ 方法，当执行 module.name = value 时，会在 __setattr__ 中判断 value 是否为 Parameter 或 nn.Module 对象。如果是，那么将这些对象加入 _parameters 和 _modules 两个字典中；如果是其他类型的对象，如 list、dict 等，那么调用默认的操作，将这些对象保存在 __dict__ 中。下面举例说明。

```
In: module = nn.Module()
    module.param = nn.Parameter(t.ones(2, 2))
    module._parameters
```

```
Out:OrderedDict([('param', Parameter containing:
                  tensor([[1., 1.],
                          [1., 1.]], requires_grad=True))])
```

```
In: submodule1 = nn.Linear(2, 2)
    submodule2 = nn.Linear(2, 2)
    module_list = [submodule1, submodule2]
    # 对于list对象，调用buildin方法，保存在__dict__中
    module.submodules = module_list
    print('_modules: ', module._modules)
    print("__dict__['submodules']:", module.__dict__.get('submodules'))
```

```
Out:_modules:  OrderedDict()
    __dict__['submodules']: [Linear(in_features=2, out_features=2, bias=True),
Linear(in_features=2, out_features=2, bias=True)]
```

```
In: # 如果将list对象变成ModuleList对象，那么它就会被保存在self._modules中
    module_list = nn.ModuleList(module_list)
    module.submodules = module_list
    print('ModuleList is instance of nn.Module: ', isinstance(module_list, nn.Module))
    print('_modules: ', module._modules)
    print("__dict__['submodules']:", module.__dict__.get('submodules'))
```

```
Out:ModuleList is instance of nn.Module:   True
    _modules:  OrderedDict([('submodules', ModuleList(
        (0): Linear(in_features=2, out_features=2, bias=True)
        (1): Linear(in_features=2, out_features=2, bias=True)
    ))])
    __dict__['submodules']: None
```

因为 _modules 和 _parameters 中的 item 没有被保存在 __dict__ 中，默认的 getattr 方法无法获取它，所以 nn.Module 实现了自定义的 __getattr__ 方法。如果默认的 getattr 方法无法处理，则调用自定义的 __getattr__ 方法，尝试从 _modules、_parameters 和 _buffers 这三个字典中获取。下面举例说明。

```
In: getattr(module, 'training') # 等价于module.training
    # error
    # module.__getattr__('training')
```

```
Out:True
```

```
In: module.attr1 = 2
    getattr(module, 'attr1')
    # 报错
    # module.__getattr__('attr1')
```

```
Out:2
```

```
In: # 等价于module.param, 会调用module.__getattr__('param')
    getattr(module, 'param')
```

```
Out:Parameter containing:
    tensor([[1., 1.],
            [1., 1.]], requires_grad=True)
```

114

在 PyTorch 中保存模型十分简单，所有的 module 对象都具有 state_dict() 函数，它会返回当前 module 所有的状态数据。将这些状态数据保存后，下次使用模型时即可利用 model.load_state_dict() 函数将状态加载进来。优化器（optimizer）也有类似的机制。下面举例说明在 PyTorch 中保存模型的方法。

```
In: # 保存模型
    t.save(net.state_dict(), 'net.pth')

    # 加载已保存的模型
    net2 = Net()
    net2.load_state_dict(t.load('net.pth'))
```

```
Out:<All keys matched successfully>
```

实际上，还有另一种保存方法，但因为它严重依赖模型定义方式及文件路径结构等，很容易出问题，所以不建议使用。

```
In: t.save(net, 'net_all.pth')
    net2 = t.load('net_all.pth')
    net2
```

```
Out:Net(
      (submodel1): Linear(in_features=3, out_features=4, bias=True)
    )
```

在 GPU 上运行 module 也十分简单，只需要以下两步。

- model = model.cuda()：将模型的所有参数都转存到 GPU 上。
- input.cuda()：将输入数据放置到 GPU 上。

至于如何在多块 GPU 上进行并行计算，PyTorch 也提供了两个函数，可以实现简单、高效的 GPU 并行计算。

- nn.parallel.data_parallel(module, inputs, device_ids=None, output_device=None, dim=0, module_kwargs=None)
- class torch.nn.DataParallel(module, device_ids=None, output_device=None, dim=0)

这两个函数的参数十分相似，其中 device_ids 参数可以指定在哪些 GPU 上进行优化，output_device 参数可以指定输出到哪块 GPU 上。二者唯一的不同在于：前者直接利用多块 GPU 进行并行计算得到结果，后者返回一个新的 module，能够自动在多块 GPU 上进行并行加速。

```
# 方法1
new_net = nn.DataParallel(net, device_ids=[0, 1])
output = new_net(input)

# 方法2
output = nn.parallel.data_parallel(new_net, input, device_ids=[0, 1])
```

DataParallel 并行是将一个 batch 的数据均分成多份，分别送到对应的 GPU 上进行计算，然后将各块 GPU 上得到的梯度进行累加，与 module 相关的所有数据也会以浅复制的方式复制多份。更多关于数据并行的操作，详见本书第 7 章。

4.7 小试牛刀：搭建 ResNet

深度残差网络（ResNet）[2] 作为目前最常用的网络结构，它在深度学习的发展中起到了非常重要的作用。ResNet 不仅一举拿下了 2015 年多个计算机视觉比赛项目的冠军，而且更重要的是，这一结构解决了训练极深网络时的梯度消失问题。

这里选取 ResNet 的一个变种：ResNet34，来讲解 ResNet 的网络结构。ResNet34 的网络结构如图 4.7 所示。除了最开始的卷积、池化和最后的池化、全连接，网络中有很多结构相似的单元，这些单元的共同点就是有一个跨层直连的 shortcut。这个跨层直连的单元被称为 Residual Block，它的结构如图 4.8 所示，相比于普通的卷积网络结果，它增加了直连模块。如果输入和输出的通道数不一致，或者其步长不为 1，那么就需要有一个专门的单元将二者转成一致的，使输入和输出可以相加。

另外，Residual Block 的大小是有规律的，在最开始的池化之后有连续几个一模一样的 Residual Block 单元，这些单元的通道数一样。这里将拥有多个 Residual Block 单元的结构称为 layer（读者需要将这里的 layer 和之前讲的 layer 区分开来，这里的 layer 是几个层的集合）。

考虑到 Residual Block 和 layer 出现了多次，可以把它们实现为一个子 module 或函数。这里将 Residual Block 实现为一个子 module，将 layer 实现为一个函数。规律总结如下：

- 对于模型中的重复部分，实现为子 module，或者用函数生成相应的 module。
- nn.Module 和 nn.Functional 结合使用。
- 尽量使用 nn.Sequential。

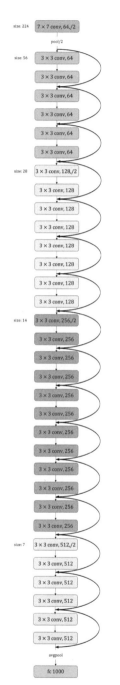

图 4.7　ResNet34 的网络结构

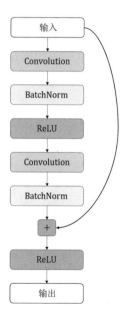

图 4.8　Residual Block 的结构

下面是实现代码。

```
In: from torch import nn
    import torch as t
    from torch.nn import functional as F
```

```
In: class ResidualBlock(nn.Module):
        '''
        实现子module: Residual Block
        '''
        def __init__(self, inchannel, outchannel, stride=1, shortcut=None):
            super().__init__()
            self.left = nn.Sequential(
                    nn.Conv2d(inchannel, outchannel, 3, stride, 1, bias=False),
                    nn.BatchNorm2d(outchannel),
                    nn.ReLU(inplace=True),
                    nn.Conv2d(outchannel, outchannel, 3, 1, 1, bias=False),
                    nn.BatchNorm2d(outchannel) )
            self.right = shortcut

        def forward(self, x):
            out = self.left(x)
            residual = x if self.right is None else self.right(x)
            out += residual
            return F.relu(out)

    class ResNet(nn.Module):
        '''
        实现主module: ResNet34
        ResNet34包含多个layer，每个layer又包含多个Residual Block
        用子module来实现Residual Block，用_make_layer函数来实现layer
        '''
        def __init__(self, num_classes=1000):
            super().__init__()
            # 前几层图像转换
            self.pre = nn.Sequential(
                    nn.Conv2d(3, 64, 7, 2, 3, bias=False),
                    nn.BatchNorm2d(64),
                    nn.ReLU(inplace=True),
                    nn.MaxPool2d(3, 2, 1)
            )
```

```
        # 重复的layer，分别有3、4、6、3个Residual Block
        self.layer1 = self._make_layer(64, 64, 3, 1, is_shortcut=False)
        self.layer2 = self._make_layer(64, 128, 4, 2)
        self.layer3 = self._make_layer(128, 256, 6, 2)
        self.layer4 = self._make_layer(256, 512, 3, 2)

        # 分类用的全连接
        self.classifier = nn.Linear(512, num_classes)

    def _make_layer(self, inchannel, outchannel, block_num, stride,
is_shortcut=True):
        '''
        构建layer，包含多个Residual Block
        '''
        if is_shortcut:
            shortcut = nn.Sequential(
                    nn.Conv2d(inchannel,outchannel,1,stride, bias=False),
                    nn.BatchNorm2d(outchannel))
        else:
            shortcut = None

        layers = []
        layers.append(ResidualBlock(inchannel, outchannel, stride, shortcut))

        for i in range(1, block_num):
            layers.append(ResidualBlock(outchannel, outchannel))
        return nn.Sequential(*layers)

    def forward(self, x):
        x = self.pre(x)

        x = self.layer1(x)
        x = self.layer2(x)
        x = self.layer3(x)
        x = self.layer4(x)

        x = F.avg_pool2d(x, 7)
        x = x.view(x.size(0), -1)
        return self.classifier(x)
```

```
In: model = ResNet()
    input = t.randn(1, 3, 224, 224)
```

```
out = model(input)
```

感兴趣的读者可以尝试实现 Google 的 Inception 网络结构或 ResNet 的其他变体，了解如何简洁明了地实现这些经典的网络结构。另外，与 PyTorch 配套的图像工具包 Torchvision 已经实现了深度学习中大多数经典的模型，其中包括 ResNet34，读者可以通过下面两行代码来使用：

```
from torchvision import models
model = models.resnet34()
```

关于 Torchvision 的具体内容将在本书第 5 章中进行讲解，通过 Torchvision 可以方便地使用深度学习中的经典网络模型。

4.8　小结

本章详细介绍了神经网络工具箱 nn 的使用。首先，本章对神经网络中常用的层结构进行了介绍，同时举例说明如何使用 nn.Module 模块实现这些常用的层结构。其次，对 nn.Module 进行了深入剖析，介绍了它的构造函数和两种魔法方法，同时详细讲解了神经网络中的初始化策略与优化器。最后，运用 nn.Module 模块实现了经典的 ResNet 网络结构。通过本章的学习，读者可以掌握神经网络工具箱中大部分类和函数的用法，并按照实际需要搭建自己的网络结构。

5

PyTorch 中常用的工具

在训练神经网络的过程中，最重要的是数据处理、可视化和 GPU 加速。本章主要介绍 PyTorch 在这些方面常用的工具模块，合理使用这些工具可以极大地提高编程效率。

5.1 数据处理

在解决深度学习问题的过程中，往往需要花费大量的精力去处理数据，包括图像、文本、语音或其他二进制数据等。数据处理对训练神经网络来说十分重要，良好的数据处理不仅会加速模型训练，而且会优化模型效果。考虑到这一点，PyTorch 提供了几个高效、便捷的工具，帮助使用者进行数据处理、数据增强等操作，同时可以通过并行化加速数据加载的过程。

5.1.1 Dataset

在 PyTorch 中，数据加载可以通过自定义的数据集对象来实现。数据集对象被抽象为 Dataset 类，实现自定义的数据集需要继承 Dataset，并实现以下两个 Python 魔法方法。

- `__getitem__()`：返回一条数据或一个样本。`obj[index]` 等价于 `obj.__getitem__(index)`。
- `__len__()`：返回样本的数量。`len(obj)` 等价于 `obj.__len__()`。

下面以 Kaggle 经典挑战赛 "Dogs vs Cats" 的数据为例，详细讲解如何进行数据预处理。"Dogs vs Cats" 是一个分类问题，它的任务是判断一张图像是狗还是猫。在该问题中，所有图像都被存放在一个文件夹下，可以根据文件名的前缀得到它们的标签值（狗或者猫）。

```
In: %env LS_COLORS = None
    !tree --charset ascii data/dogcat/
```

```
Out: env: LS_COLORS=None
     data/dogcat/
     |-- cat.12484.jpg
     |-- cat.12485.jpg
     |-- cat.12486.jpg
     |-- cat.12487.jpg
     |-- dog.12496.jpg
     |-- dog.12497.jpg
     |-- dog.12498.jpg
     `-- dog.12499.jpg

     0 directories, 8 files
```

```
In: import torch as t
    from torch.utils.data import Dataset
    print(t.__version__)
```

```
Out: 1.8.0
```

```
In: import os
    from PIL import Image
    import numpy as np

    class DogCat(Dataset):
        def __init__(self, root):
            imgs = os.listdir(root)
            # 所有图像的绝对路径
            # 这里不实际加载图像，只是指定路径，当调用__getitem__时才会真正读取图像
            self.imgs = [os.path.join(root, img) for img in imgs]

        def __getitem__(self, index):
            img_path = self.imgs[index]
            # dog->1, cat->0
            label = 1 if 'dog' in img_path.split('/')[-1] else 0
            pil_img = Image.open(img_path)
            array = np.asarray(pil_img)
            data = t.tensor(array)
            return data, label

        def __len__(self):
            return len(self.imgs)
```

```
In: dataset = DogCat('./data/dogcat/')
    img, label = dataset[0] # 相当于调用dataset.__getitem__(0)
    for img, label in dataset:
        print(img.size(), img.float().mean(), label)
```

```
Out: torch.Size([374, 499, 3]) tensor(115.5177) 0
     torch.Size([377, 499, 3]) tensor(151.7174) 1
     torch.Size([400, 300, 3]) tensor(128.1550) 1
     torch.Size([499, 379, 3]) tensor(171.8085) 0
     torch.Size([375, 499, 3]) tensor(116.8139) 1
     torch.Size([500, 497, 3]) tensor(106.4915) 0
     torch.Size([375, 499, 3]) tensor(150.5079) 1
     torch.Size([236, 289, 3]) tensor(130.3004) 0
```

上面的代码展示了如何定义自己的数据集，并对数据集进行遍历。然而，这里返回的数据并不适合实际使用，主要存在以下两个问题。

- 返回的样本的形状不统一，也就是每张图像的大小不一样，这对于按 batch 训练的神经网络来说很不友好。
- 返回的样本的数值较大，没有进行归一化。

针对上述问题，PyTorch 提供了 torchvision 工具包。torchvision 是一个视觉工具包，它提供了很多视觉图像处理工具，其中 transforms 模块提供了一系列数据增强的操作。本章仅对它的部分操作进行介绍，读者可以参考官方文档来了解其完整内容。

仅支持 PIL Image 对象的常见操作如下。

- RandomChoice：在一系列 transforms 操作中随机执行一个操作。
- RandomOrder：以随意顺序执行一系列 transforms 操作。

仅支持 Tensor 对象的常见操作如下。

- Normalize：标准化，即减去均值，除以标准差。
- RandomErasing：随机擦除 Tensor 中一个矩形区域的像素。
- ConvertImageDtype：将 Tensor 转换为指定的类型，并进行相应的缩放。

PIL Image 对象与 Tensor 对象相互转换的操作如下。

- ToTensor：将 $H \times W \times C$ 形状的 PIL Image 对象转换成形状为 $C \times H \times W$ 的 Tensor，同时会自动将 [0, 255] 归一化至 [0, 1]。
- ToPILImage：将 Tensor 转换为 PIL Image 对象。

既支持 PIL Image 对象，又支持 Tensor 对象的常见操作如下。

- Resize：调整图像尺寸。

- CenterCrop、RandomCrop、RandomResizedCrop、FiveCrop：按照不同的规则对图像进行裁剪。
- RandomAffine：随机进行仿射变换，保持图像中心不变。
- RandomGrayscale：随机将图像变为灰度图。
- RandomHorizontalFlip、RandomVerticalFlip、RandomRotation：随机对图像进行水平翻转、垂直翻转、旋转。

如果需要对图像进行多种操作，那么可以通过 transforms.Compose 将这些操作拼接起来，这一点类似于 nn.Sequential。**注意：这些操作在定义后以对象的形式存在，在真正使用时需要调用 __call__ 方法，这一点类似于 nn.Module。**例如，要将图像的大小调整至 224 像素 × 224 像素，首先应构建 trans = Resize((224, 224)) 操作，然后调用 trans(img)。下面使用 transforms 的这些操作来优化上面的 Dataset。

```
In: import os
    from PIL import Image
    import numpy as np
    from torchvision import transforms as T

    transform = T.Compose([
        T.Resize(224), # 缩放图像(Image)，保持长宽比不变，最短边为224像素
        T.CenterCrop(224),  # 从图像中间切出224像素×224像素的图像
        T.ToTensor(), # 将图像(Image)转换成Tensor，归一化至[0, 1]
        # 标准化至[-1, 1]，规定均值和标准差
        T.Normalize(mean=[.5, .5, .5], std=[.5, .5, .5])
    ])

    class DogCat(Dataset):
        def __init__(self, root, transforms=None):
            imgs = os.listdir(root)
            self.imgs = [os.path.join(root, img) for img in imgs]
            self.transforms = transforms

        def __getitem__(self, index):
            img_path = self.imgs[index]
            label = 0 if 'dog' in img_path.split('/')[-1] else 1
            data = Image.open(img_path)
            if self.transforms:
                data = self.transforms(data)
            return data, label

        def __len__(self):
```

```
        return len(self.imgs)

dataset = DogCat('./data/dogcat/', transforms=transform)
img, label = dataset[0]
for img, label in dataset:
    print(img.size(), label)
```

```
Out: torch.Size([3, 224, 224]) 1
    torch.Size([3, 224, 224]) 0
    torch.Size([3, 224, 224]) 0
    torch.Size([3, 224, 224]) 1
    torch.Size([3, 224, 224]) 0
    torch.Size([3, 224, 224]) 1
    torch.Size([3, 224, 224]) 0
    torch.Size([3, 224, 224]) 1
```

除了上述操作,transforms 还可以通过 Lambda 封装自定义的转换策略。例如,如果要对 PIL Image 对象进行随机旋转,那么可以写成:trans = T.Lambda(lambda img: img.rotate(random() * 360))。

与 torch.nn 以及 torch.nn.functional 类似,torchvision 将 transforms 分解为 torchvision.transforms 和 torchvision.transforms.functional。相比于 transforms,transforms.functional 为用户提供了更加灵活的操作,读者在使用时需要自己指定所有的参数。transforms.functional 提供的部分操作如下,读者可以参考官方文档来了解其完整内容。

- adjust_brightness、adjust_contrast:调整图像的亮度、对比度。
- crop、center_crop、five_crop、ten_crop:对图像按不同规则进行裁剪。
- normalize:标准化,即减均值,除以标准差。
- to_tensor:将 PIL Image 对象转换成 Tensor。

可以看出,transforms.functional 中的操作与 transforms 十分类似。相对于 transforms 而言,transforms.functional 可以对多个对象以相同的参数进行操作。举例说明如下:

```
import torchvision.transforms.functional as TF
import random

def transforms_rotate(image1, image2):
    angle = random.randint(0, 360)
    image1 = TF.rotate(image1, angle)
    image2 = TF.rotate(image2, angle)
```

```
    return image1, image2
```

除了对数据进行增强操作的 transforms，torchvision 还预先实现了常用的数据集，包括前面使用过的 CIFAR-10，以及 ImageNet、COCO、MNIST、LSUN 等，用户可以通过诸如 torchvision.datasets.CIFAR10 的命令进行调用，其具体使用方法请参考官方文档。这里介绍一个读者会经常使用到的 Dataset——ImageFolder，它的实现和上面的 DogCat 十分类似。ImageFolder 假设所有的图像按文件夹保存，在每个文件夹下存储的都是同一个类别的图像，文件夹名为类名。它的构造函数如下：

```
ImageFolder(root, transform=None, target_transform=None, loader=default_loader,
is_valid_file=None)
```

它主要有以下 5 个参数。

- root：在 root 指定的路径下寻找图像。
- transform：对 PIL Image 进行相关数据增强，transform 的输入是使用 loader 读取图像的返回对象。
- target_transform：对 label 进行转换。
- loader：指定加载图像的函数，默认操作是读取为 PIL Image 对象。
- is_valid_file：获取图像路径，检查文件的有效性。

在生成数据的 label 时，首先按照文件夹名进行顺序排列，然后将文件夹名保存为字典，即 {类名: 类序号}。一般来说，最好直接将文件夹命名为从 0 开始的数字，这样就会和 ImageFolder 实际的 label 保持一致。如果不遵循这种命名规范，那么建议通过 self.class_to_idx 属性来了解 label 和文件夹名的映射关系。

```
In: !tree --charset ASCII data/dogcat_2/
```

```
Out: data/dogcat_2/
    |-- cat
    |   |-- cat.12484.jpg
    |   |-- cat.12485.jpg
    |   |-- cat.12486.jpg
    |   `-- cat.12487.jpg
    ` -- dog
        |-- dog.12496.jpg
        |-- dog.12497.jpg
        |-- dog.12498.jpg
        `-- dog.12499.jpg

    2 directories, 8 files
```

```
In: from torchvision.datasets import ImageFolder
    dataset = ImageFolder('data/dogcat_2/')
    # cat文件夹中的图像对应于label 0, dog对应于label 1
    dataset.class_to_idx
```

```
Out: {'cat': 0, 'dog': 1}
```

```
In: # 所有图像的路径和对应的label
    dataset.imgs
```

```
Out: [('data/dogcat_2/cat/cat.12484.jpg', 0),
      ('data/dogcat_2/cat/cat.12485.jpg', 0),
      ('data/dogcat_2/cat/cat.12486.jpg', 0),
      ('data/dogcat_2/cat/cat.12487.jpg', 0),
      ('data/dogcat_2/dog/dog.12496.jpg', 1),
      ('data/dogcat_2/dog/dog.12497.jpg', 1),
      ('data/dogcat_2/dog/dog.12498.jpg', 1),
      ('data/dogcat_2/dog/dog.12499.jpg', 1)]
```

```
In: # 没有进行任何transforms操作, 所以返回的还是PIL Image对象
    print(dataset[0][1]) # 第一维是第几张图像, 第二维为1, 返回label
    dataset[0][0]        # 第二维为0, 返回图像数据
```

```
Out: 0
```

程序输出如图 5.1 所示。

图 5.1　程序输出：图像 1

```
In: # 定义数据增强操作
    transform = T.Compose([
            T.RandomResizedCrop(224),
            T.RandomHorizontalFlip(), # 水平翻转
            T.ToTensor(),
            T.Normalize(mean=[.5, .5, .5], std=[.5, .5, .5]),
    ])
```

```
In: dataset = ImageFolder('data/dogcat_2/', transform=transform)
    # 在深度学习中图像数据一般被保存成C×H×W，即通道数×高度×宽度
    dataset[0][0].size()
```

```
Out: torch.Size([3, 224, 224])
```

```
In: to_img = T.ToPILImage()
    # 0.2和0.4是标准差与均值的近似值
    to_img(dataset[0][0] * 0.2 + 0.4)
```

程序输出如图 5.2 所示。

图 5.2　程序输出：图像 2

5.1.2　DataLoader

Dataset 只负责数据的抽象，调用一次 __getitem__，返回一个样本。然而，在训练神经网络时，一次处理的对象是一个 batch 的数据，同时还需要对一批数据进行打乱顺序和并行加速等操作。考虑到这一点，PyTorch 提供了 DataLoader 来实现这些功能。

DataLoader 的定义如下：

```
DataLoader(dataset, batch_size=1, shuffle=False, sampler=None, batch_sampler=None,
num_workers=0, collate_fn=None, pin_memory=False, drop_last=False, timeout=0,
worker_init_fn=None, multiprocessing_context=None, generator=None, *, prefetch_factor
=2, persistent_workers=False)
```

它主要有以下几个参数。

- dataset：加载的数据集（Dataset 对象）。
- batch_size：一个 batch 的大小。
- shuffle：是否将数据打乱。
- sampler：样本抽样，后续会详细介绍。
- batch_sampler：与 sampler 类似，一次返回一个 batch 的索引（该参数与 batch _size、shuffle、sampler、drop_last 不兼容）。
- num_workers：使用多进程加载的进程数，0 代表不使用多进程。
- collate_fn：如何将多个样本数据拼接成一个 batch，一般使用默认的拼接方式即可。
- pin_memory：是否将数据保存在 pin memory 区，将 pin memory 区的数据转移到 GPU 上速度更快。
- drop_last：Dataset 中的数据个数可能不是 batch_size 的整数倍，若 drop_last 为 True，则将多出来的不足一个 batch 的数据丢弃。
- timeout：进程读取数据的最大时间，若超时，则丢弃数据。
- worker_init_fn：每个 worker 的初始化函数。
- multiprocessing_context：指定多进程的上下文环境，可以指定为已经启动的进程。
- generator：多进程使用的生成器。
- persistent_workers：在加载完一个 epoch 的数据后，是否保留当前的 worker。
- prefetch_factor：每个 worker 预先加载的样本数。

下面举例说明 DataLoader 的使用方法。

```
In: from torch.utils.data import DataLoader
    dataloader = DataLoader(dataset, batch_size=3, shuffle=True, num_workers=0,
drop_last=False)
    dataiter = iter(dataloader)
    imgs, labels = next(dataiter)
    imgs.size() # batch_size, 通道数, 高度, 宽度
```

```
Out: torch.Size([3, 3, 224, 224])
```

DataLoader 是一个可迭代的（iterable）对象，可以像使用迭代器一样使用它。例如：

```
for batch_datas, batch_labels in dataloader:
    train()
# 或
dataiter = iter(dataloader)
batch_datas, batch_labels = next(dataiter)
```

在数据处理中，有时会出现某个样本无法读取等问题，例如某张图像损坏了。此时在 __getitem__ 函数中会抛出异常，最好的解决方法是将出错的样本剔除。如果不便于处理这种情况，那么可以返回 None 对象，然后在 DataLoader 中实现自定义的 collate_fn，将空对象过滤掉。**注意：在这种情况下，DataLoader 返回的一个 batch 的样本数会小于 batch_size。**

```
In: class NewDogCat(DogCat): # 继承前面实现的DogCat数据集
    def __getitem__(self, index):
        try:
            # 调用父类的获取函数，即 DogCat.__getitem__(self,index)
            return super().__getitem__(index)
        except:
            return None, None

    from torch.utils.data.dataloader import default_collate # 导入默认的拼接方式
    def my_collate_fn(batch):
        '''
        batch是一个list，每个元素都是Dataset的返回值，形如(data,label)
        '''
        # 过滤为None的数据
        batch = [_ for _ in batch if _[0] is not None]
        if len(batch) == 0: return t.Tensor()
        return default_collate(batch) # 用默认方式拼接过滤后的batch数据
```

```
In: dataset = NewDogCat('data/dogcat_wrong/', transforms=transform)
    dataset[8]
```

```
Out: (None, None)
```

```
In: dataloader = DataLoader(dataset, 2, collate_fn=my_collate_fn, num_workers=0,
shuffle=True)
    for batch_datas, batch_labels in dataloader:
```

```
        print(batch_datas.size(), batch_labels.size())
```

```
Out: torch.Size([1, 3, 224, 224]) torch.Size([1])
     torch.Size([2, 3, 224, 224]) torch.Size([2])
     torch.Size([2, 3, 224, 224]) torch.Size([2])
     torch.Size([2, 3, 224, 224]) torch.Size([2])
     torch.Size([1, 3, 224, 224]) torch.Size([1])
```

从上面的输出中可以看出，第一个 batch 的 batch_size 为 1，这是因为有一张图像损坏了，无法正常返回。最后一个 batch 的 batch_size 也为 1，这是因为共有 9 张（包括损坏的那张）图像，无法整除 2（batch_size），所以最后一个 batch 的样本数小于 batch_size。

对于样本损坏或数据集加载异常等情况，还可以通过其他方式解决。例如，随机选取一张图像代替出现异常的那张图像：

```python
class NewDogCat(DogCat):
    def __getitem__(self, index):
        try:
            return super().__getitem__(index)
        except:
            new_index = random.randint(0, len(self) - 1)
            return self[new_index]
```

相比于丢弃异常的图像而言，这种做法会更好一些，它能保证每个 batch 的样本数仍然是 batch_size。但是在大多数情况下，最好的方式还是对数据进行彻底清洗。

DataLoader 中没有太多的魔法方法，它封装了 Python 的标准库 Multiprocessing，能够实现多进程加速。下面对 DataLoader 的多进程并行原理进行简要介绍。

DataLoader 默认使用单进程加载数据，这种加载方式较慢，但在系统资源有限、数据集较小能够直接加载时十分推荐。这是因为在单进程的工作模式下，若发生异常，那么用户在调试时将能够获取更多的错误信息。当数据量较大时，可以通过 num_workers 参数使用多进程进行数据的读取，多进程并行流程如图 5.3 所示。

在使用多进程加载数据时，每一个进程都会复制 Dataset 对象，并执行 _worker_loop 函数。首先，主进程生成一个 batch 的数据索引，并保存在队列 index_queue 中。然后，每个子进程执行 _worker_loop 函数，根据 index_queue 在复制的 Dataset 对象中执行 __getitem__ 函数，获取数据。最后，每个子进程都将自身获取的数据放至 work_result_queue 队列中，通过 collate_fn 处理数据，最终得到一个 batch 的数据 data_queue。重复执行上述流程，DataLoader 就实现了多进程的数据加载。想了解更多细节，读者可以参考 DataLoader 的相关源码。

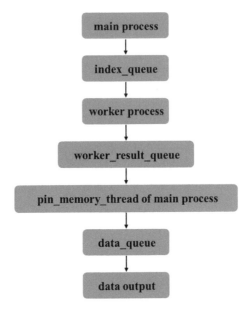

图 5.3　多进程并行流程

在 Dataset 和 DataLoader 的使用方面有以下建议。

- 将高负载的操作放在 __getitem__ 中，例如加载图像等。在多进程加载数据时，程序会并行地调用 __getitem__ 函数，能够实现并行加速。

- 在 Dataset 中应当尽量仅包含只读对象，避免修改任何可变对象。在使用多进程加载数据时，每个子进程都会复制 Dataset 对象。如果某一个进程修改了部分数据，那么在另一个进程的复制的对象中，这部分数据并不会被修改。下面是一个不好的例子：希望 self.idxs 返回的结果是 [0,1,2,3,4,5,6,7,8]，实际上 4 个进程最终的 self.idxs 分别是 [0,4,8]、[1,5]、[2,6]、[3,7]。而 dataset.idxs 则是 []，因为它并未参与迭代，并行处理的是它的 4 个复制的对象。

```
class BadDataset:
    def __init__(self):
        self.idxs = [] # 获取数据的次数
    def __getitem__(self, index):
        self.idxs.append(index)
        return self.idxs
    def __len__(self):
        return 9
dataset = BadDataset()
dl = t.utils.data.DataLoader(dataset, num_workers=4)
```

```
for item in dl:
    print(item) # 注意这里self.idxs的数值
print('idxs of main', dataset.idxs) # 注意这里的idxs和__getitem__返回的idxs的区别
```

当使用 Multiprocessing 库时，还存在一个问题，就是在使用多进程加载数据的过程中，如果主程序异常中止（例如，使用快捷键 Ctrl + C 强行退出），那么相应的数据加载进程可能无法正常退出。虽然发现程序已经退出了，但是 GPU 显存和内存仍然被占用着，通过 top、ps aux 也能够看到已经退出的程序，这时就需要手动强行杀掉进程，建议使用如下命令：

```
ps x | grep <cmdline> | awk '{print $1}' | xargs kill
```

- ps x：获取当前用户的所有进程。
- grep <cmdline>：找到已经停止的 PyTorch 程序的进程。例如，通过 python train.py 启动程序，需要写成 grep 'python train.py'。
- awk '{print $1}'：获取进程的 pid。
- xargs kill：杀掉进程，根据情况可能需要写成 xargs kill -9 强制杀掉进程。

在执行这条命令之前，建议先确认是否仍有未停止的进程：

```
ps x | grep <cmdline>
```

PyTorch 中还单独提供了一个 Sampler 模块，用来对数据进行采样。常用的有随机采样器 RandomSampler，当 DataLoader 的 shuffle 参数为 True 时，系统会自动调用这个采样器打乱数据。默认的采样器是 SequentialSampler，它会按顺序逐个进行采样。这里介绍另一个很有用的采样方法：WeightedRandomSampler，它会根据每个样本的权重选取数据，在样本比例不均衡的问题中，可用它进行重采样。

在构建 WeightedRandomSampler 时需要提供两个参数：每个样本的权重 weights 和所选取的样本总数 num_samples。权重越大的样本被选中的概率越大。还有一个可选参数 replacement，用于指定是否可以重复选取某一个样本，默认值为 True，即允许在一个 epoch 中重复采样某一个数据。如果将其设置为 False，那么当某一类的样本被全部选取完，但样本数仍然未达到 num_samples 时，采样器不会再从该类中选取数据了，此时可能导致 weights 参数失效。下面举例说明。

```
In: dataset = DogCat('data/dogcat/', transforms=transform)
    # 假设狗的图像被取出的概率是猫的概率的两倍
    # 两类图像被取出的概率与weights的绝对大小无关，只与比值有关
    weights = [2 if label == 1 else 1 for data, label in dataset]
    weights
```

```
Out: [2, 1, 1, 2, 1, 2, 1, 2]
```

```
In: from torch.utils.data.sampler import WeightedRandomSampler
    sampler = WeightedRandomSampler(weights,\
                                    num_samples=9,\
                                    replacement=True)
    dataloader = DataLoader(dataset,\
                            batch_size=3,\
                            sampler=sampler)
    for datas, labels in dataloader:
        print(labels.tolist())
```

```
Out: [1, 1, 0]
     [0, 1, 1]
     [1, 1, 0]
```

可以看出，猫、狗样本比例约为 1:2。同时，一共只有 8 个样本，但是返回了 9 个，说明有样本被重复返回，这就是 replacement 参数的作用。下面将 replacement 设置为 False。

```
In: sampler = WeightedRandomSampler(weights, 8, replacement=False)
    dataloader = DataLoader(dataset, batch_size=4, sampler=sampler)
    for datas, labels in dataloader:
        print(labels.tolist())
```

```
Out: [1, 0, 1, 0]
     [1, 1, 0, 0]
```

在 replacement 为 False 的情况下，num_samples 等于数据集的样本总数。为了不重复选取，Sampler 会返回每一个样本，weights 参数不再生效。

从上面的例子可以看出 Sampler 在样本采样中的作用：如果指定了 Sampler，那么 shuffle 参数不再生效，并且 sampler.num_samples 的值会覆盖数据集的实际大小，即一个 epoch 返回的图像总数取决于 sampler.num_samples 的值。

本节介绍了在数据加载中常见的两个对象：Dataset 与 DataLoader，并结合实际数据对它们的魔法方法与底层原理进行了详细讲解。数据准备与加载是神经网络训练中最基本的环节之一，读者应该熟悉其常见操作。

5.2　预训练模型

除加载数据，并对数据进行预处理之外，torchvision 还提供了深度学习中各种经典的网络结构以及预训练模型。这些模型被封装在 `torchvision.models` 中，包括经典的分类模型（如 VGG、ResNet、DenseNet、MobileNet 等）、语义分割模型（如 FCN、DeepLabV3 等）、目标检测模型（如 Faster RCNN）、实例分割模型（如 Mask RCNN 等）。读者可以通过下述代码使用这些已经封装好的网络结构与模型，也可以在此基础上根据需求对网络结构进行修改。

```
from torchvision import models
# 仅使用网络结构，权重参数随机初始化
mobilenet_v2 = models.mobilenet_v2()
# 加载预训练权重
deeplab = models.segmentation.deeplabv3_resnet50(pretrained=True)
```

下面使用 torchvision 中预训练好的实例分割模型 Mask RCNN 进行一次简单的实例分割。

```
In: from torchvision import models
    from torchvision import transforms as T
    from torch import nn
    from PIL import Image
    import numpy as np
    import random
    import cv2

    # 加载预训练好的模型，如果不存在，则会自动下载
    # 预训练好的模型被保存在 ~/.torch/models/下
    detection = models.detection.maskrcnn_resnet50_fpn(pretrained=True)
    detection.eval()
    def predict(img_path, threshold):
        # 数据预处理，标准化至[-1, 1]，规定均值和标准差
        img = Image.open(img_path)
        transform = T.Compose([
            T.ToTensor(),
            T.Normalize(mean=[.5, .5, .5], std=[.5, .5, .5])
        ])
        img = transform(img)
        # 对图像进行预测
        pred = detection([img])
        # 对预测结果进行后处理，得到mask与bbox
        score = list(pred[0]['scores'].detach().numpy())
```

```
        t = [score.index(x) for x in score if x > threshold][-1]
        mask = (pred[0]['masks'] > 0.5).squeeze().detach().cpu().numpy()
        pred_boxes = [[(i[0], i[1]), (i[2], i[3])] \
                        for i in list(pred[0]['boxes'].detach().numpy())]
        pred_masks = mask[:t+1]
        boxes = pred_boxes[:t+1]
        return pred_masks, boxes
```

transforms 中涵盖了大部分对 Tensor 和 PIL Image 的常用处理，这些已在上文中提到，本节不再详细介绍。需要注意的是，转换分为两步：第一步，构建转换操作，例如 transf = transforms.Normalize(mean=x, std=y)；第二步，执行转换操作，例如 output = transf(input)。另外，还可以将多个处理操作使用 Compose 拼接起来，构成一个处理转换流程。

```
In: # 随机颜色，以便可视化
    def color(image):
        colours = [[0, 255, 255], [0, 0, 255], [255, 0, 0]]
        R = np.zeros_like(image).astype(np.uint8)
        G = np.zeros_like(image).astype(np.uint8)
        B = np.zeros_like(image).astype(np.uint8)
        R[image==1], G[image==1], B[image==1] = colours[random.randrange(0,3)]
        color_mask = np.stack([R,G,B],axis=2)
        return color_mask
```

```
In: # 对mask与bbox进行可视化
    def result(img_path, threshold=0.9, rect_th=1, text_size=1, text_th=2):
        masks, boxes = predict(img_path, threshold)
        img = cv2.imread(img_path)
        img = cv2.cvtColor(img, cv2.COLOR_BGR2RGB)
        for i in range(len(masks)):
            color_mask = color(masks[i])
            img = cv2.addWeighted(img, 1, color_mask, 0.5, 0)
            cv2.rectangle(img, boxes[i][0], boxes[i][1], color=(255,0,0), thickness=
rect_th)
        return img
```

```
In: from matplotlib import pyplot as plt
    img=result('data/demo.jpg')
    plt.figure(figsize=(10, 10))
    plt.axis('off')
    img_result = plt.imshow(img)
```

上述代码完成了一个简单的实例分割任务。如图 5.4 所示，Mask RCNN 能够分割出该图像中的部分实例，读者可考虑对预训练模型进行微调，以适应不同场景下的不同任务。注意：上述代码均在 CPU 上运行，速度较慢，读者可以考虑将数据与模型转移到 GPU 上，具体操作可以参考 5.4 节。

图 5.4　程序输出：Mask RCNN 实例分割结果

5.3　可视化工具

在训练神经网络时，通常希望能够更加直观地了解训练情况，例如损失函数的曲线、输入的图像、输出的图像等信息。这些信息可以帮助读者更好地监督网络的训练过程，并为参数优化提供方向和依据。最简单的实现方法就是打印输出，但这种方式只能打印数值信息，不够直观，同时无法查看分布、图像、声音等。本节将介绍深度学习中两个常用的可视化工具：TensorBoard 和 Visdom。

5.3.1　TensorBoard

最初，TensorBoard 是作为 TensorFlow 的可视化工具迅速流行起来的。作为和 TensorFlow 深度集成的工具，TensorBoard 能够展示 TensorFlow 的网络计算图，绘制图像生成的定量指标图以及附加数据。同时，TensorBoard 是一个相对独立的工具，只要用户保存的数据遵循相应的格式，TensorBoard 就能读取这些数据进行可视化。

在 PyTorch 1.1.0 版本之后，PyTorch 已经内置了 TensorBoard 的相关接口，用户在手动安装 TensorBoard 后便可调用相关接口进行数据可视化。TensorBoard 的主界面如图 5.5 所示。

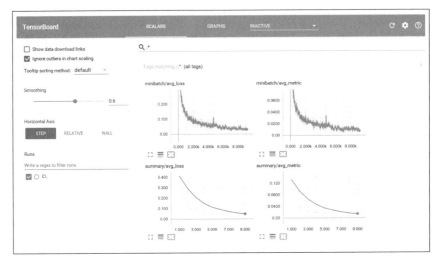

图 5.5　TensorBoard 的主界面

TensorBoard 的使用非常简单，首先通过以下命令安装 TensorBoard：

```
pip install tensorboard
```

待安装完成后，通过以下命令启动 TensorBoard，其中 path 为 log 文件的保存路径：

```
tensorboard --logdir=path
```

TensorBoard 的常见操作包括记录标量、显示图像、显示直方图、显示网络结构、可视化 embedding 等。下面逐一举例说明。

```
In: import torch
    import torch.nn as nn
    import numpy as np
    from torchvision import models
    from torch.utils.tensorboard import SummaryWriter
    from torchvision import datasets,transforms
    from torch.utils.data import DataLoader
    # 构建logger对象，log_dir用来指定log文件的保存路径
    logger = SummaryWriter(log_dir='runs')
```

```
In: # 使用add_scalar记录标量
    for n_iter in range(100):
        logger.add_scalar('Loss/train', np.random.random(), n_iter)
        logger.add_scalar('Loss/test', np.random.random(), n_iter)
        logger.add_scalar('Acc/train', np.random.random(), n_iter)
```

```
logger.add_scalar('Acc/test', np.random.random(), n_iter)
```

结果如图 5.6 所示。

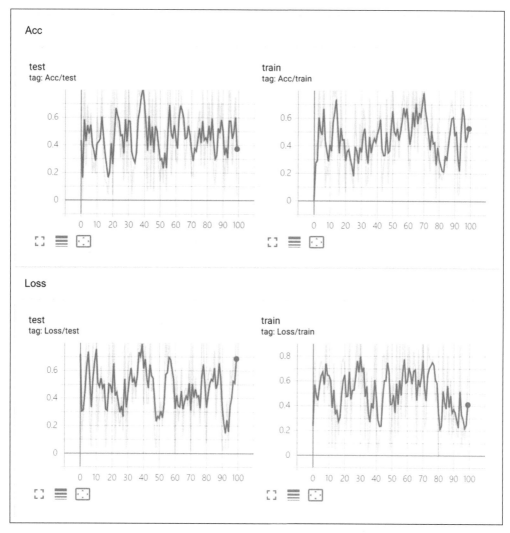

图 5.6　使用 add_scalar 记录标量

```
In: transform = transforms.Compose([
        transforms.ToTensor(),
        transforms.Normalize((0.5,),(0.5,))
    ])
    dataset = datasets.MNIST('data/', download=True, train=False, transform=transform)
```

```
dataloader = DataLoader(dataset, shuffle=True, batch_size=16)
images, labels = next(iter(dataloader))
grid = torchvision.utils.make_grid(images)
```

```
In: # 使用add_image显示图像
    logger.add_image('images', grid, 0)
```

结果如图 5.7 所示。

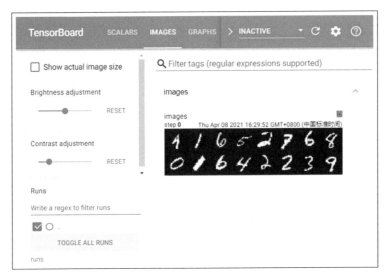

图 5.7　使用 add_image 显示图像

```
In: # 使用add_graph可视化网络
    class ToyModel(nn.Module):
        def __init__(self, input_size=28, hidden_size=500, num_classes=10):
            super().__init__()
            self.fc1 = nn.Linear(input_size, hidden_size)
            self.relu = nn.ReLU()
            self.fc2 = nn.Linear(hidden_size, num_classes)
        def forward(self, x):
            out = self.fc1(x)
            out = self.relu(out)
            out = self.fc2(out)
            return out
    model = ToyModel()
    logger.add_graph(model, images)
```

结果如图 5.8 所示。

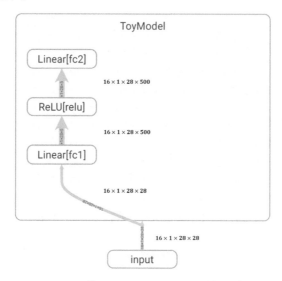

图 5.8　使用 add_graph 可视化网络

```
In: # 使用add_histogram显示直方图
    logger.add_histogram('normal', np.random.normal(0,5,1000), global_step=1)
    logger.add_histogram('normal', np.random.normal(1,2,1000), global_step=10)
```

结果如图 5.9 所示。

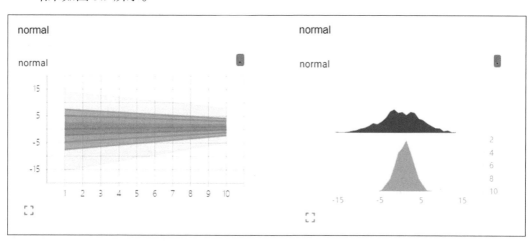

图 5.9　使用 add_histogram 显示直方图

```
In: # 使用add_embedding进行embedding可视化
    dataset = datasets.MNIST('data/', download=True, train=False)
    images = dataset.data[:100].float()
    label = dataset.targets[:100]
    features = images.view(100, 784)
    logger.add_embedding(features, metadata=label, label_img=images.unsqueeze(1))
```

结果如图 5.10 所示。

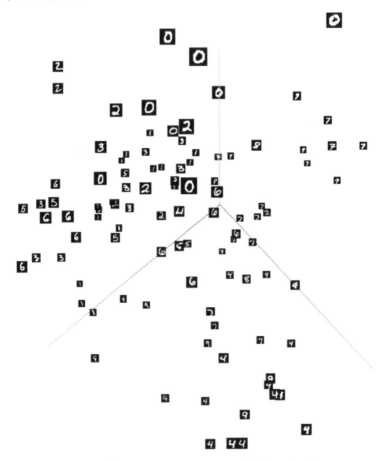

图 5.10　使用 add_embedding 可视化 embedding

打开浏览器，输入 http://localhost:6006 （其中，6006 应改成读者的 Tensor-Board 所绑定的端口），就可以看到如图 5.6 至图 5.10 所示的可视化结果。

TensorBoard 十分容易上手，读者可以根据个人需求灵活地使用上述函数进行可视化。

5.3.2　Visdom

Visdom 是 Meta 专门为 PyTorch 开发的一个可视化工具，开源于 2017 年 3 月。Visdom 十分轻量级，支持非常丰富的功能，可以胜任大多数的科学运算可视化任务。Visdom 的可视化界面如图 5.11 所示。

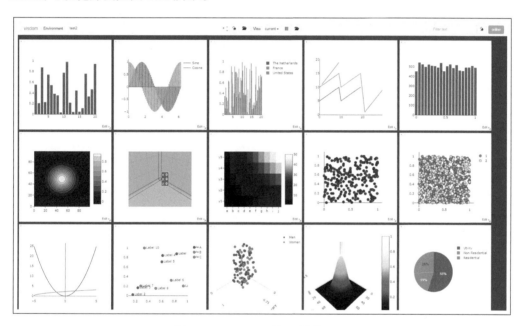

图 5.11　Visdom 的可视化界面

Visdom 可以创造、组织和共享多种数据的可视化，包括数值、图像、文本，甚至是视频，同时支持 PyTorch、Torch 以及 NumPy。用户可以通过编程组织可视化空间，或者通过用户接口为数据打造仪表板，以此检查实验结果或调试代码。

在 Visdom 中有以下两个重要概念。

- env：环境。不同环境的可视化结果相互隔离，互不影响。在使用 Visdom 时，如果不指定 env，则默认使用 main。不同用户、不同程序一般使用不同的 env。
- pane：窗格。pane 用于可视化图像、数值或打印文本等，可以对它进行拖动、缩放、保存和关闭。一个程序可以使用同一个 env 中的不同 pane，每个 pane 都可以可视化或记录不同的信息。

通过 `pip install visdom` 命令即可完成 Visdom 的安装，在安装完成后，通过

python -m visdom.server 命令启动 Visdom 服务，或者通过 nohup python -m visd om.server & 命令将服务放至后台运行。Visdom 服务是一个 Web Server 服务，默认绑定 8097 端口，客户端与服务器之间通过 tornado 异步框架进行非阻塞交互。

在使用 Visdom 时需要注意以下两点。

- 需要手动指定保存 env，可以在 Web 界面中单击 save 按钮，或者在程序中调用 save 方法，否则 Visdom 服务重启后，env 等信息会丢失。
- 客户端与服务器之间的交互采用 tornado 异步框架，可视化操作不会阻塞当前程序，网络异常也不会导致程序退出。

Visdom 以 Plotly 为基础，它支持丰富的可视化操作，下面举例说明最常用的一些操作。

```sh
%%sh
# 启动Visdom服务器
nohup python -m visdom.server &
```

```
In: import torch as t
    import visdom
    # 新建一个连接客户端
    # 指定env = u'test1'，默认端口为8097，host是'localhost'
    vis = visdom.Visdom(env=u'test1', use_incoming_socket=False)
    x = t.arange(0, 30, 0.01)
    y = t.sin(x)
    vis.line(X=x, Y=y, win='sinx', opts={'title': 'y=sin(x)'})
```

```
Out: 'sinx'
```

输出的结果如图 5.12 所示。

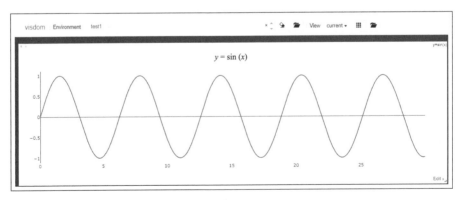

图 5.12　使用 Visdom 绘制 sinx 曲线

下面对一些代码进行分析。

- vis = visdom.Visdom(env=u'test1')，用于构建一个客户端。在客户端除了指定 env，还可以指定 host、port 等参数。
- vis 作为一个客户端对象，可以使用以下常见的画图函数。
  - line：类似于 MATLAB 中的 plot 操作，用于记录某些标量的变化，如损失、准确率等。
  - image：可视化图像，可以是输入的图像，也可以是程序生成的图像，还可以是卷积核的信息。
  - text：用于记录日志等文字信息，支持 HTML 格式。
  - histogram：可视化分布，主要是查看数据、参数的分布。
  - scatter：绘制散点图。
  - bar：绘制柱形图。
  - pie：绘制饼图。

更多操作可以参考 Visdom 的 GitHub 主页。

这里主要介绍在深度学习中常见的 line、image 和 text 操作。

Visdom 同时支持 PyTorch 的 Tensor 和 NumPy 的 ndarray 两种数据结构，但不支持 Python 的 int、float 等数据类型，因此每次传入数据时都需要将数据转换成 ndarray 或 Tensor 类型。上述操作的参数一般不同，但以下两个参数是绝大多数操作具备的。

- win：用于指定 pane 的名字，如果不指定，那么 Visdom 将自动分配一个新的 pane。如果两次操作指定的 win 名字一样，那么新的操作会覆盖当前 pane 的内容，因此建议每次操作时都重新指定 win。
- opts：用于可视化配置，接收一个字典。常见的选项包括 title、xlabel、ylabel、width 等，主要用于设置 pane 的显示格式。

在训练网络的过程中，例如，损失函数值、准确率等不是一成不变的，为了避免覆盖之前的 pane 的内容，需要指定参数 update='append'。除了使用 update 参数，还可以使用 vis.updateTrace 方法更新图。updateTrace 不仅能在指定的 pane 中新增一条与已有数据相互独立的 trace，还能像 update='append' 那样在同一条 trace 上追加数据。下面举例说明。

```
In: # append，追加数据
    for ii in range(0, 10):
        # y = x
        x = t.Tensor([ii])
        y = x
        vis.line(X=x, Y=y, win='polynomial', update='append' if ii > 0 else None)
```

```
x = t.arange(0, 9, 0.1)
y = (x ** 2) / 9
# updateTrace, 新增一条线
vis.line(X=x, Y=y, win='polynomial', name='this is a new Trace', update='new')
```

```
Out: 'polynomial'
```

打开浏览器，输入 http://localhost:8097，可以看到如图 5.13 所示的结果。

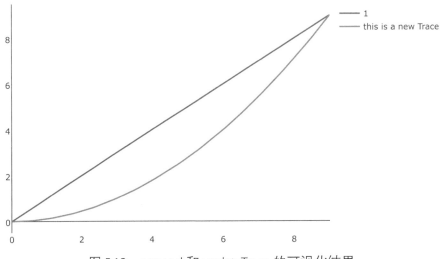

图 5.13　append 和 updateTrace 的可视化结果

image 的画图功能可以分为以下两类。

- image 接收一个二维或三维的向量，形状为 $H \times W$（黑白图像）或 $3 \times H \times W$（彩色图像）。

- images 接收一个四维向量，形状为 $N \times C \times H \times W$，其中 C 可以是 1 或 3，分别代表黑白图像和彩色图像。images 可以实现类似于 torchvision 中 make_grid 的功能，将多张图像拼接在一起。images 也可以接收一个二维或三维的向量，此时它所实现的功能与 image 一致。

```
In: # 可视化随机选择的一张黑白图像
    vis.image(t.randn(64, 64).numpy())

    # 可视化随机选择的一张彩色图像
    vis.image(t.randn(3, 64, 64).numpy(), win='random2')
```

```
# 可视化随机选择的36张彩色图像，每一行6张
vis.images(t.randn(36, 3, 64, 64).numpy(), nrow=6, win='random3',
opts={'title':'random_imgs'})
```

```
Out: 'random3'
```

images 可视化输出如图 5.14 所示。

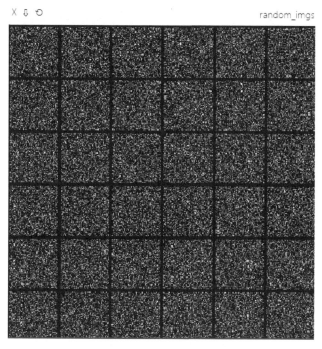

图 5.14　images 可视化输出

vis.text 用于可视化文本，它支持所有的 HTML 标签，同时也遵循 HTML 的语法标准。例如，换行需要使用
 标签，而 \r\n 无法实现换行。下面举例说明。

```
In: vis.text(u'''<h1>Validation</h1><br>2021-04-18 20:09:00,399 - mmdet - INFO - Epoch
(val) [21][160]
          <br>bbox_mAP: 0.8180, bbox_mAP_50: 0.9880, bbox_mAP_75: 0.9440, bbox_mAP_s
: 0.1510,
          <br>bbox_mAP_m: 0.8390, bbox_mAP_l: 0.8040, bbox_mAP_copypaste: 0.818
0.988 0.944 0.151 0.839 0.804,
          <br>segm_mAP: 0.8180, segm_mAP_50: 0.9880, segm_mAP_75: 0.9570, segm_mAP_s
: 0.2000, segm_mAP_m: 0.8250,
          <br>segm_mAP_l: 0.8120, segm_mAP_copypaste: 0.818 0.988 0.957 0.200 0.825
```

```
0.812''',
            win='visdom',
            opts={'title': u'validation' }
            )
```

```
Out: 'visdom'
```

text 可视化输出如图 5.15 所示。

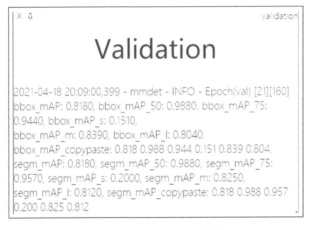

图 5.15　text 可视化输出

本节主要介绍了深度学习中两个常用的可视化工具：TensorBoard 和 Visdom。合理地利用可视化工具，便于记录和观察神经网络的中间层与网络整体的训练效果，从而帮助用户更好地对网络进行调整。在本书第 9 ~ 13 章中，会频繁地使用可视化工具在实际案例中进行可视化操作，读者可在后续章节中留意。

5.4　使用 GPU 加速：CUDA

本节内容在前面介绍 Tensor、nn.Module 时已经有所涉及，这里做一个总结，并深入介绍其相关应用。

在 PyTorch 中，Tensor 和 nn.Module（包括常用的 layer、损失函数以及容器 Sequential 等）数据结构分为 CPU 和 GPU 两个版本。这两个数据结构都带有一个 .cuda 方法，调用该方法可以将它们转换为对应的 GPU 对象。**注意：tensor.cuda 会返回一个新对象，这个新对象的数据已经被转移到 GPU 上，之前的 Tensor 还在原来的设备（CPU）上**。module.cuda 会将所有的数据都迁移到 GPU 上，并返回自己。所以，module = module.cuda() 和 module.cuda() 的效果一致。

除了 .cuda 方法，它们还支持 .to(device) 方法，通过该方法可以灵活地转换其设备类型，同时该方法也更加适合编写与设备兼容的代码（这部分内容将在后文详细介绍）。

nn.Module 在 GPU 与 CPU 之间的转换，本质上还是利用了 Tensor 在 GPU 与 CPU 之间的转换。nn.Module 的 .cuda 方法将其下的所有参数（包括子 module 的参数）都转移到 GPU 上，而参数本质上还是 Tensor。

下面对 .cuda 方法进行举例说明（这部分代码需要读者有两个 GPU 设备）。

注意：为什么把将数据转移到 GPU 上的方法叫作 .cuda，而不是 .gpu，就像将数据转移到 CPU 上调用的方法叫作 .cpu？这是因为 GPU 的编程接口采用 CUDA，而目前不是所有的 GPU 都支持 CUDA，只有部分 NVIDIA 的 GPU 才支持。目前 PyTorch 1.8 已经支持 AMD GPU，并提供了基于 ROCm 平台的 GPU 加速功能，感兴趣的读者可以自行查阅相关文档。

```
In: tensor = t.Tensor(3, 4)
    # 返回一个新的Tensor，保存在第一块GPU上，原来的Tensor并没有改变
    tensor.cuda(0)
    tensor.is_cuda # False
```

```
Out: False
```

```
In: # 不指定所使用的GPU设备，默认使用第一块GPU
    tensor = tensor.cuda()
    tensor.is_cuda # True
```

```
Out: True
```

```
In: module = nn.Linear(3, 4)
    module.cuda(device = 1)
    module.weight.is_cuda # True
```

```
Out: True
```

```
In: # 使用.to方法，将Tensor转移至第一块GPU上
    tensor = t.Tensor(3, 4).to('cuda:0')
    tensor.is_cuda
```

```
Out: True
```

```
In: class VeryBigModule(nn.Module):
        def __init__(self):
            super().__init__()
            self.GiantParameter1 = t.nn.Parameter(t.randn(100000, 20000)).to('cuda:0')
```

```
        self.GiantParameter2 = t.nn.Parameter(t.randn(20000, 100000)).to('cuda:1')

    def forward(self, x):
        x = self.GiantParameter1.mm(x.cuda(0))
        x = self.GiantParameter2.mm(x.cuda(1))
        return x
```

在最后一段代码中，两个 Parameter 所占用的内存空间都非常大，大约是 8GB。如果将这两个 Parameter 同时放在一块显存较小的 GPU 上，那么显存将几乎被占满，无法再进行任何其他计算。此时可以通过 .to(device_i) 方法将不同的计算划分到不同的 GPU 上。

下面是使用 GPU 时的一些建议。

- GPU 计算很快，但对于很小的计算量来说，它的优势无法体现出来。因此，对于一些简单的操作，可以直接利用 CPU 完成。
- 在 CPU 和 GPU 之间传递数据比较耗时，应当尽量避免。
- 在进行低精度的计算时，可以考虑使用 HalfTensor。相比于 FloatTensor，它可以节省一半的显存，但是需要注意数值溢出的情况。

注意： 大部分损失函数属于 nn.Module，在使用 GPU 时，用户经常会忘记使用它的 .cuda 方法，这在大多数情况下不会报错，因为损失函数本身没有可学习参数，但在某些情况下会出现问题。为保险起见，同时也为了使代码更加规范，用户应记得调用 criterion.cuda。下面举例说明。

```
In:  # 交叉熵损失函数，带权重
     criterion = t.nn.CrossEntropyLoss(weight=t.Tensor([1, 3]))
     input = t.randn(4, 2).cuda()
     target = t.Tensor([1, 0, 0, 1]).long().cuda()

     # 下面这行会报错，因为权重未被转移到GPU上
     # loss = criterion(input, target)

     # 下面的代码则不会报错
     criterion.cuda()
     loss = criterion(input, target)

     criterion._buffers
```

```
Out: OrderedDict([('weight', tensor([1., 3.], device='cuda:0'))])
```

除了调用对象的 .cuda 方法，还可以通过 torch.cuda.device 指定默认使用哪一

块 GPU，或者通过 torch.set_default_tensor_type 让程序默认使用 GPU，不需要手动调用 .cuda 方法。

```
In: # 如果未指定使用哪一块GPU，则默认使用GPU 0
    x = t.cuda.FloatTensor(2, 3)
    # x.get_device() == 0
    y = t.FloatTensor(2, 3).cuda()
    # y.get_device() == 0

    # 指定默认使用GPU 1
    with t.cuda.device(1):
        # 在GPU 1上构建Tensor
        a = t.cuda.FloatTensor(2, 3)

        # 将Tensor转移到GPU 1上
        b = t.FloatTensor(2, 3).cuda()
        assert a.get_device() == b.get_device() == 1

        c = a + b
        assert c.get_device() == 1

        z = x + y
        assert z.get_device() == 0

        # 手动指定使用GPU 0
        d = t.randn(2, 3).cuda(0)
        assert d.get_device() == 0
```

```
In: # 指定默认的Tensor类型为GPU上的FloatTensor
    t.set_default_tensor_type('torch.cuda.FloatTensor')
    a = t.ones(2, 3)
    a.is_cuda
```

```
Out: True
```

如果服务器具有多块 GPU，那么 tensor.cuda() 方法会将 Tensor 保存到第一块 GPU 上，等价于 tensor.cuda(0)。如果想要使用第二块 GPU，那么需要手动指定 tensor.cuda(1)，这需要修改大量的代码，较为烦琐。这里有以下两种替代方法。

- 先调用 torch.cuda.set_device(1) 指定使用第二块 GPU，后续的 .cuda() 都无须更改，切换 GPU 只需修改这一行代码。
- 设置环境变量 CUDA_VISIBLE_DEVICES，例如 export CUDA_VISIBLE_DEVICES=1

（下标从 0 开始，1 代表第二块物理 GPU），表示只使用第二块物理 GPU，但在程序中这块 GPU 会被看成第一块逻辑 GPU，此时调用 tensor.cuda() 会将 Tensor 转移到第二块物理 GPU 上。CUDA_VISIBLE_DEVICES 还可以指定多块 GPU，例如 export CUDA_VISIBLE_DEVICES=0,2,3，第一、三、四块物理 GPU 会被映射为第一、二、三块逻辑 GPU，此时 tensor.cuda(1) 会将 Tensor 转移到第三块物理 GPU 上。

设置 CUDA_VISIBLE_DEVICES 有两种方法：一种是在命令行中执行 CUDA_VISIB LE_DEVICES=0,1 python main.py；另一种是在程序中编写 import os; os.environ ["CUDA_VISIBLE_DEVICES"] = "2"。如果使用 IPython 或者 Jupyter Notebook，那么还可以通过 %env CUDA_VISIBLE_DEVICES=1,2 设置环境变量。

基于 PyTorch 本身的机制，用户可能需要编写与设备兼容的代码，以适应不同的计算环境。在第 3 章中已经介绍过，可以通过 Tensor 的 device 属性指定其加载的设备，同时利用 to 方法可以很方便地将不同的变量加载到不同的设备上。然而，如果要保证同样的代码在不同配置的机器上均能运行，那么编写与设备兼容的代码是至关重要的。下面将详细介绍如何编写与设备兼容的代码。

首先介绍如何指定 Tensor 加载的设备。这一操作往往通过 torch.device() 实现，其中 device 类型包括 cpu 和 cuda。下面举例说明。

```
In: # 指定设备,使用CPU
    t.device('cpu')
    # 另一种写法: t.device('cpu',0)
```

```
Out: device(type='cpu')
```

```
In: # 指定设备，使用第一块GPU
    t.device('cuda:0')
    # 另一种写法: t.device('cuda',0)
```

```
Out: device(type='cuda', index=0)
```

```
In: # 更加推荐的做法（也是与设备兼容的）：如果有GPU设备，则使用GPU，否则使用CPU
    device = t.device("cuda" if t.cuda.is_available() else "cpu")
    print(device)
```

```
Out: cuda
```

```
In: # 在确定了设备之后，可以利用to方法将数据与模型加载到指定的设备上
    x = t.empty((2,3)).to(device)
    x.device
```

```
Out: device(type='cuda', index=0)
```

对于最常见的数据结构 Tensor，它封装好的大部分操作也支持指定加载的设备。当拥有被加载到一个设备上的 Tensor 时，通过 `torch.Tensor.new_*` 以及 `torch.*_like` 操作可以创建与该 Tensor 具有相同类型、相同设备的 Tensor。举例说明如下：

```
In: x_cpu = t.empty(2, device='cpu')
    print(x_cpu, x_cpu.is_cuda)
    x_gpu = t.empty(2, device=device)
    print(x_gpu, x_gpu.is_cuda)
```

```
Out: tensor([-3.6448e+08,  4.5873e-41]) False
     tensor([0., 0.], device='cuda:0') True
```

```
In: # 使用new_*操作会保留原Tensor的设备属性
    y_cpu = x_cpu.new_full((3,4), 3.1415)
    print(y_cpu, y_cpu.is_cuda)
    y_gpu = x_gpu.new_zeros(3,4)
    print(y_gpu, y_gpu.is_cuda)
```

```
Out: tensor([[3.1415, 3.1415, 3.1415, 3.1415],
             [3.1415, 3.1415, 3.1415, 3.1415],
             [3.1415, 3.1415, 3.1415, 3.1415]]) False
     tensor([[0., 0., 0., 0.],
             [0., 0., 0., 0.],
             [0., 0., 0., 0.]], device='cuda:0') True
```

```
In: # 使用ones_like或zeros_like可以创建与原Tensor的大小、类别均相同的新Tensor
    z_cpu = t.ones_like(x_cpu)
    print(z_cpu, z_cpu.is_cuda)
    z_gpu = t.zeros_like(x_gpu)
    print(z_gpu, z_gpu.is_cuda)
```

```
Out: tensor([1., 1.]) False
     tensor([0., 0.], device='cuda:0') True
```

在一些实际应用场景中，代码的可移植性是十分重要的，读者可根据上述内容继续深入学习，在不同的场景中灵活运用 PyTorch 的不同特性编写代码，以适应不同环境的工程需要。

本节主要介绍了如何使用 GPU 对计算进行加速，同时介绍了如何编写与设备兼容的 PyTorch 代码。在实际应用场景中，仅仅使用 CPU 或一块 GPU 是很难满足网络的训练需求的，那么能否使用多块 GPU 来加速训练呢？

答案是肯定的。自 PyTorch 0.2 版本后，PyTorch 新增了对分布式 GPU 的支持。分布式指在多台服务器上有多块 GPU，并行一般指在一台服务器上有多块 GPU。分布式涉及服务器之间的通信，因此比较复杂。幸运的是，PyTorch 封装了相应的接口，可以用简单的几行代码来实现分布式训练。当训练数据集较大或者网络模型较为复杂时，合理地利用分布式与并行可以加快网络的训练速度。关于分布式与并行的更多内容，将在本书第 7 章中进行详细介绍。

5.5　小结

本章介绍了一些工具模块，这些工具模块有的已经被封装在 PyTorch 之中，有的是独立于 PyTorch 的第三方模块。这些模块主要涉及数据加载、可视化与 GPU 加速的相关内容，合理使用这些模块能够极大地提高编程效率。

6 | 向量化

本章主要介绍 PyTorch 中的向量化思想。首先介绍向量化的基本概念和广播法则；然后介绍 PyTorch 中的高级索引，这也是向量化思想的重点，通过高级索引操作可以简化向量的计算；最后将结合向量化思想解决深度学习中的三个实际问题。

6.1 向量化简介

向量化计算是一种特殊的并行计算方式。一般来说，程序在同一时间内只执行一个操作，并行计算可以在同一时间内执行多个操作，而向量化计算可以对不同的数据执行同样的一个或一批指令，或者把指令应用到一个数组或向量上，从而将多次循环操作变成一次计算。

向量化操作可以极大地提高科学计算的效率。尽管 Python 本身是一门高级语言，使用简便，但是其中存在着许多低效的操作，例如 for 循环等。因此，在科学计算中应当极力避免使用 Python 原生的 for 循环，尽量使用向量化数值计算。下面举例说明。

```
In: import warnings
    warnings.filterwarnings("ignore")

    import torch as t
    # 定义for循环完成加法操作
    def for_loop_add(x, y):
        result = []
        for i, j in zip(x, y):
            result.append(i + j)
        return t.tensor(result)
```

```
In: x = t.zeros(100)
    y = t.ones(100)
```

```
%timeit -n 100 for_loop_add(x, y)
%timeit -n 100 (x + y) # +是向量化计算
```

```
Out:100 loops, best of 3: 786 µs per loop
    100 loops, best of 3: 2.57 µs per loop
```

从上面的例子可以看出，for 循环和向量化计算之间存在数百倍的速度差距，在实际使用中读者应该尽量调用内建函数（buildin-function）。这些函数的底层由 C/C++ 实现，在实现中使用了向量化计算的思想，通过底层优化实现了高效计算。在日常编程中，读者应该养成向量化的编程习惯，避免对较大的 Tensor 进行逐元素的遍历操作，从而提高程序的运行效率。

6.2 广播法则

广播法则（broadcast）是科学计算中经常使用的一个技巧，它在快速执行向量化计算的同时不会占用额外的内存/显存。PyTorch 中的广播法则定义如下：

- 所有输入数组都与形状（shape）最大的数组看齐，形状不足的部分在前面加 1 补齐。
- 两个数组要么在某一个维度的尺寸一致，要么其中一个数组在该维度的尺寸为 1，否则不符合广播法则的要求。
- 如果输入数组的某一个维度的尺寸为 1，那么在计算时将沿此维度复制扩充成目标的形状大小。

虽然 PyTorch 支持自动实现广播法则，但是笔者还是建议通过以下两种方式的组合手动实现广播法则，这样更加直观，也更不容易出错。

- unsqueeze、view 或者 tensor[None]：为数组的某一个维度补 1，实现第一个广播法则。
- expand 或者 expand_as：重复数组，实现第三个广播法则；该操作不会复制整个数组，因此不会占用额外的空间。

注意：repeat 可以实现与 expand 类似的功能，expand 是在已经存在的 Tensor 上创建一个新的视图（view），而 repeat 会将相同的数组复制多份，因此会占用额外的空间。

```
In: # 比较expand和repeat的内存占用情况
    a = t.ones(1, 3)
    print("原始存储占用: " + str(a.storage().size()))
    # expand不额外占用内存，只返回一个新的视图
    b = a.expand(3, 3)
    print("expand存储占用: " + str(b.storage().size()))
```

```
# repeat复制了原始张量
c = a.repeat(3, 3)
print("repeat存储占用: " + str(c.storage().size()))
```

```
Out:原始存储占用: 3
    expand存储占用: 3
    repeat存储占用: 27
```

```
In:  a = t.ones(3, 2)
     b = t.zeros(2, 3, 1)

     # 自动实现广播法则
     # 第一步:a是二维的，b是三维的，所以先在较小的a前面补一个维度，即a.unsqueeze(0)，
     #        a的形状变成（1, 3, 2），b的形状是（2, 3, 1）
     # 第二步:a和b在第一个与第三个维度上的形状不一样，同时其中一个为1,
     #        利用广播法则扩展，两个形状都变成了（2, 3, 2）
     (a + b).shape
```

```
Out:torch.Size([2, 3, 2])
```

```
In:  # 手动实现广播法则，下面两行操作是等效的，推荐使用None的方法
     # a.view(1, 3, 2).expand(2, 3, 2) + b.expand(2, 3, 2)
     a[None,:,:].expand(2, 3, 2) + b.expand(2, 3, 2)
```

```
Out:tensor([[[1., 1.],
            [1., 1.],
            [1., 1.]],

           [[1., 1.],
            [1., 1.],
            [1., 1.]]])
```

6.3 索引操作

索引和切片是 NumPy 与 PyTorch 中的两种常用操作，本节将从基本索引入手，对比介绍高级索引的相关用法，帮助读者建立向量化思想。

6.3.1 基本索引

PyTorch 中 Tensor 的索引和 NumPy 数组的索引类似，通过索引操作可以定位到数据的具体位置，也可以进行切片操作。基本索引有以下几种形式。

- 元组序列：在索引中直接使用一个元组序列对 Tensor 中数据的具体位置进行定位，也可以直接使用多个整数（等价于元组序列省略括号的形式）代替。
- 切片对象（slice object）：在索引中常见的切片对象形如 start:stop:step，对一个维度进行全选时可以直接使用 ":"。
- 省略号（...）：在索引中常用省略号来代表一个或多个维度上的切片。
- None：其功能与 NumPy 中的 newaxis 相同，None 在 PyTorch 索引中起到增加一个维度的作用。

下面举例说明这几种基本索引的使用方式。

1. 元组序列

```
In: a = t.arange(1, 25).view(2, 3, 4)
    a
```

```
Out:tensor([[[ 1,  2,  3,  4],
          [ 5,  6,  7,  8],
          [ 9, 10, 11, 12]],

         [[13, 14, 15, 16],
          [17, 18, 19, 20],
          [21, 22, 23, 24]]])
```

```
In: # 提取位置[0, 1, 2]的元素
    # 等价于a[(0, 1, 2)]（保留括号的元组序列形式）
    a[0, 1, 2]
```

```
Out:tensor(7)
```

```
In: # 固定前两个维度，提取第三个维度上的切片（省略第三个参数）
    # 等价于a[(1, 1)], a[(1, 1, )], a[1, 1, :]
    a[1, 1]
```

```
Out:tensor([17, 18, 19, 20])
```

注意：a[0, 1, 2] 与 a[[0, 1, 2]]、a[(0, 1, 2),] 并不等价，后面两个不满足基本索引的条件，既不是元组序列，也不是切片对象，它们属于高级索引的范畴（这部分内容将在 6.3.2 节中进行讲解）。

2.　: 和...

在实际编程中，经常会在 Tensor 的任意维度上进行切片操作，PyTorch 已经封装好了两个运算符，即 : 和 ...，它们的用法如下。

- : 常用于对一个维度进行操作，基本的语法形式是：start:end:step。单独使用 ":" 代表全选这个维度，start 和 end 为空分别表示从头开始和一直到结束，step 的默认值是 1。
- ... 用于省略任意多个维度，可以用在切片的中间，也可以用在首尾。

下面举例说明这两个运算符的使用方法。

```
In: a = t.rand(64, 3, 224, 224)
    print(a[:,:,0:224:4,:].shape) # 第三个维度间隔切片
    # 省略start和end代表整个维度
    print(a[:,:,::4,:].shape)
```

```
Out:torch.Size([64, 3, 56, 224])
    torch.Size([64, 3, 56, 224])
```

```
In: # 使用...代替一个或多个维度，建议在一个索引中只使用一次
    a[ ... ,::4,:].shape
    # a[ ... ,::4, ... ].shape # 若将最后一个维度也改为...，则在匹配维度时将混乱出错
```

```
Out:torch.Size([64, 3, 56, 224])
```

3.　None 索引

在 PyTorch 的源码中，经常使用 None 索引。None 索引可以直观地表示维度的扩展，在广播法则中充当 1 的作用。使用 None 索引，本质上与使用 unsqueeze 方法是等价的，都能起到扩展维度的作用。在维度较多的情况下，或者需要对多个维度先进行扩展再进行矩阵计算时，使用 None 索引会更加清晰、直观。因此，笔者推荐使用 None 索引进行维度的扩展。下面举例说明。

```
In: a = t.rand(2, 3, 4, 5)
    # 在最前面加入一个维度，下面两种写法等价
    print(a.unsqueeze(0).shape)
    print(a[None, ... ].shape)
```

```
Out:torch.Size([1, 2, 3, 4, 5])
    torch.Size([1, 2, 3, 4, 5])
```

```
In: # 在原有的四个维度中均加入一个维度，成为（2,1,3,1,4,1,5）
```

```
# unsqueeze方法，每成功增加一个维度，都要重新计算下一个需要增加的维度的位置
b = a.unsqueeze(1)
b = b.unsqueeze(3)
b = b.unsqueeze(5)
b.shape
```

```
Out:torch.Size([2, 1, 3, 1, 4, 1, 5])
```

```
In: # None索引方法，直接在需要增加的维度上写入None即可
    a[:,None,:,None,:,None,:].shape
```

```
Out:torch.Size([2, 1, 3, 1, 4, 1, 5])
```

下面列举一个使用 None 索引的例子。假设 Tensor a 是一组图像的特征图经过全连接层后的结果，维度是 batch_size × features，现在需要构建每张图像不同维度特征之间的乘积矩阵，形状为 batch_size × features × features，读者可以思考一下如何使用 None 索引进行构建。

处理这样的问题，最直观的想法是计算矩阵的乘法：将 $n \times 1$ 维的矩阵与 $1 \times n$ 维的矩阵相乘，结果就是 $n \times n$ 维的矩阵。因此，将 Tensor a 的第二个维度进行扩展并转置得到 a^{T}，再计算矩阵的乘法，即可得到每两张图像的关系矩阵。示例如下：

```
In: # 假设batch_size为16，features为256
    a = t.arange(16 * 256).view(16, 256)
    a1 = a.unsqueeze(1)     # 形状：16×1×256
    a_T = a1.transpose(2, 1) # 形状：16×256×1
    a_matrix = a_T @ a1      # @表示矩阵的乘法
    a_matrix.shape
```

```
Out:torch.Size([16, 256, 256])
```

使用 None 索引和广播法则解决这个问题将更加直观：

```
In: b = a[:, :, None] * a[:, None, :]
    c = a[:, None, :] * a[:, :, None]
    # 读者可以思考一下，b和c有什么区别
    b.shape, c.shape
```

```
Out:(torch.Size([16, 256, 256]), torch.Size([16, 256, 256]))
```

```
In: # 没有触发异常，说明两种方式得到的结果是一样的
    assert t.equal(b, c)
    assert t.equal(a_matrix, b)
```

从上面的结果可以看出,虽然在生成 *b* 和 *c* 时写法不一样,但是最终结果是一样的。这是因为使用 None 索引进行维度扩展时,扩展的维度是 1,当维度中有 1 存在时,Tensor 相乘会触发广播法则,在计算时自动填充,所以最终的结果是一样的。

6.3.2 高级索引

1. Tensor 的底层实现

本节介绍更能体现向量化思想的高级索引操作,要理解这些操作,读者需要熟悉 Tensor 的底层实现。本书 3.1.4 节简要地介绍了 Tensor 的基本结构,这里将深入分析它的底层原理。

Tensor 的底层是使用 C/C++ 实现的,可用于存储数据,还可定义如何对数据进行操作。Tensor 与 Python list 最大的区别是:Tensor 利用一个连续的内存区域来存储数据,这些数据都未经过封装;而 list 中的每个数据都会被封装成 PyObject 对象,并为每个对象独立分配内存,将其离散地存储在内存当中。

在 PyTorch 底层使用 Storage 类来管理 Tensor 的内存区域,它使用一个一维数组来存储数据。Tensor 通过修改内部的 size、storage_offset、stride 等属性,使这个一维数组看起来像一个多维数组(获得多个 Tensor 的实例),实际上这些 Tensor 指向同一个 Storage 区域。下面举例说明。

```
In: a = t.arange(6).view(3, 2)
    b = a.reshape(2, 3)    # 改变形状
    c = a.transpose(1, 0)  # 转置
    d = a[:2, 1]           # 切片
    # a,b,c三个实例指向同一个Storage区域
    id(a.storage()) == id(b.storage()) == id(c.storage()) == id(d.storage())
```

```
Out:True
```

```
In: # 发生改变的实际上是三个内部属性:size、storage_offset和stride
    print(a.size(), a.storage_offset(), a.stride())
    print(b.size(), b.storage_offset(), b.stride())
    print(c.size(), c.storage_offset(), c.stride())
    print(d.size(), d.storage_offset(), d.stride())
```

```
Out:torch.Size([3, 2]) 0 (2, 1)
    torch.Size([2, 3]) 0 (3, 1)
    torch.Size([2, 3]) 0 (1, 2)
    torch.Size([2]) 1 (2,)
```

关于这三个属性的说明如下。

- size：控制 Tensor 每个维度上的取值范围。切片操作、`reshape` 操作等都会修改 Tensor 实例的 size 属性。
- storage_offset：Tensor 实例的起始元素对应存储区 `Storage` 的索引。部分 Tensor 实例只使用了一部分存储区，该属性用来控制每个实例的起始位置。
- stride：一个元组，stride 的第 k 个元素表示 Tensor 的第 k 个维度中两个元素之间的内存间隔，这一概念使得 Tensor 的高级索引计算变得更加高效。

图 6.1 解释了一个高维 Tensor 是怎样从一个一维数组中存取数据的。这里可以通过 storage_offset 和 stride 属性，结合维度信息计算出任意位置的元素在一维存储区中的索引 offset，计算方法如式（6.1）所示。

$$\text{offset} = \sum_{k=0}^{N-1} \text{stride}_k \times \text{dim}_k + \text{storage\_offset} \qquad (6.1)$$

其中，dim 表示所取元素所在的维度，N 表示 Tensor 的维度大小。下面举例说明如何应用该式进行计算。

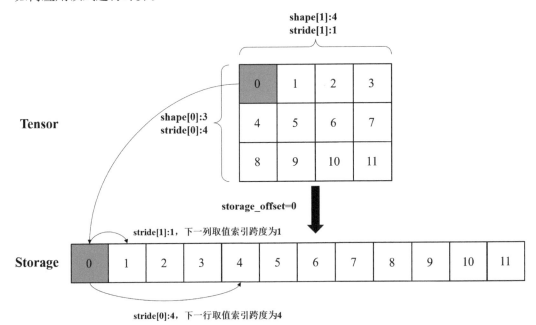

图 6.1　高维 Tensor 存取数据示意图

```
In: a = t.arange(12).view(3, 4)
    a, a.size(), a.storage_offset(), a.stride()
```

```
Out:(tensor([[ 0,  1,  2,  3],
             [ 4,  5,  6,  7],
             [ 8,  9, 10, 11]]), torch.Size([3, 4]), 0, (4, 1))
```

如果想要获取第二行第三列的元素 $a[1,2]$，那么可以通过式（6.1）得出：offset $=$ $4 \times 1 + 1 \times 2 + 0 = 6$，也就是存储区中的第 7 个元素，这与 $a[1,2]$ 得到的值相同。stride 元组的计算极为简单，它可以被视为从多维数组向一维数组映射的权重，它的取值只与当前 Tensor 实例的 size 属性有关，计算方法如式（6.2）所示。

$$\text{stride}_k = \prod_{j=k+1}^{N-1} \text{DimNum}_j \tag{6.2}$$

其中，$\text{DimNum}_j = \text{self.shape}[j]$，stride 元组的末尾元素默认为 1。

注意：只有 `tensor.is_contiguous=True` 时，才可以使用式（6.2）计算 stride。

```
In: # 将a的size设为2×3×4×5
    a = t.rand(2, 3, 4, 5)
    # 可以通过式(6.2)计算得到: stride0=3×4×5=60, stride1=4×5=20, stride2=5, stride3=1
    a.stride()
```

```
Out:(60, 20, 5, 1)
```

总结：对 Tensor 的许多操作都可以通过改变 Tensor 的 stride 和 offset 属性实现，更改这些属性前后的 Tensor 共享同一个存储区，这样的设计模式可以有效节省内存。

在了解了 Tensor 的底层实现后，下面对高级索引进行讲解。与基本索引相比，高级索引的触发条件有所不同，常见的高级索引遵循以下三个规律。

- 索引是一个非元组序列，例如 `tensor[(0, 1, 2),]`。
- 索引是一个整数类型或者布尔类型的 Tensor。
- 索引是一个元组序列，但是里面至少包含一个整数类型或者布尔类型的 Tensor。

2. 整数数组索引

对于整数数组索引（integer array indexing），一般情况下需要先确定输入/输出 Tensor 的形状，这是因为所有的整数数组索引都有一种相对固定的模式：$\text{tensor}[\text{index}_1, \text{index}_2, \cdots, \text{index}_N]$。

其中，N 必须小于或等于这个 Tensor 的维度（`tensor.ndim`）。如果经过索引操作后得到的 Tensor 形状是 $M_1 \times M_2 \times \cdots \times M_K$，那么这个 Tensor 的所有索引 $\text{index}_1, \cdots, \text{index}_N$ 的形状都必须是 $M_1 \times M_2 \times \cdots \times M_K$，同时输出的第 $m_1, m_2, \cdots, m_K$ 个元素是 $\text{tensor}[\text{index}_1[m_1, m_2, \cdots, m_K], \text{index}_2[m_1, m_2, \cdots, m_K], \cdots, \text{index}_N[m_1, m_2, \cdots, m_K]]$。

如果 index 的形状不完全相同，但是满足广播法则，那么它们将自动对齐成一样的形状，从而完成整数数组索引操作。对于不能广播或者不能得到相同形状的索引，则无法进行整数数组索引操作。下面举例说明。

```
In: a = t.arange(12).view(3, 4)
    # 相同形状的index索引
    # 获取索引为[1,0]、[2,2]的元素
    a[t.tensor([1, 2]), t.tensor([0, 2])]
```

```
Out:tensor([ 4, 10])
```

```
In: # 不同形状的index索引，满足广播法则
    # 获取索引为[1,0]、[2,0]、[1,2]、[2,2]的元素
    a[t.tensor([1,2])[None,:], t.tensor([0, 2])[:,None]]
```

```
Out:tensor([[4,  8],
            [6, 10]])
```

有时需要混合使用高级索引与基本索引，这时候基本索引（如切片对象、...、None 等）会将高级索引切分成多个区域。假设高级索引 idx1、idx2、idx3 的形状都是 $M \times N$，那么 `tensor[idx1, idx2, idx3]` 的输出形状即为 $M \times N$。如果将部分高级索引替换为基本索引，那么会先计算高级索引部分的维度，然后补齐输出结果的维度。通常有以下几种情况。

- 所有的高级索引都处于相邻的维度：例如 `tensor[idx1, :, :]` 或者 `tensor[:, idx2, idx3]`，直接将所有的高级索引所在区域的维度转换成高级索引的维度，Tensor 的其他维度按照基本索引正常计算。
- 基本索引将多个高级索引划分到不同的区域：例如 `tensor[idx1, :, idx3]`，统一将高级索引的维度放在输出 Tensor 维度的开头，剩下部分补齐基本索引的维度。这时所有的高级索引并不相邻，无法确定高级索引的维度应该替换 Tensor 的哪些维度，因此统一放到开头位置。

下面举例说明。

```
In: a = t.arange(24).view(2, 3, 4)
    idx1 = t.tensor([[1, 0]]) # 形状：1×2
    idx2 = t.tensor([[0, 2]]) # 形状：1×2
```

```
# 所有的高级索引相邻
a[:, idx1, idx2].shape
```

```
Out:torch.Size([2, 1, 2])
```

```
In: # 手动计算输出形状
    # 保留a的第一个维度，后两个维度是索引维度
    a.shape[0], idx1.shape
```

```
Out:(2, torch.Size([1, 2]))
```

```
In: a = t.arange(120).reshape(2, 3, 4, 5)
    # 将中间两个维度替换成高级索引的维度
    a[:, idx1, idx2, :].shape
```

```
Out:torch.Size([2, 1, 2, 5])
```

```
In: # 高级索引被划分到不同的区域
    # 将高级索引的维度放在输出维度的最前面，剩下的维度依次补齐
    a[idx1, :, idx2].shape
```

```
Out:torch.Size([1, 2, 3, 5])
```

```
In: a[:,idx1,:,idx2].shape
```

```
Out:torch.Size([1, 2, 2, 4])
```

通过上述例子，相信读者已经大致理解了整数数组索引的形状计算，接下来分析一种更加复杂的情况：

```
In: a = t.arange(108).reshape(2, 3, 3, 3, 2)
    idx1 = t.tensor([[1,0]])
    idx2 = t.tensor([[0,1]])
    a[:, idx1, :2, idx2, 0].shape
```

```
Out:torch.Size([1, 2, 2, 2])
```

在这个例子中，:、:2 和 0 都是基本索引，它们将高级索引划分到两个区域。首先将高级索引的维度放在输出 Tensor 维度的开头，然后计算基本索引，将结果放在高级索引的维度之后，最后得到索引后的结果。

另外，当基本索引和高级索引的总数小于 Tensor 的维度数（$N <$ tensor.ndim）时，会自动在最后补上 ... 操作。

```
In: a = t.arange(24).view(2, 3, 4, 1)
    a[:, t.tensor([[1, 0]])].shape
```

```
Out:torch.Size([2, 1, 2, 4, 1])
```

```
In: # 等价于在末尾补上...
    a[:, t.tensor([[1, 0]]), ... ].shape
```

```
Out:torch.Size([2, 1, 2, 4, 1])
```

整数数组索引是根据索引数组（index）来选取 Tensor 中的任意项的。每个索引数组（$index_N$）都代表该维度的多个索引，所有的索引数组（$index_1, \cdots, index_N$）必须形状一致，具体可以分为以下两种情况。

- 当索引数组的个数 N 等于 Tensor 的维度数 tensor.ndim 时，索引输出的形状等价于 index 的形状（index.shape），输出的每一个元素等价于 $tensor[index_1[i], index_2[i], \cdots, index_N[i]]$。

- 当索引数组的个数 N 小于 Tensor 的维度数 tensor.ndim 时，类似于切片操作，将这个切片当作索引操作的结果。

下面来看几个示例。

```
In: a = t.arange(12).view(3, 4)
    print(a)
    print(a[[2,0]]) # 索引数组的个数小于a的维度数
    # 索引数组的个数等于a的维度数
    # 获取索引为[1,3]、[2,2]、[0,1]的元素
    print(a[[1, 2, 0], [3, 2, 1]])
```

```
Out:tensor([[ 0,  1,  2,  3],
        [ 4,  5,  6,  7],
        [ 8,  9, 10, 11]])
    tensor([[ 8,  9, 10, 11],
          [ 0,  1,  2,  3]])
    tensor([ 7, 10,  1])
```

```
In: # 输出形状取决于索引数组的形状
    # 获取索引为[0,1]、[2,3]、[1,3]、[0,1]的元素
    idx1 = t.tensor([[0, 2], [1, 0]])
    idx2 = t.tensor([[1, 3], [3, 1]])
    a[idx1, idx2]
```

```
Out:tensor([[ 1, 11],
            [ 7,  1]])
```

```
In: # 输出主对角线上的元素
    a[[0, 1, 2], [0, 1, 2]]
```

```
Out:tensor([ 0,  5, 10])
```

```
In: # 获取四个角的元素
    idx1 = t.tensor([[0, 0], [-1, -1]])
    idx2 = t.tensor([[0, -1], [0, -1]])
    a[idx1, idx2]
```

```
Out:tensor([[ 0,  3],
            [ 8, 11]])
```

从上面的例子可以看出，整数数组索引的机制就是先将索引数组对应位置上的数字组合成源 Tensor 实例的索引，然后根据索引值和 Tensor 的 size、storage_offset、stride 属性计算出 Storage 空间上的真实索引，最后返回结果。如果索引组的个数小于 Tensor 的维度数，那么缺少的部分需要对整个轴进行完整的切片，再重复上述过程。

注意：不能先对索引数组进行组合，再进行索引操作。如果只有一个索引数组，那么该数组会被视为第一个维度上的索引。示例如下：

```
In: # 错误示范
    idx1 = [[0, 2], [1, 0]]
    idx2 = [[1, 3], [3, 1]]
    idx = t.tensor([idx1, idx2]) # 提前将索引数组进行组合
    # a[idx]
    # 如果报错，则表示超出了索引范围
    # 没报错，但是结果不是想要的。这是因为只索引了第一个维度，后面的维度直接进行切片
```

另外，在索引数组中还可以使用 :、... 和 None 等索引方式，以此进行更加复杂的索引操作。下面举例说明。

```
In: print(a[[2, 0], 1:3])
    print(a[[1, 0], ... ])
    print(a[[1, 0], None, [2, 3]])
```

```
Out:tensor([[ 9, 10],
            [ 1,  2]])
    tensor([[4, 5, 6, 7],
            [0, 1, 2, 3]])
```

```
tensor([[6],
        [3]])
```

3. 布尔数组索引

在高级索引中，如果索引数组的类型是布尔型，那么就会使用布尔数组索引（boolean array indexing）。布尔类型的数组对象可以通过比较运算符产生，下面举例说明。

```
In: a = t.arange(12).view(3, 4)
    idx_bool = t.rand(3, 4) > 0.5
    idx_bool
```

```
Out:tensor([[ True,  True,  True,  True],
            [False, False, False, False],
            [False, False, False, False]])
```

```
In: a[idx_bool] # 返回idx_bool中为True的部分
```

```
Out:tensor([0, 1, 2, 3])
```

布尔数组索引常用于对特定条件下的数值进行修改。例如，对一个 Tensor 中的所有正数进行乘 2 操作，最直观的方法是写一个 for 循环，遍历整个 Tensor，对满足条件的数进行计算。

```
In: # 利用for循环
    a = t.tensor([[1, -3, 2], [2, 9, -1], [-8, 4, 1]])
    for i in range(a.shape[0]):
        for j in range(a.shape[1]):
            if a[i, j] > 0:
                a[i, j] *= 2
    a
```

```
Out:tensor([[ 2, -3,  4],
            [ 4, 18, -1],
            [-8,  8,  2]])
```

此时，可以使用布尔数组索引来简化计算：

```
In: # 利用布尔数组索引
    a = t.tensor([[1, -3, 2], [2, 9, -1], [-8, 4, 1]])
    a[a > 0] *= 2
    a
```

```
Out:tensor([[ 2, -3,  4],
```

```
              [ 4, 18, -1],
              [-8,  8,  2]])
```

```
In: # 返回Tensor中所有的行和小于3的行
    a = t.tensor([[1, -3, 2], [2, 9, -1], [-8, 4, 1]])
    row_sum = a.sum(-1)
    a[row_sum < 3, :]
```

```
Out:tensor([[ 1, -3,  2],
            [-8,  4,  1]])
```

4.　小试牛刀：用高级索引实现卷积

在深度学习中，最常用的操作是卷积操作。除了调用 PyTorch 封装好的函数，读者也可以自行编写函数实现卷积功能。根据卷积的定义，只需要遍历整张图像，依次获取与卷积核相乘的子块，在相乘求和后就可以得到卷积的结果。为了进一步简化计算，可以采用 img2col 的思路，将整张图像提前转换成与卷积核相乘的子块，再把每个子块的维度展平，此时形状从 (C_{in}, H_{in}, W_{in}) 变化为 $(C_{in} \times K \times K, H_{out}, W_{out})$。同时，卷积核的形状变为 $(C_{out}, C_{in} \times K \times K)$，最后通过矩阵乘法就能得到卷积计算的结果。示例如下：

```
In: import torch.nn as nn
    def Conv_base(img, filters, stride, padding):
        '''
        img: 输入图像 channel×height×width
        filters: 卷积核 input_channel×output_channel×height×width
        stride: 卷积核的步长
        padding: 边缘填充的大小
        '''
        Cin, Hin, Win = img.shape
        _, Cout, K, _ = filter.shape

        # 计算卷积输出的大小
        Hout = ((Hin + 2 * padding - K) / stride).long() + 1
        Wout = ((Win + 2 * padding - K) / stride).long() + 1

        # 首先构建一个输出的样子
        col = torch.zeros(Cin, K, K, Hout, Wout)
        # 通过padding的值对img进行扩充
        imgs = nn.ZeroPad2d(padding.item())(img)
        for h in range(Hout):
```

```
        for w in range(Wout):
            h1 = int(h * stride.item())
            w1 = int(w * stride.item())
            col[ ... , h, w] = imgs[:, h1:h1+K, w1:w1+K]
    col = col.view(Cin*K*K, Hout*Wout)
    # 将卷积核变形
    filters = filters.transpose(1, 0).view(Cout, Cin*K*K)
    out_img = (filters @ col).view(Cout, Hout, Wout)
    return out_img
```

```
In: img = t.arange(36).view(1, 6, 6)
    filters = t.ones(1, 1, 3, 3) / 9
    stride, padding = t.tensor(1.), t.tensor(0)
    output = Conv_base(img, filters, stride, padding)
    print("进行卷积操作的图像为: \n", img[0])
    print("卷积核为: \n", filters[0][0])
    print("卷积后的结果为: \n", output)
```

```
Out:进行卷积操作的图像为:
    tensor([[ 0,  1,  2,  3,  4,  5],
            [ 6,  7,  8,  9, 10, 11],
            [12, 13, 14, 15, 16, 17],
            [18, 19, 20, 21, 22, 23],
            [24, 25, 26, 27, 28, 29],
            [30, 31, 32, 33, 34, 35]])
卷积核为:
    tensor([[0.1111, 0.1111, 0.1111],
            [0.1111, 0.1111, 0.1111],
            [0.1111, 0.1111, 0.1111]])
卷积后的结果为:
    tensor([[ 7.0000,  8.0000,  9.0000, 10.0000],
            [13.0000, 14.0000, 15.0000, 16.0000],
            [19.0000, 20.0000, 21.0000, 22.0000],
            [25.0000, 26.0000, 27.0000, 28.0000]])
```

本示例模拟了卷积操作中每个分块与卷积核的乘加操作，采用了 img2col 的思路简化计算。在上述过程中不可避免地使用了 for 循环操作，在学习完高级索引后，能否将多层 for 循环嵌套的卷积操作转化为"高级索引 + 矩阵乘法"的形式呢？

还可以从整数数组索引的角度考虑卷积计算，根据卷积的计算公式，在确定了输入形状和卷积核大小后，输出的 Tensor 形状也就固定了。一旦确定了输入/输出 Tensor 的形状，剩下的计算都可以通过整数数组索引的方式完成。

　　假设卷积的输入形状是 $(C_{\text{in}}, H_{\text{in}}, W_{\text{in}})$，卷积核的形状是 $(C_{\text{in}}, C_{\text{out}}, K, K)$，卷积输出的形状是 $(C_{\text{out}}, H_{\text{out}}, W_{\text{out}})$，下面对卷积的计算过程进行分解。

　　卷积核的形状可以变化为 $(C_{\text{out}}, C_{\text{in}} \times K \times K)$，如果输入部分能够变形为 $(C_{\text{in}} \times K \times K, H_{\text{out}}, W_{\text{out}})$，那么通过矩阵乘法可以直接得到最后的输出形状。此时，可以通过整数数组索引将输入形状 $(C_{\text{in}}, H_{\text{in}}, W_{\text{in}})$ 变化为 $(C_{\text{in}}, K, K, H_{\text{out}}, W_{\text{out}})$——只需要构造两个形状为 $(K, K, H_{\text{out}}, W_{\text{out}})$ 的索引 index_1 和 index_2，执行 $\text{input}[:, \text{index}_1, \text{index}_2]$ 命令就能得到最终结果。其中，索引 index_1 和 index_2 是卷积核下标的索引与输出 Tensor 下标索引的组合。利用整数数组索引实现卷积操作的代码如下：

```
In: # 定义输入图像的参数
    Cin, Hin, Win = 1, 6, 6
    img = t.arange(Cin*Hin*Win).view(Cin, Hin, Win).float()
    # 定义卷积核的大小和输出通道数
    K, Cout, stride = 3, 1, 1
    filter = t.ones((Cin, Cout, K, K)).float() / (Cin * K * K)

    def Conv(img, filter, stride=1, padding=0):
        '''
        img: 形状为 channel_in×height×width
        filter:形状为 channel_in×channel_out×kernel×kernel
        '''
        Cin, Hin, Win = img.shape
        Cout, K = filter.shape[1], filter.shape[2]
        # 计算卷积输出图像的参数，默认stride=1, padding=0
        Hout = ((Hin + 2 * padding - K) / stride).long() + 1
        Wout = ((Win + 2 * padding - K) / stride).long() + 1

        # 卷积核下标的索引
        K1 = t.arange(-(K//2), K//2+1)
        idx11, idx12 = t.meshgrid(K1, K1)
        # 输出Tensor下标索引
        H = t.linspace(K//2, K//2+stride*(Hout-1), Hout).long()
        W = t.linspace(K//2, K//2+stride*(Wout-1), Wout).long()
        idx21, idx22 = t.meshgrid(H, W)
        # 两种索引的组合形式
        idx1 = idx11[:, :, None, None] + idx21[None, None, :, :]
        idx2 = idx12[:, :, None, None] + idx22[None, None, :, :]

        # 改变filter的形状，便于接下来的矩阵相乘
        filter = filter.transpose(0,1).reshape(Cout, Cin*K*K)
        # 输入图像经过整数数组索引后变成适合矩阵乘法的形状
```

```
        img = img[:, idx1, idx2].reshape(Cin*K*K, Hout*Wout)
        # 矩阵相乘得到卷积后的结果
        res = (filter @ img).reshape(Cout, Hout, Wout)
        return res

    Conv(img, filter, stride)
```

```
Out:tensor([[[ 7.0000,  8.0000,  9.0000, 10.0000],
             [13.0000, 14.0000, 15.0000, 16.0000],
             [19.0000, 20.0000, 21.0000, 22.0000],
             [25.0000, 26.0000, 27.0000, 28.0000]]])
```

从上面的示例可以看出，通过整数数组索引完成的卷积操作，它的结果与采用 img2col 的结果完全一样，同时实现过程更加简洁且目的性更强。使用整数数组索引只需要分析输入数据和输出数据的形状，中间的变换过程可以通过索引操作完成。下面将利用上述卷积操作，模拟对一张图像的池化操作。

```
In: import torch as t
    from PIL import Image
    import numpy as np

    # 读取一张图像，模拟池化操作
    img = Image.open('./imgs/input.jpg')
    img
```

输入图像如图 6.2 所示。

图 6.2　输入图像

```
In: img = t.tensor(np.array(img)).float()
    # 将img的形状从h×w×c转换为c×h×w
    img = img.transpose(0, 2).transpose(1, 2)
    Cout, K, Cin=3, 3, 3
    filter_pool = t.zeros(Cin, Cout, K, K)
    # 初始化卷积核
    filter_pool[t.arange(Cin), t.arange(Cin),:,:] = 1./K/K
    # 利用卷积模拟池化，将步长设置为卷积核的大小即可
    out = Conv(img, filter_pool, stride=K)
    # 将输出结果转换为h×w×c的形状，用于显示
    out = out.transpose(1, 0).transpose(1, 2).long()
    Image.fromarray(np.array(out, dtype=np.uint8))
```

程序输出如图 6.3 所示。可以看出，经过池化操作的图像，它的长、宽都变成了原来的三分之一。

图 6.3　程序输出：池化的结果

本节介绍了一些特殊的索引操作：整数数组索引操作与布尔数组索引操作，灵活运用这些索引操作可以有效地完成数据的变形与转换。在"小试牛刀"中介绍了两种运用向量化思想实现卷积的方法：img2col 与整数数组索引方式，请读者逐渐体会向量化计算的精妙之处。

6.3.3　einsum / einops

在高级索引中还有一类特殊方法：爱因斯坦操作。下面介绍两种常用的爱因斯坦操作：einsum 和 einops，它们被广泛地用于向量、矩阵和张量的运算中。灵活运用爱因斯坦操作，可以用非常简单的方式表示较为复杂的多维 Tensor 之间的运算。

1.　einsum

在数学界中，有一个由爱因斯坦提出来的求和约定，该约定能够有效地处理坐标方程。爱因斯坦求和（einsum）就是基于这个约定，省略求和符号和默认成对出现的下标，从而完成对向量、矩阵和张量的运算的。下面举例说明。

```
In: # 转置操作
    import torch as t
    a = t.arange(9).view(3, 3)
    b = t.einsum('ij->ji', a) # 直接交换两个维度
    print(a)
    print(b)
```

```
Out:tensor([[0, 1, 2],
            [3, 4, 5],
            [6, 7, 8]])
    tensor([[0, 3, 6],
            [1, 4, 7],
            [2, 5, 8]])
```

```
In: # 求和操作
    a = t.arange(36).view(3, 4, 3)
    b = t.einsum('ijk->', a) # 对所有元素求和
    b
```

```
Out:tensor(630)
```

```
In: # 输入a是三维张量，下标是i、j和k
    # 输入b是三维张量，下标是j、i和m
    # 输出c是二维张量，下标是k和m
    # 操作：a和b中相同的下标i与j是求和下标，结果保留了k和m
    a = t.arange(36).view(3, 4, 3)
    b = t.arange(24).view(4, 3, 2)
    c = t.einsum('ijk,jim->km', a, b)
    c
```

```
Out:tensor([[2640, 2838],
            [2772, 2982],
            [2904, 3126]])
```

```
In: # 多个张量之间的混合运算
    a = t.arange(6).view(2, 3)
    b = t.arange(3)
    # 矩阵的对应维度相乘，b进行了广播
    t.einsum('ij,j->ij', a, b)
```

```
Out:tensor([[ 0,  1,  4],
            [ 0,  4, 10]])
```

```
In: # 直观表达矩阵的内积和外积
    a = t.arange(6).view(2, 3)
    b = t.arange(6).view(3, 2)
    c_in = t.einsum('ij,ij->', a, a) # 内积，结果是一个数
    c_out = t.einsum('ik,kj->ij', a, b) # 外积，矩阵相乘的结果
    print(c_in)
    print(c_out)
```

```
Out:tensor(55)
    tensor([[10, 13],
            [28, 40]])
```

2. einops

除了上面介绍的爱因斯坦求和，其他的爱因斯坦操作都被封装在 einops 中，它支持 NumPy、PyTorch、Chainer、TensorFlow 等多种框架的数据格式。在爱因斯坦操作中，多次转置操作不再使用 tensor_x.transpose(1, 2).transpose(2, 3)，而是用更直观的方式：rearrange(tensor_x, 'b c h w -> b h w c') 代替。

einops 有很多复杂的操作，这里仅讲解最常见、最直观的用法，并分析如何在深度学习框架中高效使用 einops 操作。有关 einops 更详细的内容示例和底层实现，可以参考 einops 的说明文档。

```
In: from einops import rearrange, reduce
    a = t.rand(16, 3, 64, 64) # batch × channel × height × weight
    # 转置操作
    rearrange(a, 'b c h w -> b h w c').shape
```

```
Out:torch.Size([16, 64, 64, 3])
```

```
In: # 融合部分维度
    y = rearrange(a, 'b c h w -> b (h w c)') # flatten操作
    y.shape
```

```
Out:torch.Size([16, 12288])
```

爱因斯坦操作凭借其便捷、直观的特点，在视觉 Transformer 中得到了广泛应用（Transformer 最初起源于 NLP 领域，在机器翻译等场景中取得了不错的效果。近年来，不少研究者也尝试将 Transformer 应用于计算机视觉领域）。下面以 Vision Transformer（ViT）[3] 为例进行说明。假设输入是 256 像素 × 256 像素的彩色图像，根据 Transformer 的要求，现在需要将其划分成 $8 \times 8 = 64$ 个块，每个块有 $32 \times 32 \times 3 = 3072$ 个像素，

使用爱因斯坦操作实现如下：

```
In: img = t.randn(1, 3, 256, 256)
    x = rearrange(img, 'b c (h p1) (w p2) -> b (p1 p2) (h w c)', p1=8, p2=8)
    x.shape
```

```
Out:torch.Size([1, 64, 3072])
```

在搭建神经网络时，会频繁地使用 flatten 操作。例如，当输入图像经过卷积层生成特征图后，需要对其进行维度压缩，以便后续输入至网络的全连接层。示例如下：

```
from torch import nn
import torch.nn.functional as F
class Net(nn.Module):
    def __init__(self):
        super(Net, self).__init__()
        self.conv1 = nn.Conv2d(1, 10, kernel_size=5)
        self.conv2 = nn.Conv2d(10, 20, kernel_size=5)
        self.drop = nn.Dropout2d()
        self.fc1 = nn.Linear(320, 50)
        self.fc2 = nn.Linear(50, 10)

    def forward(self, x):
        x = F.relu(F.max_pool2d(self.conv1(x), 2))
        x = F.relu(F.max_pool2d(self.drop(self.conv2(x)), 2))
        x = x.view(-1, 320)
        x = F.relu(self.fc1(x))
        x = self.fc2(x)
        return F.log_softmax(x, dim=1)
```

上述代码使用 view 将卷积部分和全连接部分串联起来，而 view 只能被写在 forward 中。在网络结构复杂的情况下，通常使用 Sequential 整合网络的各个模块，从而更加直观地展现网络结构，这时 einops 操作就展现出其优势了。通过 einops 操作可以直接将维度转换的部分嵌入网络中，从而在一个 Sequential 中构建整个网络。

```
import torch.nn as nn
from einops.layers.torch import Rearrange
ConvImproved = nn.Sequential(
    nn.Conv2d(1, 10, kernel_size=5),
    nn.MaxPool2d(kernel_size=2),
    nn.ReLU(),
    nn.Conv2d(10, 20, kernel_size=5),
    nn.MaxPool2d(kernel_size=2),
```

```
    nn.ReLU(),
    nn.Dropout2d(),
    Rearrange('b c h w -> b (c h w)'),
    nn.Linear(320, 50),
    nn.ReLU(),
    nn.Dropout(),
    nn.Linear(50, 10),
    nn.LogSoftmax(dim=1)
)
```

```
In: # 多种拼接方式
    y_h = rearrange(a, 'b c h w -> (b h) w c') # 拼接维度h
    y_c = rearrange(a, 'b c h w -> h w (b c)') # 拼接通道c
    y_h.shape, y_c.shape
```

```
Out:(torch.Size([1024, 64, 3]), torch.Size([64, 64, 48]))
```

在很多网络结构中，都需要提取通道之间或者空间像素之间的信息，从而完成通道的部分维度和空间的部分维度之间的转化。直接使用索引等操作会比较烦琐，而通道 einops 操作可以直观地完成这个过程。

```
In: # 将空间的部分维度转化为通道的部分维度
    b = t.rand(16, 32, 64, 64)
    s2d = rearrange(b, 'b c (h h0) (w w0) -> b (h0 w0 c) h w', h0=2, w0=2)
    # 将通道的部分维度转化为空间的部分维度
    d2s = rearrange(b, 'b (c h0 w0) h w -> b c (h h0) (w w0)', h0=2, w0=2)
    print("Space to Depth: ", s2d.shape)
    print("Depth to Space: ", d2s.shape)
```

```
Out:Space to Depth:  torch.Size([16, 128, 32, 32])
    Depth to Space:  torch.Size([16, 8, 128, 128])
```

读者在使用 rearrange 进行维度之间的相互转化时，一定要注意维度的顺序，如果提取的顺序有误，那么将无法得到正确的目标结果。

```
In: res1 = rearrange(b, 'b c (h h0) (w w0) -> b (h0 w0 c) h w', h0=2, w0=2)
    res2 = rearrange(b, 'b c (h0 h) (w0 w) -> b (h0 w0 c) h w', h0=2, w0=2)
    print(res1.shape == res2.shape)
    print(res1.equal(res2))
```

```
Out:True
    False
```

注意：对于 res1 和 res2，虽然它们的形状一样，但是由于提取维度时的顺序不一样，因此它们的数值并不相同。读者可以参考 einops 的说明文档，了解更加底层的实现机制。

```
In: # 下面两种操作都可以打乱一个通道
    y1 = rearrange(b, 'b (c1 c2 c) h w -> b (c2 c1 c) h w', c1=2, c2=4)
    y2 = rearrange(b, 'b (c0 c) h w -> b (c c0) h w', c0=4)
```

除了 rearrange，常见的 einops 操作还有 reduce，它常用于求和、求均值等，同时也用于搭建卷积神经网络中的池化层。下面举例说明。

```
In: # 对空间像素求和
    y = reduce(a, 'b c h w -> b c', reduction='sum')
    y.shape # 对h和w维度求和
```

```
Out:torch.Size([16, 3])
```

```
In: # 池化操作
    max_pooling = reduce(a, 'b c (h h0) (w w0) -> b c h w',
                         reduction='max', h0=2, w0=2)
    max_pooling.shape # 最大池化
```

```
Out:torch.Size([16, 3, 32, 32])
```

```
In: global_avg_pooling = reduce(a, 'b c h w -> b c', reduction='mean')
    global_avg_pooling.shape # 全局平均池化
```

```
Out:torch.Size([16, 3])
```

```
In: # 通道归一化，将求取均值的维度结果设为1，在运算时即可广播
    # 对每张图像进行通道归一化
    y1 = a - reduce(a, 'b c h w -> b c 1 1', 'mean')
    # 对整个batch的图像进行通道归一化
    y2 = a - reduce(a, 'b c h w -> 1 c 1 1', 'mean')
```

einops 的所有操作都支持反向传播，可以被有效地嵌入深度学习框架中。示例如下：

```
In: x0 = t.rand(16, 3, 64, 64)
    x0.requires_grad = True
    x1 = reduce(x0, 'b c h w -> b c', reduction='max')
    x2 = rearrange(x1, 'b c -> c b')
    x3 = reduce(x2, 'c b -> ', reduction='sum')
```

```
x3.backward()
x0.grad.shape
```

```
Out:torch.Size([16, 3, 64, 64])
```

6.4 小试牛刀：使用向量化思想解决实际问题

本节将实际应用向量化思想解决深度学习中的几个经典问题，读者可以在这些示例中进一步领悟向量化思想和高级索引思想。

6.4.1 Box_IoU

Box_IoU 是目标检测任务中最基本的评价指标。简单来说，Box_IoU 就是模型预测的限定框（predicted bbox）与原始标记框（ground truth）之间的交并比，如图 6.4 所示。其中，(Lx_i, Ly_i) 与 (Rx_i, Ry_i) 分别表示回归框的左上角和右下角的坐标。

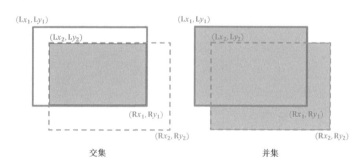

图 6.4 交并比

目标检测任务中的 IoU 评价指标可以用式（6.3）进行计算。

$$IoU = \frac{predicted\ bbox \cap ground\ truth}{predicted\ bbox \cup ground\ truth} \qquad (6.3)$$

其中，分子部分表示两个框的交集，分母部分表示两个框的并集，二者的比值即为 IoU 的结果。

在实际问题中，往往通过计算 IoU 来判断回归框的效果。最直观的计算方法就是遍历每个限定框与原始标记框，以此计算 IoU。实现代码如下：

```
In: # 框的左上角和右下角的坐标
    Lx1, Ly1, Rx1, Ry1 = 0, 3, 3, 1 # 回归框
    Lx2, Ly2, Rx2, Ry2 = 2, 2, 5, 0 # 原始标记框
```

```
area_reg = abs(Lx1 - Rx1) * abs(Ly1 - Ry1) # 限定框的面积
area_gt = abs(Lx2 - Rx2) * abs(Ly2 - Ry2) # 原始标记框的面积

w = min(Rx1, Rx2) - max(Lx1, Lx2)
h = min(Ry1, Ry2) - max(Ly1, Ly2)

if w <= 0 or h <= 0:
    print("两个框没有交集")
    IoU = 0
else:
    inter = h * w
    IoU = inter / (area_reg + area_gt - inter) # 获取IoU的值
IoU
```

Out:0.09090909090909091

在实际的检测问题中，对同一个原始标记框会预测得到一组框，依次计算每一个框与原始标记框之间的 IoU 值稍显麻烦。这里可以采用向量化思想，同时计算一组返回框与原始标记框之间的 IoU 值。实现代码如下：

```
In: # 默认所有的限定框都和原始标记框有交集
    # 模拟四个候选框和一个gt框
    Reg = t.tensor([[0, 3, 3, 1], [1, 4, 3, 0], [1, 2, 5, 0], [-1, 2, 4, 0]])
    GT = t.tensor([2, 2, 5, 0])

    # 通过广播法则计算交集框的边长
    dist = (Reg - GT.reshape(1, 4)[:, [2, 3, 0, 1]]).abs()
    # 计算这一组候选框分别与gt框的交集的面积
    inter = t.min(dist[:, [0, 2]] * dist[:, [1, 3]], dim=1)[0]

    # 计算每个返回框的面积
    Reg_edge = (Reg[:, [0, 1]] - Reg[:, [2, 3]]).abs()
    area_reg = Reg_edge[:, 0] * Reg_edge[:, 1]

    # 计算原始标记框的面积
    area_gt = (GT[0] - GT[2]).abs() * (GT[1] - GT[3]).abs()

    # 计算这一组返回框与原始标记框之间的IoU值
    IoU = inter.float() / (area_reg + area_gt - inter)
    IoU
```

Out:tensor([0.0909, 0.1667, 0.7500, 0.3333])

6.4.2 RoI Align

使用过 Faster RCNN 的读者，对 RoI Pooling 和 RoI Align 算法肯定十分熟悉。这两种算法实现了对于具有不同特征大小的输入区域，输出具有相同大小的特征。

具体来说，RoI Pooling 的目的是将不同尺寸的 RoI（Region of Interest，感兴趣区域）映射到大小固定的特征图上进行池化操作，以便后续进行分类和回归。但是在映射到特征图上进行池化操作时，由于特征图的大小已经固定，因此在 RoI Pooling 中需要进行两次量化。

- 将 RoI 对应的特征图与原始特征图的网格单元对齐，也就是将候选框的边界量化为整数点坐标值。
- 将上一步得到的量化 RoI 特征进一步细化为量化的空间单元（bin），也就是对每一个单元的边界进行量化。

经过两次量化后，候选框已经与最开始的回归位置有一定的偏差，也就是存在不匹配问题（misalignment），这一问题对于小目标来说非常致命。相比之下，RoI Align 算法全程保持浮点数，通过双线性插值算法计算最后的池化结果，解决了 RoI Pooling 中的不匹配问题。

RoI Align 算法的流程如下：

（1）遍历每个候选区域，将网格单元平均划分为 $H \times W$ 个子网格区域（**注意，与 RoI Pooling 不同，此处无须进行量化操作**）。

（2）对每个区域选择 4 个采样点，进一步划分为 4 个子区域，取得每个子区域的中点。

（3）使用双线性插值算法计算这 4 个中点的像素值大小。

（4）通过池化操作对每个子区域进行聚合，从而得到最终的特征图。

接下来，使用向量化思想实现 RoI Align 算法。首先从形状上分析这个问题的输入和输出：假设经过卷积生成的特征图的形状是 $C \times H \times W$，对应的限定框的形状是 $N \times 4$，其中 N 代表限定框的个数，4 是左上角和右下角的坐标值；目标生成的池化结果是 $C \times N \times n \times n$。显然，这里需要在左上角和右下角的坐标值的基础上构造出 $n \times n$ 的结果，然后对特征图进行整数数组索引，从而得到一个 $C \times N \times n \times n$ 的结果，最后相乘便完成了 ROI Align 操作。在流程的第 3 步中用到了双线性插值的操作，因此需要在计算中扩展一个用来计算双线性插值的维度，最后消去这个维度即可。双线性插值算法的原理示意图如图 6.5 所示。

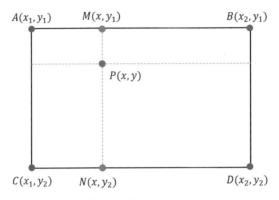

图 6.5　双线性插值算法的原理示意图

　　双线性插值算法主要根据周围 4 个坐标点的坐标值和权重，得到点 P 的插值结果。首先根据点 A, B, C, D 计算出点 M 和点 N 的坐标值与权重，然后根据点 M 和点 N 就可以得到最终的插值结果。具体的计算方法如式（6.4）所示。

$$F(M) = \frac{x - x_1}{x_2 - x_1} F(A) + \frac{x_2 - x}{x_2 - x_1} F(B)$$
$$F(N) = \frac{x - x_1}{x_2 - x_1} F(C) + \frac{x_2 - x}{x_2 - x_1} F(D)$$
$$F(P) = \frac{y - y_2}{y_1 - y_2} F(N) + \frac{y_1 - y}{y_1 - y_2} F(M) \tag{6.4}$$

　　其中，$F(\cdot)$ 表示 $\cdot$ 的权重。由于点 A, B, C, D 均为相邻像素的中间位置坐标点，所以有 $x_2 - x_1 = 1, y_2 - y_1 = 1$。因此，式（6.4）可以被转化为权重的形式，如式（6.5）所示。

$$F(P) = (y - y_1)(x - x_1)F(A) + (y - y_1)(x_2 - x)F(B)$$
$$+ (y_2 - y)(x - x_1)F(C) + (y_2 - y)(x_2 - x)F(D) \tag{6.5}$$

　　通过高级索引操作实现的 RoI Align 算法如下：

```
In: def RoI_Align(BBoxes, feature_map, n):
        N = BBoxes.shape[0] # 限定框的个数
        C = feature_map.shape[0]
        BBoxes = BBoxes.float()
        feature_map = feature_map.float()
        # 获取限定框边上等分点的坐标
        Xs = BBoxes[:,[0]]+t.arange(n+1).float()/n*(BBoxes[:,[2]]-BBoxes[:,[0]])
        Ys = BBoxes[:,[1]]+t.arange(n+1).float()/n*(BBoxes[:,[3]]-BBoxes[:,[1]])
```

```
    bins = t.linspace(0, n * n - 1, n * n)
    idx_x, idx_y = (bins // n).long(), (bins % n).long()

    # 获取每个进行池化的空间单元中心的坐标
    x = Xs[:, idx_x] + (Xs[:, [1]] - Xs[:, [0]]) / 2
    y = Ys[:, idx_y] + (Ys[:, [1]] - Ys[:, [0]]) / 2
    x_floor = x.floor().long().unsqueeze(-1)
    y_floor = y.floor().long().unsqueeze(-1)

    # 获取最近4个点的相对坐标, 左上角(0,0), 左下角(1,0), 右下角(1,1), 右上角(0,1)
    corner_x = t.tensor([0, 1, 1, 0])
    corner_y = t.tensor([0, 0, 1, 1])
    idx_feature_x, idx_feature_y = x_floor + corner_x, y_floor + corner_y

    # 获取特征图中的实际值
    points = feature_map[:, idx_feature_x, idx_feature_y]

    # 利用双线性插值算法计算权重ratio
    ratio_x = (x - x.floor()).unsqueeze(-1)
    ratio_y = (y - y.floor()).unsqueeze(-1)
    index1 = corner_x[None, None, :].float()
    index2 = corner_y[None, None, :].float()
    ratio = t.abs(index1 - ratio_x) * t.abs(index2 - ratio_y)

    # 计算最终池化的结果
    res = t.einsum('cnkp,nkp->cnkp', points, ratio)
    RoIAlign = t.einsum('cnkp->nck', res).reshape(N, C, n, n)
    return RoIAlign

# 池化后的大小为n×n
BBoxes = t.tensor([[50, 40, 100, 120],[30, 40, 90, 100]])
feature_map = t.arange(40000).view(1, 200, 200)
# 最终得到两组RoI的结果
RoI_Align(BBoxes, feature_map, n=7).shape
```

```
Out:torch.Size([2, 1, 7, 7])
```

为了让读者更好地理解上述流程，下面用一张图像来代替网络中的特征图，以此对 RoI Align 操作进行可视化，如图 6.6 所示。在这张图像中，框出了 8 个字母，作为 RoI Align 处理的对象。为了保证可视化结果更加直观，这里将最后聚合得到的结果从 7×7 调大，以便观察，结果如图 6.7、图 6.8 所示。

```
In: import torch as t
    from PIL import Image
    import numpy as np

    # 读取一张图像，模拟RoI Align操作
    img = Image.open('./imgs/ROI.png')
    img
```

A B C
D E F
G H

图 6.6　读取的图像

```
In: img = t.tensor(np.array(img))
    img = t.einsum('hwc->chw', t.tensor(img).float())
    # 框出图像中的8个字母，依次从左往右、从上往下
    BBoxes = t.tensor([[14, 60, 130, 145], [18, 208, 130, 288], [18, 355, 130, 435],
                       [180, 55, 290, 135], [180, 210, 305, 310], [193, 370, 305, 450],
                       [350, 100, 460, 184], [345, 300, 466, 394]])
    # 得到目标区域的池化结果，将n调至50，便于观察
    rois = RoI_Align(BBoxes, img, n=50)

    def show_img(img):
        img = t.einsum('chw->hwc', img).long()
        return Image.fromarray(np.array(img, dtype=np.uint8))
```

```
In: show_img(rois[0])
```

图 6.7　程序输出的图像 1

```
In: show_img(rois[3])
```

图 6.8　程序输出的图像 2

6.4.3　反向 Unique

在 PyTorch 中有一个 unique 函数，它的功能是返回输入的 Tensor 中不同的元素组成的唯一列表，同时返回输入的 Tensor 对应于这个唯一列表的索引。当得到了这个唯一列表和对应的索引后，能否还原出输入的 Tensor 呢？

答案是肯定的。最简单的思路是遍历这个索引，逐个生成输入的 Tensor 对应位置的元素，最后进行组合即可。这个过程比较烦琐，可以考虑使用高级索引解决这个问题。根据 6.3.2 节介绍的整数数组索引的思路，这个索引的 size 和目标 Tensor 的 size 是一致的，因此可以直接使用整数数组索引对原始的 Tensor 进行构建。具体的实现如下：

```
In: # 随机生成一组形状为(10, 15, 10, 5)、0~9数字组成的张量
    a = t.randint(1, 10, (10, 15, 10, 5))
    # 获取输出的唯一列表和索引
    output, inverse_indices = t.unique(a, return_inverse=True)
    # 通过整数数组索引还原原始的Tensor
    a_generate = output[inverse_indices]

    a_generate.equal(a)
```

```
Out:True
```

从上述结果可以看出，还原的 Tensor 值与原始值一致，这意味着使用高级索引可以便捷地完成反向 Unique 操作，从而避免了耗时较长的循环遍历操作。

6.5　小结

本章对 PyTorch 中的向量化计算与高级索引进行了详细介绍。在处理高维数据时，采用向量化思想能够有效提升计算效率。高级索引可以帮助用户灵活地对 Tensor 进行取值、切片等操作，以便进行更加复杂的计算。同时，本章通过三个示例介绍了向量化思想在实际场景中的应用，读者应该仔细体会其中的向量化思想，并在解决实际问题时尝试采用向量化思想进行编程，从而提高程序的运行效率。

7

PyTorch 与 Multi-GPU

本书第 5 章中提到，当有多块 GPU 时，可以利用分布式计算（distributed computation）与并行计算（parallel computation）的方式加速网络的训练过程。在这里，分布式指在多台服务器上有多块 GPU，并行指在一台服务器上有多块 GPU。在工作环境中，使用这两种方式加速模型训练是非常重要的技能。本章将介绍 PyTorch 中分布式与并行的常见方法，读者需要注意这二者的区别，并关注它们在使用时的注意事项。

7.1 单机多卡并行

首先介绍最简单的情况，也就是单机多卡的并行计算。在使用分布式方式训练模型之前，读者应该对分布式与并行的基本原理有所了解。本节用简单的语言帮助读者理解并行的基本概念。

7.1.1 并行原理介绍

并行，顾名思义，就是指许多指令同时运行，其具体实现是将计算的过程分解为许多小部分，以并发的方式进行计算过程的交互。并行可以分为以下两种。

- 模型并行：将模型分发至不同的 GPU 上。例如，将网络的前几层放在第一块 GPU 上，将后几层放在另一块 GPU 上。
- 数据并行：将数据分发至不同的 GPU 上。例如，将输入数据的一部分放在第一块 GPU 上进行计算，将剩余数据放在另一块 GPU 上。

这里主要介绍数据并行的使用方法。虽然数据并行不如模型并行强大，但是其胜在使用简单，而且效率更高上。PyTorch 中的 `DataParallel` 模块实现了简单的数据并行功能，本节将结合该模块对并行原理进行介绍。

`DataParallel` 的封装如下：

```
torch.nn.DataParallel(module, device_ids=None, output_device=None, dim=0)
```

它主要有以下三个参数。

- module：待并行化的模块。
- device_ids：CUDA 设备（默认是本机所有的 CUDA 设备，可指定）。
- output_device：指定的输出设备（默认为 device_ids[0]）。

DataParallel 使用**单进程**控制多卡，即将模型与数据加载至多块 GPU 上，使用该进程控制数据的流动，从而实现并行训练。其中，output_device 指定了最终用于梯度汇总的 GPU。图 7.1 展示了使用 DataParallel 时数据的流动过程以及网络参数的更新过程。下面将结合该图介绍 DataParallel 的并行方式。

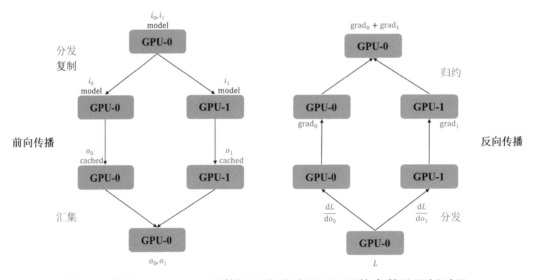

图 7.1　使用 DataParallel 时数据的流动过程以及网格参数的更新过程

在前向传播过程中有如下操作。

- GPU-0（这里默认 GPU-0 为指定的输出设备）将数据（i_0, i_1）划分为多个 mini-batch 分发（scatter）至各 GPU 上，同时将模型（model）复制（replicate）到各 GPU 上。
- 各 GPU 并行地进行前向传播，得到结果（o_0, o_1）后缓存，同时汇集（gather）至 GPU-0。

在反向传播过程中有如下操作。

- GPU-0 计算损失函数 L，以及对 o_0, o_1 的梯度（$\frac{\mathrm{d}L}{\mathrm{d}o_0}, \frac{\mathrm{d}L}{\mathrm{d}o_1}$），分发至各块 GPU 上。

- 各块 GPU 根据损失值及缓存进行反向传播，最终将模型参数的梯度归约（reduce）至 GPU-0 上。

至此，网络完成了一次反向传播，网络参数仅在 GPU-0 上进行了更新。在下一次进行前向传播之前，GPU-0 将更新后的网络参数广播至各块 GPU 上，以完成参数的同步。

在上述流程中，只需要 GPU-0 将数据与模型加载至多块 GPU 上，各 GPU 就可以并行地进行前向传播与反向传播。也就是说，并行中的一个 epoch 完成了单块 GPU 上多个 epoch 的工作，从而加速了模型的训练。

注意：上述所有并行过程仅由一个进程控制，该进程存在于指定的输出设备 GPU-0 上。这样的设计存在以下两个问题。

- 负载不均衡：由于每次网络参数的更新均需要由其他 GPU 计算完成后归约至 GPU-0，所以 GPU-0 需要更多的显存以执行额外的操作。这就导致了负载不均衡，在模型较为复杂或数据量较大时很容易造成显存溢出。
- 并行速率较慢：DataParallel 基于单进程、多线程的工作方式，其速率会受到 Python 全局解释器锁（Global Interpreter Lock，GIL）的限制；同时，每次网络参数更新后均需要由 GPU-0 进行广播，不同 GPU 之间的通信速率会大大限制整体并行计算的速率。单进程的工作方式也决定了 DataParallel 仅支持单机多卡，即要求所有 GPU 都存在于一台设备上，当用户具有多台设备时，将无法使用该模块进行并行训练。

虽然 DataParallel 的设计并不完美，但在实际使用中它的效率也不低，而且使用简单。DataParallel 已经成为单机多卡最常见的方法之一。

7.1.2　DataParallel 使用示例

DataParallel 的使用十分简单，仅需要一行代码就可以开始数据并行的单机多卡训练。

```
model = nn.DataParallel(model.cuda(), device_ids=gpus, output_device=gpus[0])
```

下面举例说明使用 DataParallel 时模型与数据的加载过程，读者可以在理解下面的代码后构建使用 DataParallel 并行训练网络的模板。

```
import torch
import torch.nn as nn

device = torch.device("cuda:0" if torch.cuda.is_available() else "cpu")

# 定义一个玩具模型（toy model），用于说明并行
class Model(nn.Module):
```

```
    def __init__(self):
        super().__init__()
    def forward(self, input):
        print ("In Model:", input[0].shape, input[1].shape)
        return input

# 创建模型，并将数据与模型加载至GPU上
model = Model()
if torch.cuda.device_count() > 1:
    print("You have", torch.cuda.device_count(), "GPUs!")
    model = nn.DataParallel(model)
model.to(device)

# 创建数据
tensorA = torch.Tensor(17, 2).to(device)
tensorB = torch.Tensor(15, 3).to(device)
input = [tensorA, tensorB]
print("Outside:", input[0].shape, input[1].shape)
# 将数据并行化输入网络中
output = model(input)
```

在具有两块 GPU 的节点上执行上述代码，读者可以看到如下结果：

```
You have 2 GPUs!
Outside: torch.Size([17, 2]) torch.Size([15, 3])
In Model: torch.Size([9, 2]) torch.Size([8, 3])
In Model: torch.Size([8, 2]) torch.Size([7, 3])
```

上述示例只使用了一个简单的输入说明数据并行划分的结果。如果采用较为复杂的嵌套结构，那么结果可能会比较复杂，读者应该视情况进行进一步的分析与处理。

总结：尽管受到单进程的限制，DataParallel 不是利用多卡的最优选项，但是它简单易用，仍然很受欢迎。

本节对并行的基本原理进行了介绍，并结合 PyTorch 的 DataParallel 模块对单机多卡并行操作进行了详细说明。读者应着重理解并行计算的过程，而不是如何调用 API 进行计算。DataParallel 采用的是单进程的设计模式，现在已不被 PyTorch 官方所推荐使用。PyTorch 官方推荐的是使用 DistributedDataParallel 模块，也就是分布式训练，这部分内容会在 7.3 节中进行详细介绍。

7.2　分布式系统

　　分布式系统是指一组设备通过网络通信彼此协同，以此完成相同任务而形成的系统。分布式系统相较于并行而言，没有了单机的限制，可以在众多可通信的设备上共同协作，也就是常说的多机多卡。需要注意的是，在分布式系统中，每次启动多个进程，每一个进程都会执行 python main.py，或者调用某个函数 f(x)。因为分布式系统不受 Python 的 GIL 限制，程序的运行速率会有明显提高，所以笔者更加推荐使用分布式系统训练网络。

　　本节的目的不是讲解如何使用 PyTorch 的分布式接口，而是介绍分布式的架构设计和消息接口。只有了解了底层原理，读者在编写分布式代码时才能够更加准确、自然、简洁。**注意：这里介绍的分布式系统主要是针对 PyTorch 的深度学习系统而言的，并不是一般的分布式系统。**本节的内容分为以下两个部分。

- 系统架构：多机多卡是如何进行抽象的。
- 通信接口：多卡之间是如何进行通信的。

7.2.1　分布式系统的基本概念

　　这里介绍分布式系统的几个基本概念，这些概念会贯穿分布式系统的整个过程。假设有两个节点，每个节点有 4 张显卡，可以将其抽象为如图 7.2 所示。

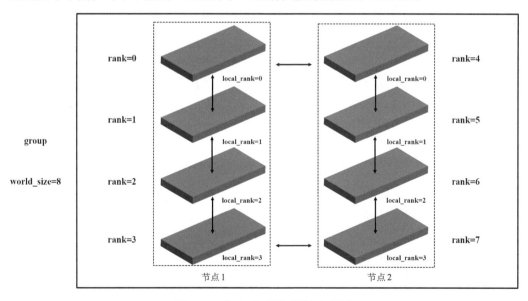

图 7.2　分布式系统的基本概念

在图 7.2 中主要出现了以下几个基本概念。

- group：group of processes，也就是一组进程。在分布式初始化时默认只有一个组。这一概念在集群通信中被广泛使用，用户一般无须在代码中配置 group。
- rank：进程的唯一标识号，可用于进程间的通信，它说明了进程的优先级。其中，rank=0 的进程一般为主进程。
- world_size：进程的总个数，主进程通过该参数知道目前共有多少个进程可以使用。
- local_rank：每一台服务器内进程的标识号。例如，现在有两个节点，每个节点有 4 块 GPU，共 8 块 GPU，对应 8 个进程。这 8 个进程的 rank 取值为 0 ~ 7，在第一个节点内部，每个进程的 local_rank 取值为 0 ~ 3；同样，在第二个节点内部，每个进程的 local_rank 取值也是 0 ~ 3。可以看出，rank 是进程全局的唯一标识号，local_rank 是单台服务器内进程的唯一标识号。

有了上述几个概念，每个进程就知道自己在系统中的定位，并且在程序中可以根据每个进程的属性，给它们分配不同的工作。这些基本概念均是为分布式系统中不同进程之间的通信准备的，下面讲解在不同的进程之间如何进行通信、协调。

7.2.2　分布式消息传递接口

在分布式系统中，在不同的进程之间需要进行通信，例如，要将每块 GPU 计算得到的梯度进行同步。在 PyTorch 中，常用的通信接口/后端包括 Gloo、NCCL 和 MPI，虽然这三种接口的底层设计不一样，但是它们的使用十分相似。为了方便说明原理，这里主要介绍消息传递接口（Message Passing Interface，MPI）。MPI 是一种用于并行计算机编程的通信接口，尤其适用于高性能计算中进程间的数据传递。例如，主进程可以将任务分配消息发送至其他进程，以此实现多个进程的调度分配，从而实现高性能计算。

MPI 支持进程间的点对点通信（point-to-point communication）和集群通信（collective communication）两种通信方式，目前 MPI 已经成为分布式系统中进程间数据交互约定俗成的标准。在学习 MPI 的基本操作之前，需要先安装 MPI for Python（mpi4py），它提供了面向对象的接口。下面通过 mpi4py 来介绍 MPI 的原理。读者可以通过以下命令安装 mpi4py：

```
apt install libopenmpi-dev openmpi-bin
pip install mpi4py
```

注意：如果读者使用的是 Windows 系统，那么在使用该包前需要安装微软提供的 Microsoft MPI。

下面介绍 mpi4py 的一些基本操作，用于说明分布式系统中的通信接口（它并不是 PyTorch 使用的接口，这里主要是为了说明原理）。

1. 初始化

首先看下面一段代码：

```
# Hello.py
from mpi4py import MPI
comm = MPI.COMM_WORLD
rank = comm.Get_rank()
print("Hello world from process", rank)
```

其中，`comm` 被称为交流者（communicator），它定义了进程所在的组，通过 `Get_rank()` 函数可以获取当前进程的标识号。读者可以通过 `mpiexec -n 4 python Hello.py` 执行上述代码。`mpiexec` 相当于启动了 4 个 Python 进程，即代码被执行了 4 遍，但是每个进程会被分配不同的进程号。运行结果如下：

```
Hello world from process 1
Hello world from process 0
Hello world from process 3
Hello world from process 2
```

注意：读者需要区分 `mpiexec -n 4 python Hello.py` 和 `python Hello.py` 的区别。如果代码不是用 `mpiexec` 执行的，那么默认 `rank=0`，`world_size=1`，即只有一个进程。

2. 点对点通信

在分布式系统中有两种常见的通信方式：点对点通信和集群通信。

点对点通信是指一个进程向另一个进程发送数据，如图 7.3 所示，这是分布式系统中最基本的通信功能。在点对点通信中又可分为阻塞通信（blocking communication）和非阻塞通信（nonblocking communication）。

图 7.3　点对点通信示意图

阻塞通信，是指当 rank-1 向 rank-2 发送数据时，rank-1 必须等待数据发送成功或者被送入系统缓存后才能进行下一步操作；rank-2 必须等待数据接收成功后才能进行下一步操作。用户可以通过 MPI.Comm.Send/send() 和 MPI.Comm.Recv/recv() 进行数据的阻塞式收发。

　　非阻塞通信，是指当 rank-1 向 rank-2 发送数据时，rank-1、rank-2 均无须等待就可以进行下一步操作。非阻塞通信可以将进程本身的计算时间与进程间的通信时间重叠起来，即在完成计算的同时，交由特定的通信模块完成通信部分。非阻塞通信相比于阻塞通信而言，能够大大提高整个分布式系统的运行效率。用户可以通过 MPI.Comm.Isend/isend() 和 MPI.Comm.Irecv/irecv() 进行数据的非阻塞式收发。

3. 集群通信

　　集群通信允许组内多个进程之间**同时**进行数据交互，相比于点对点通信而言，PyTorch 中主要用到的是集群通信。常用的集群通信操作有以下几种。

- 所有组间的进程进行屏障同步（barrier synchronization），即保证所有进程都完成先前的所有操作，再执行后续操作。
- 组间进程进行全局通信，常见的通信方式有三种：一个进程向组间所有进程进行数据广播；所有进程向一个进程进行数据汇集；一个进程向组间所有进程进行数据分发。
- 组间进程进行全局归约，具体的处理可能包括求和（sum）、求最大值（maximum）、求最小值（minimum）等。

下面详细介绍这些常用的集群通信操作。

- 广播：某一个进程将数据复制到该进程组内的所有进程中，如图 7.4 所示。在 mpi4py 中，可以通过 MPI.Comm.Bcast/bcast() 进行广播操作。

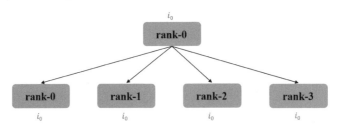

图 7.4　广播操作示意图

- 分发：某一个进程将数据进行切片，并复制到该进程组内的不同进程中，如图 7.5 所示。读者需要注意分发操作与广播操作的不同。在 mpi4py 中，可以通过 MPI.Comm.Scatter/scatter() 进行分发操作。

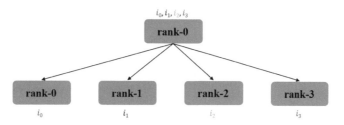

图 7.5　分发操作示意图

- 汇集：每一个进程都将数据复制到进程组内的某一个进程中，如图 7.6 所示。该过程是分发过程的逆过程。在 mpi4py 中，可以通过 `MPI.Comm.Gather/gather()` 进行汇集操作。

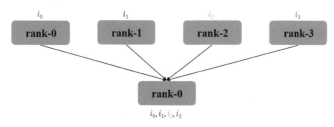

图 7.6　汇集操作示意图

与汇集类似的操作还有汇集到全局（gather-to-all）、全局到全局的汇集（all-to-all gather）等，在此不再赘述，读者可参考图 7.7 了解它们的数据流动过程。

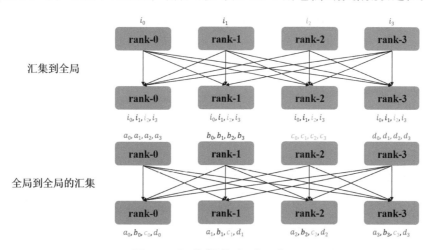

图 7.7　汇集操作变形示意图

- 归约：对进程组内所有进程的数据进行处理，具体可能包括求和、求均值等，如图 7.8 所示。在 mpi4py 中，可以通过 `MPI.Comm.Reduce/reduce()` 进行归约操作。

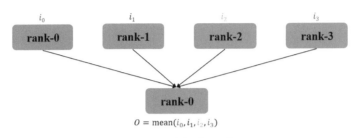

$$O = \text{mean}(i_0, i_1, i_2, i_3)$$

图 7.8　归约操作示意图

归约的一种变形操作是 allreduce，它与归约操作的主要不同在于，进程组内的每一个进程都会进行相同的归约操作，如图 7.9 所示。

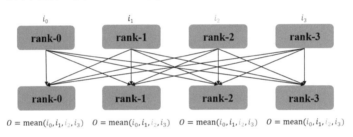

$O = \text{mean}(i_0, i_1, i_2, i_3)$　$O = \text{mean}(i_0, i_1, i_2, i_3)$　$O = \text{mean}(i_0, i_1, i_2, i_3)$　$O = \text{mean}(i_0, i_1, i_2, i_3)$

图 7.9　归约操作变形示意图

关于集群通信操作的更多内容，可以参考 mpi4py 的官方文档以及 MPI 的相关约定，读者在掌握这些基本操作的同时，应该思考如何灵活地运用这些操作来搭建一个实际的分布式系统。

本节对分布式系统的基本概念、通信方式以及基本操作进行了简要介绍。虽然这部分内容可能略显枯燥，但是对理解分布式训练至关重要。下一节将实际使用这些概念搭建一个简单的分布式系统，读者可以结合这些示例加深对分布式系统基本概念的理解。

7.2.3　小试牛刀：分布式计算实操演练

本节将使用 MPI 对一个规模较大的数组进行以下两种操作。
- 计算每一个元素的平方值。
- 计算所有元素的和。

在数组规模较大的情况下，这两种操作都较为费事，通过分布式计算可以极大地节省所需要的时间。

具体流程为，将数组进行分片，分发至每一个进程中进行计算；待计算完成后，对每一个进程的计算结果进行汇集或归约操作，得到最终结果。具体代码如下：

```python
# Matrix.py
import mpi4py.MPI as MPI
import numpy as np

# 初始化环境
comm = MPI.COMM_WORLD
rank = comm.Get_rank()
size = comm.Get_size()  # world_size

# 在rank-0中初始化数据
if rank == 0:
    print(f"当前的world_size为: {size}")
    array = np.arange(8)
    splits = np.split(array, size)  # 将数据分为N份
    print(f"原始数据为: \n {array}")
else:
    splits = None

# 在rank-0中对数据进行切片，并分发到其他进程中
local_data = comm.scatter(splits, root=0)
print(f"rank-{rank} 拿到的数据为: \n {local_data}")

# 在每一个进程中求和，并对结果进行allreduce操作
local_sum = local_data.sum()
all_sum = comm.allreduce(local_sum, op=MPI.SUM)

# 在每一个进程中计算平方值，并对结果进行allgather操作
local_square = local_data ** 2
result = comm.allgather(local_square)
result = np.vstack(result)

# 只在某一个进程中打印结果
if rank == 1:
    print("元素和为: ", all_sum)
    print("按元素平方后的结果为: \n", result)
```

读者可以通过 mpiexec -n 2 python Matrix.py 执行上述代码，结果如下：

```
当前的world_size为： 2
原始数据为：
 [0 1 2 3 4 5 6 7]
rank-0 拿到的数据为：
 [0 1 2 3]
rank-1 拿到的数据为：
 [4 5 6 7]
元素和为： 28
按元素平方后的结果为：
 [[ 0  1  4 9]
 [16 25 36 49]]
```

这个例子应用了数据的分发、汇集、归约等操作完成了一个简单的计算，读者应该重点加强对分布式系统常见操作的理解，并体会分布式系统"分而治之"操作的精彩之处。不难发现，在 MPI 的帮助下，不同进程之间的通信是比较容易的，因此读者应该侧重于理解分布式计算的思想，并将该思想应用在实际的程序设计当中。

7.3 PyTorch 分布式训练

本节将详细介绍如何进行神经网络的分布式训练。首先结合 MPI 介绍分布式训练的基本流程，然后分别介绍如何使用 torch.distributed 和 Horovod 进行神经网络的分布式训练。

7.3.1 使用 MPI 进行分布式训练

这里主要介绍数据并行的分布式方法：每一块 GPU 都有同一个模型的副本，仅加载不同的数据进行训练。例如，使用两个节点，共 8 块 GPU 进行基于数据并行的分布式训练，每块 GPU 实际处理的 batch_size 为 4。在前向传播完成后，每块 GPU 进行梯度的同步，实现参数的更新，在效果上近似于输入网络的 batch_size 为 32。

分布式训练与之前介绍的并行训练（DataParallel）最大的区别在于：分布式训练同时运行多个 Python 程序，而并行训练则是从一个 Python 程序中运行多个进程。在数据并行的分布式训练中，网络参数的更新遵循以下流程。

（1）在初始化时，确保每个进程的模型参数一致，每个进程都维护自己的模型副本，用于进行后续的前向传播与反向传播。

（2）根据进程数将数据集划分成 N（N=world_size）个互斥的子集，每一个进程在数据集副本中都获得自身对应的子集（对应一个 batch）进行前向传播，得到梯度。

（3）将所有进程前向传播得到的梯度进行汇总，并计算它们的平均值（进行 allreduce 操作）。

（4）每一个进程都独立地使用该平均值进行网络参数的更新。

（5）读取下一个 batch 的数据，重复上述步骤进行训练。

读者可以结合图 7.10 来理解上述流程：不同的 GPU 维护同一个模型的不同副本，对不同的数据（i_o, i_1, i_2, i_3）进行前向传播（o_0, o_1, o_2, o_3）与反向传播（$grad_0, grad_1, grad_2,$ $grad_3$）。在更新参数时，所有的 GPU 之间进行通信，求得不同数据下梯度的平均值 mean（$grad_0, grad_1, grad_2, grad_3$），从而完成模型参数的更新。

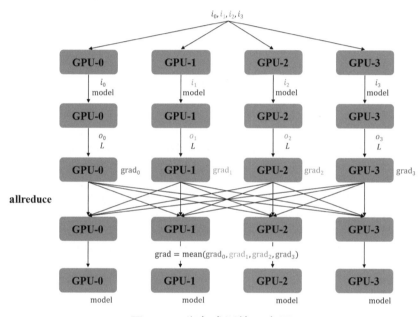

图 7.10 分布式训练示意图

在分布式训练中，最重要、最核心的内容是保持不同进程中模型的一致性。首先，在初始化时，通过广播的方式进行模型的复制，保证网络初始参数的一致性。然后，每一个进程都对不同的数据独立地进行前向传播，通过 allreduce 操作归约得到不同进程梯度的平均值，以此更新网络参数。如果不同进程中的模型参数有所差异，那么每次更新参数时梯度也会有所差异，最终可能会导致模型训练的发散。

下面结合 mpi4py 介绍 PyTorch 的分布式训练流程，读者需要重点掌握以下 4 点。

- **分解**：将数据划分成多个片段，实现数据并行。
- **同步**：不同进程之间的模型同步参数。
- **聚合**：梯度聚合，用于更新网络参数。
- **控制**：在不同的进程中执行不同的操作。

```
# MPI_PyTorch.py
import torch
import torchvision as tv
import mpi4py.MPI as MPI
import torch.nn as nn

## 第一步：环境初始化
comm = MPI.COMM_WORLD
rank = comm.Get_rank()
size = comm.Get_size()

# 这样tensor.cuda()会默认使用第rank个GPU设备
torch.cuda.set_device(rank)

## 第二步：准备数据
dataset = tv.datasets.CIFAR10(root="./", download=True, transform=tv.transforms.
ToTensor())
# 为每一个进程划分不同的数据
# X[rank::size]的意思是：从第<rank>个元素开始，每隔<size>个元素取一个
dataset.data = dataset.data[rank::size]
dataset.targets = dataset.targets[rank::size]
dataloader = torch.utils.data.DataLoader(dataset, batch_size=512)

## 第三步：构建模型
model = tv.models.resnet18(pretrained=False).cuda()
# 将随机初始化的参数同步，确保每一个进程都有与rank-0相同的模型参数
for name, param in model.named_parameters():
    param_from_rank_0 = comm.bcast(param.detach(), root=0)
    param.data.copy_(param_from_rank_0)

lr = 0.001
loss_fn = torch.nn.CrossEntropyLoss().cuda()

## 第四步：训练
for ii, (data, target) in enumerate(dataloader):
    data = data.cuda()
    output = model(data)
    print("data",data.shape)
    print("output",output.shape)
    print("target",target.shape)
    loss = loss_fn(output, target.cuda())
```

```
    # 反向传播，每一个进程都会各自计算梯度
    loss.backward()
    # 重点：计算所有进程的平均梯度，更新模型参数
    for name, param in model.named_parameters():
        grad_sum = comm.allreduce(param.grad.detach().cpu(), op=MPI.SUM)
        grad_mean = grad_sum / (grad_sum * size)
        param.data -= lr * grad_mean.cuda() # 梯度下降——更新模型参数

# 只在rank-0中打印和保存模型参数
if rank == 0:
    print('training finished, saving data')
    torch.save(model.state_dict(), "./000.ckpt")
```

读者可以通过 `mpiexec -n 4 python MPI_PyTorch.py` 执行上述代码。这里的代码主要是为了举例说明 PyTorch 分布式训练的基本原理，在实际进行分布式训练时，应该考虑使用即将介绍的两个框架：`torch.distributed` 和 Horovod。

7.3.2　使用 torch.distributed 进行分布式训练

PyTorch 自身提供了 `torch.distributed()` 接口，以便用户进行神经网络的分布式训练。`torch.distributed` 的底层操作使用了 MPI 风格，在此基础上封装了一些高层接口（如 `DistributedDataParallel`），本节将使用该接口构建分布式训练代码。

1.　构建

`torch.distributed()` 支持 Gloo、MPI 和 NCCL 三种通信后端，同时支持共享文件或 TCP 网络通信方式进行进程组的初始化。读者可以对比下面的代码和 7.3.1 节中基于 MPI 构建的例子，看看有何不同。

```
# distributed_PyTorch.py
import torch
import torch.distributed as dist
import torchvision as tv

## 第一步：初始化
dist.init_process_group(backend='nccl')
local_rank = dist.get_rank()
# 这样tensor.cuda()会默认使用第local_rank个GPU设备
torch.cuda.set_device(local_rank)

## 第二步：构建数据
dataset = tv.datasets.CIFAR10(root="./", download=True, transform=tv.transforms.
```

```
ToTensor())
# 为每一个进程分别划分不同的数据
# DistributedSampler可以实现为每一个进程分配不同的数据
sampler = torch.utils.data.DistributedSampler(dataset)
dataloader = torch.utils.data.DataLoader(dataset, batch_size=512, sampler=sampler)

## 第三步：构建模型
model = tv.models.resnet18(pretrained=False).cuda()
# 使用DistributedDataParallel封装模型，实现分布式训练
model = torch.nn.parallel.DistributedDataParallel(model, device_ids=[local_rank])
loss_fn = torch.nn.CrossEntropyLoss().cuda()

## 第四步：训练
optimizer = torch.optim.Adam(model.parameters(), lr=0.001)
for ii, (data, target) in enumerate(dataloader):
    # 确保将数据打乱（DistributedSampler使用epoch作为随机种子）
    sampler.set_epoch(ii)
    optimizer.zero_grad()
    output = model(data.cuda())
    loss = loss_fn(output, target.cuda())
    # 反向传播，每一个进程都会各自计算梯度
    loss.backward()
    # 计算所有进程的平均梯度，并更新模型参数
    optimizer.step()

# 只在rank-0中打印和保存模型参数
if local_rank == 0:
    print("training finished, saving data")
    torch.save(model.state_dict(), "./000.ckpt")
```

DistributedDataParallel 主要实现了各个进程之间模型的同步，其大致流程如下：

```
class DistributedDataParallel(nn.Module):
    def __init__(self, model):
        self.model = model

    def forward(self, input):
        # 前向传播不涉及同步操作
        return self.model(output)

    def backward(self, loss):
```

```
loss.backward()
# 在反向传播时多了一步梯度同步
# 所有进程执行到这一步时，都会把自己的梯度同步到所有进程中
for name,param in self.model.named_parameters():
    allreduce(name, param)
return
```

2.　运行

使用 `torch.distributed` 启动分布式训练有以下两种方法。

（1）使用 `torch.distributed.launch`，例如，读者可以通过以下命令运行上面的示例：

```
python -m torch.distributed.launch --nproc_per_node=2 distributed_PyTorch.py
```

其中，`nproc_per_node` 为每个节点启动的进程数，一般设置为节点中的 GPU 数量。

对于多机多卡的情况（以两个节点，每个节点 4 块 GPU，共 8 块 GPU 为例），读者可以通过以下命令启动分布式训练：

```
python -m torch.distributed.launch \
---nproc_per_node=4 --nnodes=2 --node_rank=0 \
---master_addr="serverA" distributed_PyTorch.py
```

其中，`nnodes` 为节点个数，`node_rank` 为节点的唯一标识号，`master_addr` 为主进程的地址。

（2）使用 `torch.multiprocessing`，在源代码中通过 `multiprocessing.spawn` 启动多个进程，感兴趣的读者可以查阅相关资料。

7.3.3　使用 Horovod 进行分布式训练

Horovod 是一个由 Uber 开源的第三方框架，它支持 TensorFlow、PyTorch 以及 MXNet 等主流的深度学习框架，可以轻松地实现高性能的分布式训练。本节将简要介绍 Horovod 的安装步骤，并详细介绍如何使用 Horovod 进行分布式训练。

1.　安装

使用 Horovod 最大的问题在于安装比较麻烦，但考虑到它极简的设计和优异的性能，笔者推荐使用 Horovod 进行分布式训练。

（1）安装 CUDA 和 NCCL

系统可能已经安装了 CUDA 和 NCCL，但是尚未添加至环境变量 PATH 当中。读者

可以执行 `locate -i nccl` 或者 `find /usr/|grep -i nccl` 获取 NCCL 的安装路径。如果该命令返回为空，那么读者需要查阅相关资料进行安装。**需要注意的是，CUDA 的版本必须与 `torch.version.cuda` 一致。**

（2）安装 Horovod

在完成配置后，可以正式开始 Horovod 的安装了。命令如下：

```
HOROVOD_NCCL_HOME=/usr/local/nccl-2 HOROVOD_CUDA_HOME=/usr/local/cuda
HOROVOD_GPU_OPERATIONS=NCCL pip install --no-cache-dir horovod
```

重要的是要确保<HOROVOD_CUDA_HOME>/bin/nvcc和<HOROVOD_NCCL_HOME>/lib/这两个路径存在。

在安装完成后，读者可以在 Python 环境下测试是否已经成功安装 Horovod：

```
import horovod.torch as hvd
hvd.init()
```

关于 Horovod 安装的更多事宜，读者可以参考官方的 GitHub（Horovod on GPU），也可以根据官方提供的 conda 方式安装 Horovod，这样可以有效避免许多问题。

2. 构建

下面将使用 Horovod+NCCL 构建分布式训练代码。NCCL 可以被看成 GPU 版本的更强大的 MPI，而 Horovod 可以被看作 PyTorch 版本的 mpi4py。读者可以对照下面的代码和 7.3.1 节中基于 MPI 构建的例子，看看有何不同。

```
# Horovod_PyTorch.py
import horovod.torch as hvd
import torch
import torchvision as tv

## 第一步：初始化
hvd.init()
size = hvd.size()
rank = hvd.rank()
local_rank = hvd.local_rank()
# 这样tensor.cuda()会默认使用第local_rank个GPU设备
torch.cuda.set_device(local_rank)

## 第二步：构建数据
dataset = tv.datasets.CIFAR10(root="./", download=True, transform=tv.transforms.
ToTensor())
# 为每一个进程分别划分不同的数据
```

```
# DistributedSampler可以实现为每一个进程分配不同的数据
sampler = torch.utils.data.DistributedSampler(dataset, num_replicas=size, rank=rank)
dataloader = torch.utils.data.DataLoader(dataset, batch_size=512, sampler=sampler)

## 第三步：构建模型
model = tv.models.resnet18(pretrained=False).cuda()
# 将初始化的参数同步，确保每一个进程都有与rank-0相同的模型参数
hvd.broadcast_parameters(model.state_dict(), root_rank=0)

loss_fn = torch.nn.CrossEntropyLoss().cuda()

## 第四步：训练
optimizer = torch.optim.Adam(model.parameters(), lr=0.001)
optimizer = hvd.DistributedOptimizer(optimizer, named_parameters=model.
named_parameters())
for ii, (data, target) in enumerate(dataloader):
    # 确保将数据打乱（DistributedSampler使用epoch作为随机种子）
    sampler.set_epoch(ii)
    optimizer.zero_grad()
    output = model(data.cuda())
    loss = loss_fn(output, target.cuda())
    # 反向传播，每一个进程都会各自计算梯度
    loss.backward()
    # 计算所有进程的平均梯度，并更新模型参数
    optimizer.step()

# 只在rank-0中打印和保存模型参数
if rank == 0:
    print("training finished, saving data")
    torch.save(model.state_dict(), "./000.ckpt")
```

DistributedOptimizer 主要实现了以下两个功能。

- 对于需要求导的参数，注册钩子函数，这些参数在计算完梯度后马上进行非阻塞通信，以同步梯度。

- 在执行梯度下降更新参数之前，确保所有的梯度同步都已经完成。

　　其大致流程如下：

```
class DistributedOptimizer(Optimizer):
    def __init__(self, optimizer, params):
        self.optimizer = optimizer
```

```
    # 注册钩子函数，这样在反向传播时会自动同步梯度
    for param in params:
        param.register_backward_hook(lambda tensor: hvd.allreduce(tensor))

def step(self):
    wait_for_all_reduce_done()
    self.optimizer.step()
```

3. 运行

Horovod 对 mpirun 接口进行了封装，也就是 horovodrun，用于实现多个进程之间的通信。使用 horovodrun 启动分布式训练的代码如下。

• 单节点，共 4 块 GPU：

```
horovodrun -np 4 python main.py
```

例如，读者可以通过以下命令运行上面的示例：

```
horovodrun -np 2 python Horovod_PyTorch.py
```

• 两个节点，每个节点 4 块 GPU，共 8 块 GPU：

```
horovod -np 8 -H serverA:4,serverB:4 python main.py
```

其中通过 -H 指明了两个节点的地址，以及分别可用的 GPU 数量。

无论是 torch.distributed() 还是 Horovod，它们都是 MPI 世界中针对分布式训练封装的框架，二者均提供了分布式训练中的基本操作，至于选择使用哪个框架是一个见仁见智的问题。读者应该重点掌握分布式训练的基本流程，灵活使用分布式方法加速神经网络的训练。

7.4 分布式训练中的注意事项

本章前 3 节介绍了分布式系统的基本概念，并详细介绍了如何将分布式计算应用到神经网络的训练中。读者在阅读了上述内容后，应该可以对分布式计算建立一个基本的认识。然而，在实际进行网络的分布式训练时，读者可能会遇到各式各样的问题，本节将对其中经典的问题进行概括，并给出一些解决这些问题的提示。

7.4.1 保持同步

分布式系统的核心思想是分而治之，即通过增加计算进程的个数，多个进程共同协作，彼此通信，以此提高程序整体的计算速率。具体到分布式训练中，每一个进程中均会加载同一个模型，读取不同的数据进行前向传播和反向传播。在更新参数时，需要

对每一个进程的梯度求均值，从而学习到不同数据中的信息，这需要在不同的进程之间进行通信。上述流程成功执行的关键是，不同的进程之间保持严格的同步。具体而言，读者需要注意以下两个方面。

- 各个进程的模型是否完全相同。在最常见的数据并行模式下，每一个进程中都会加载完全相同的模型，每一个进程都仅对不同的数据进行处理。若分布式训练的性能相较于单卡情况出现了明显的差异，那么读者应仔细检查每一个进程中是否都加载了相同的模型。
- 各个进程的参数是否完全相同。在分布式训练中，首先会对模型参数和优化器参数进行广播，并保证所有进程之间严格同步。因此，若读者在训练过程中手动对一些参数进行了修改、替换，甚至新增或删除了一些参数，那么应记得手动对其进行广播，否则模型的训练将会出错。

以上两个方面，虽然十分基础，但是保证了分布式训练的正常进行。简而言之，分布式系统最为核心的理念是共同协作，以加快整体的工作效率，其核心也是进程间的协调与同步，只有在多个进程保证同步的情况下才能真正实现分布式计算。

7.4.2　进程协作

多个进程之间的协调与同步是分布式计算的核心。在分布式计算中，在不同的进程中会执行同样的代码。如果需要所有进程都进行参数的同步（例如，使用 allreduce 操作对不同 GPU 上的梯度进行平均等），那么需要在全部进程中执行相关代码，否则程序会陷入无限的等待中，不会报错，难以调试。下面对进程间协作中最常见的两种情况进行说明。

- 仅在某一个进程中执行相关操作。该情况在模型可视化、持久化时最为常见。

```
# 调用Tensorboard进行Acc与Loss的可视化，关于Tensorboard的使用请参考本书第5章
if rank == 0:
    logger = SummaryWriter('train')
    logger.add_scalar('Loss/train', train_loss, epoch+1)
    logger.add_scalar('Acc/train', train_acc, epoch+1)
```

- 在 rank-0 中先执行某操作，其他进程需要等待该操作执行完成后再执行其他操作。

```
# 错误代码
if rank == 0:
    # 创建一个文件夹
    os.makedirs('/path/to/logdir')

# 每一个进程都把当前的输入写入log中
logger = Logger(f'/path/to/logdir/{rank}.log')
```

上述代码可能会报错，因为文件夹可能还没有创建好，其他进程就执行到了创建 logger 这一步，导致 I/O 出错。因此，如果希望在 rank-0 中创建完文件夹后，其他进程再写入文件，则可以通过下面的代码来实现：

```
if rank == 0:
    os.makedirs('/path/to/logdir')

# 所有的进程都要在此同步一次，因此会等待rank-0完成上一步
_ = hvd.allreduce(torch.Tensor(), name='barrier')

logger = Logger(f'/path/to/logdir/{rank}.log')
```

在上述两种情况下，读者可以灵活地进行进程间协作。然而，在进程间协作中，读者可能还会遇到很多问题，下面再举两个例子进行说明。

```
# 错误，某些进程可能会因为if判断跳过反向传播，导致其他进程一直等待，不会报错
for data in dataloader:
    if data is None:
        # 可能有些数据有问题，跳过这次前向传播
        continue

    loss = forward()
    loss.backward()
    optimizer.step()
```

```
# 只在rank-0中初始化，然后同步到其他进程
if rank==0:
    b = load_checkpoint()
# 错误，在其他进程中，变量b未被定义，会报错
b = broadcast(b, root=0)
```

在这两个例子中，出错的原因均是在编写代码或者进行计算时，不同的进程之间未能保持同步，导致整个程序不能正常工作。这类问题可能很难被发现，这里只列举了部分情况，在遇到时读者需要根据实际情况具体分析。

7.4.3　常用调试技巧

在编写分布式训练代码时，不仅需要调试单个进程上独立的操作（例如，每个进程独立地进行前向传播等），还需要调试进程间同步与协作的代码（例如，多个进程之间同步梯度），这样才可以保证分布式训练的正常进行。

对于单个进程上独立的操作，读者可以先在单机单卡上运行代码，确保没有问题。具体如下：

- 对于 `torch.distributed` 而言，可以通过 `CUDA_VISIBLE_DEVICES=0 python -m torch.distributed.launch --nproc_per_node=1 main.py` 在单机单卡上执行代码，并使用 `ipdb` 进行调试。
- 对于 Horovod 而言，可以直接通过 `python main.py` 在单机单卡上执行代码，并使用 `ipdb` 进行调试。

在确保每个进程执行的操作都没有问题后，可以尝试先在较小的集群上（例如，单个节点启动两个进程，两个节点启动两个进程等）启动分布式训练，以此验证进程间同步与协作是否出错，这样的操作可以降低复现错误、调试程序的成本。在确保进程间可以正常协作后，再在较大规模的集群上启动分布式训练。

至此，本节对分布式系统的一些注意事项进行了简要介绍。这些内容或许不能覆盖读者遇到的所有问题，但读者可以结合这部分内容进一步加深对分布式系统的理解。读者只有对分布式系统建立了足够的认识，才能灵活地解决在分布式系统中可能遇到的各种问题。

7.5　进阶扩展

上文对分布式训练的基本概念以及分布式方法进行了介绍，读者应重点掌握分布式训练的基本原理，并尝试在实际工程中应用分布式计算加速训练。下面对分布式训练中的一些进阶扩展进行简要介绍，读者可以根据这些信息查找相关资料，进行深入学习。

- 跨卡批标准化。批标准化（Batch Normalization，BN）是一种常见且有效的模型训练技巧，它使得模型不再过度依赖于初始化，同时提供了有效的正则项防止过拟合。分布式训练相当于增大了训练的 batch_size，传统的批标准化仅对一个 batch 上的数据进行操作，在分布式训练中不同的进程对不同的数据进行操作，相当于每一个进程的 BN 层处理的 batch_size 明显变小。如果在分布式训练中直接使用 BN 层，则很难取得与单卡情况近似的结果。因此，可以通过跨卡批标准化操作同步不同进程 BN 层得到的均值和方差，这一操作在 `torch.distributed` 和 Horovod 中均已被封装。
- 合理设置 batch_size 与学习率。在分布式训练中，当使用的 GPU 数量变多时，模型可能更难收敛，同时模型的性能相比于单机单卡情况也有一定的下降。这是因为分布式训练相当于增大了训练的 batch_size，在一个 epoch 中参数更新的次数会变少。如果直接增大学习率，那么不同的进程得到的梯度可能差异较大，这不利于模型的收敛。因此，有学者研究出了 Adasum 算法用于解决这一问题，相关操作在 Horovod 中已经被封装。
- 进程工作不正常。在分布式训练中，不同的进程之间需要通信来完成参数的汇总更新，因此进程间同步是至关重要的。如果某些进程发生故障，那么整个分布式训练将无法进行，因为所有进程都在等待有故障的进程的响应以保持同步。`torch.distributed` 和 Horovod 均考虑了这一情况，一旦某些进程发生故障，或者可用进程数发生改变，程序就会自动、动态地进行调整。

- 使用 Apex 进一步加速分布式训练。Apex 是 NVIDIA 开源的一个用于混合精度训练的分布式框架，它针对 GPU 底层通信的 NCCL 通信后端进行了优化。用户可以在 `torch.distributed` 和 Horovod 的基础上，使用 Apex 进一步加速分布式训练。

关于分布式训练还有许多扩展与技巧，读者可以在本章内容的基础上进行进一步的思考，从而更好地应用分布式训练这一工具。

7.6　小结

本章对 PyTorch 中的多卡训练方式——分布式和并行进行了详细介绍。首先，读者应明确并行与分布式的区别：对于并行而言，一般使用单进程控制多卡；在分布式中，每一块 GPU 都对应一个进程。其次，本章对消息传递接口（MPI）的基本概念进行了介绍，并讲解了基于此风格的两种常用的分布式训练工具：`torch.distributed` 和 Horovod。最后，本章总结了分布式训练中的注意事项与进阶扩展。

8 CUDA 扩展与编译

第 5 章介绍了如何使用 GPU 对 PyTorch 中的操作进行加速，如果需要自己实现一个较为复杂的操作，但无法直接使用 GPU 进行加速，那么应该怎么办呢？答案是使用本章介绍的 C++ 扩展和 CUDA 扩展。本章将通过一个示例讲解 C++ 扩展和 CUDA 扩展的具体流程操作，并在 Python 中调用该扩展，测试其正确性和性能。同时，本章还将介绍 CUDA 运行版本和编译版本之间的关系，以及 cuDNN 的使用方法。

8.1 PyTorch C++ 扩展简介

目前，PyTorch 已经实现了很多函数功能，但是在某些场景中仍然需要使用 C++ 或 CUDA 自定义一些操作。比如以下两种场景：

- PyTorch 对该操作尚未支持。
- PyTorch 对该操作的实现还不够高效。例如，该操作可以通过循环调用 PyTorch 函数实现，这样的实现方式在反向传播时效率较低。

对于这些场景，可以通过编写 C++ 扩展或 CUDA 扩展的方式实现特定的功能，从而达到更高的计算效率，加速网络的训练。

8.1.1　C++ 扩展

相比于 Python 而言，C/C++ 在减少开销上具有天然的优势。因此，对于一些复杂的操作，可以通过 C/C++ 实现，再通过 Python 调用。同时，在实现 C++ 扩展时，用户可以自定义反向传播函数，而不是使用 PyTorch 的 autograd 自动生成，这种做法效率更高。下面举例说明如何编写 PyTorch 的 C++ 扩展，并对比其在反向传播中的差距。本节使用的示例函数是 sigmoid 函数的变形 $f(x) = \dfrac{\mathrm{e}^{-x}}{1 + \mathrm{e}^{-x}}$，这里会实现它的前向传播和反向传播的过程，并比较它们的性能。本节的例子不涉及 CUDA 代码，主要是讲解如何使用 PyTorch 的 C++ 接口。

实现 C++ 扩展可以分为以下三步。

（1）定义并实现 C++ 函数，使用 pybind11 生成函数的 CPython 接口。

（2）使用 setuptools 编译安装。

（3）自定义 autograd.Function 调用该函数的 CPython 接口，后续可在 nn.Module 中使用该函数。

整个工程的文件目录如下：

```
|__ CppExtension
    |-- src
       |-- MySigmoid.h
       |__ MySigmoid.cpp
    |__ setup.py
```

首先，编写 C++ 的头文件 MySigmoid.h，定义前向传播和反向传播的函数。这里使用了 torch/torch.h 头文件，它是一个一站式头文件，其中包含了张量计算接口库 ATen、绑定 C++ 和 Python 的 pybind11 方法（在使用前，需要在 Python 环境下通过 pip install pybind11 命令进行配置），以及管理 ATen 和 pybind11 的其他文件。

```cpp
// ./src/MySigmoid.h
#include<torch/torch.h>

// 在前向传播过程中用到了参数x
// 定义f(x)=e^-x/1+e^-x
at::Tensor MySigmoidForward(const at::Tensor& x);
// 在反向传播过程中用到了回传梯度和f(x)的结果
at::Tensor MySigmoidBackward(const at::Tensor& fx, const at::Tensor& grad_out);
```

然后，需要将前向传播和反向传播的整个过程实例化为 C++ 代码，并使用 pybind11 将用 C++ 创建的函数绑定到 Python 上。其中，PYBIND11_MODULE 中的宏 TORCH_EXTENSION_NAME 会被定义为 setup.py 脚本中的扩展名。这里保证输入是二维数据，在计算过程中不直接使用相应的函数，而是使用 for 循环来实现（注释中非 for 循环形式的代码为优化后的计算过程），用于验证 C++ 扩展对计算图的优化。C++ 部分的代码如下：

```cpp
// ./src/MySigmoid.cpp
#include "MySigmoid.h" // 导入头文件
#include <math.h>

// 前向传播函数，注意Tensor的形状要一致
```

```
at::Tensor MySigmoidForward(const at::Tensor& x){
    at::Tensor fx = at::zeros(x.sizes());
    for(int i=0; i < fx.size(0); i++){
        for(int j=0; j < fx.size(1); j++){
            fx[i][j] = exp(-x[i][j]) / (1 + exp(-x[i][j]));
        }
    }
//    非for循环形式，直接替换上面的for循环即可
//    fx = exp(-x) / (1 + exp(-x));
    return fx;
}


// 反向传播函数，grad_out是上一级梯度回传的值，根据链式法则需要累乘
at::Tensor MySigmoidBackward(const at::Tensor& fx, const at::Tensor& grad_out){
    at::Tensor grad_x = at::ones(grad_out.sizes());
    for(int i=0; i < grad_x.size(0); i++){
        for(int j=0; j < grad_x.size(1); j++){
            grad_x[i][j] = fx[i][j] * (fx[i][j] - 1) * grad_out[i][j];
        }
    }
//    非for循环形式，直接替换上面的for循环即可
//    grad_x = fx * (fx - 1) * grad_out * at::ones(grad_out.sizes());
    return grad_x;
}


// 将C++函数绑定到Python上，TORCH_EXTENSION_NAME即为setup.py中setup定义的name
PYBIND11_MODULE(TORCH_EXTENSION_NAME, m) {
    m.def("forward",  &MySigmoidForward,  "mysigmoid forward" );
    m.def("backward", &MySigmoidBackward, "mysigmoid backward");
}
```

最后，利用 setuptools 中的 setup 工具完成对 C++ 代码的编译和 C++ 扩展的构建。构建完成后，C++ 扩展将被命名为 mysigmoid，以后在 Python 中就能直接调用这个模块了。

```
# ./setup.py
from setuptools import setup
import os
from torch.utils.cpp_extension import BuildExtension, CppExtension

# 头文件目录
include_dirs = "./src"
```

```
# 源代码目录
source = ["./src/MySigmoid.cpp"]

setup(
    name='mysigmoid',  # 模块名称，宏TORCH_EXTENSION_NAME的值
    version="0.1",
    ext_modules=[CppExtension('mysigmoid', sources=source,
        include_dirs=[include_dirs]),],
    cmdclass={'build_ext': BuildExtension}
)
```

读者在 setup.py 所在的目录下运行 python setup.py install 命令，即可完成这个 C++ 扩展的编译构建，最后，它会被安装在对应的 Python 环境下的 site-packages 中。如果读者看到如下输出，则表示其构建成功。

```
Installed /home/admin/.conda/envs/torch1.8/lib/python3.6/site-packages/mysigmoid
-0.1-py3.6-linux-x86_64.egg
Processing dependencies for mysigmoid==0.1
Finished processing dependencies for mysigmoid==0.1
```

在这里，官方文档强调了编译时的版本问题：用于构建 C++ 扩展的编译器必须与 ABI 兼容，同时它必须与构建 PyTorch 时采用的编译器一样，即必须在 Linux 系统下使用 4.9 版本及更高版本的 GCC。

下面编写一个测试函数来验证刚刚构建的 C++ 扩展以及它的性能。**注意：在调用自定义的 C++ 扩展之前，需要先导入 PyTorch 包（import torch），否则会报错。**

```
import torch # 提前导入PyTorch包
from torch.autograd import Function
from torch.nn import Module
import mysigmoid  # 导入自定义的C++扩展
import time

# 将扩展的前向传播和反向传播封装为一个Function对象
class MySigmoid(Function):
    @staticmethod
    def forward(ctx, x):
        fx = mysigmoid.forward(x)
        vars = [fx] # 保存中间变量
        ctx.save_for_backward(*vars)
        # 必须使用*vars的形式，不能使用ctx.save_for_backward(fx)
        return fx
```

```python
    @staticmethod
    def backward(ctx, grad_out):
        grad_x = mysigmoid.backward(*ctx.saved_tensors, grad_out)
        # 必须将mysigmoid.backward的返回值解耦后单独返回，否则是一个对象
        return grad_x

# 构建用于测试的示例类Test
class Test(Module):
    def __init__(self):
        super().__init__()

    def forward(self, x):
        # 直接调用apply方法
        return MySigmoid.apply(x)

# 测试C++扩展的输出是否正确
def checkResult():
    # 在调用model时，必须保证输入是二维数据
    x1 = torch.arange(2, 12).view(2, 5).float().requires_grad_()
    model = Test()
    fx1 = model(x1)
    fx1.sum().backward()

    x2 = torch.arange(2, 12).view(2, 5).float().requires_grad_()
    fx2 = torch.exp(-x2) / (1. + torch.exp(-x2))
    fx2.sum().backward()

    assert fx1.equal(fx2)
    assert x1.grad.allclose(x2.grad)
```

在运行测试函数 checkResult() 时，如果没有抛出异常，那么表示使用自定义的 C++ 扩展与直接使用 PyTorch 进行反向传播的结果一致。在本书的配套代码 Chapter8 /CppExtension/test.py 文件中，运行测试函数 compare_pytorch_with_cpp()，可以比较使用 C++ 扩展与使用 for 循环进行反向传播的性能差异。使用 autograd 计算梯度的公式如式（8.1）所示。

$$f'(x) = \frac{(1 + \mathrm{e}^{-x})(\frac{\mathrm{d}}{\mathrm{d}x}(\mathrm{e}^{-x})) - \mathrm{e}^{-x}(\frac{\mathrm{d}}{\mathrm{d}x}(1 + \mathrm{e}^{-x}))}{(1 + \mathrm{e}^{-x})^2} \tag{8.1}$$

使用autograd直接生成计算图的计算公式是不会被化简的，在计算时会按照式（8.1）的形式逐步进行。而使用 C++ 扩展可以手动优化该计算过程，优化后的梯度计算公式如

式（8.2）所示。

$$f'(x) = f(x) \times (f(x) - 1) \tag{8.2}$$

运行测试函数 compare_pytorch_with_cpp()，它们的性能比较结果如下：

```
cpp extension forward time: 61.44543814659119
cpp extension backward time: 55.58434247970581
PyTorch for_loop forward time: 195.94377946853638
PyTorch for_loop backward time: 1201.0588443279266
pytorch forward time: 0.007752418518066406
pytorch backward time: 0.013411998748779297
```

由此可见，使用 C++ 扩展可以对计算图进行优化，大大降低在反向传播中计算梯度时的计算量，提高模型的性能。相比于 PyTorch 的循环而言，C++ 扩展的性能更优，尤其体现在反向传播过程中。**需要注意的是，在 C++ 扩展中仍然使用 for 循环处理前向传播和反向传播的计算过程，相比于直接使用 PyTorch 进行向量化计算的结果，性能远逊于后者。**

8.1.2 CUDA 扩展

8.1.1 节主要介绍了 PyTorch 的 C++ 扩展方式，当扩展中包含大量的逐点运算和矩阵运算时，C++ 扩展的性能依旧有限。在这种情况下，可以使用 CUDA 扩展方式，对 CUDA 内核进行自定义，像 C++ 扩展一样自行编写前向传播和反向传播部分的代码，将逐点运算和矩阵运算放进 CUDA 内核中进行融合和并行化，进一步提升程序的性能。

编写 CUDA 扩展的流程和编写 C++ 扩展类似，首先需要编写一个 C++ 文件用于定义在 Python 中调用的函数，使用 pybind11 将这些函数绑定到 Python 上。同时，在 CUDA 文件中定义的函数也会在该 C++ 文件中进行声明，然后将调用转发给 CUDA 函数。最后，编写一个 CUDA 文件（以 .cu 为后缀）自定义实际的 CUDA 内核，这里将使用一些 CUDA 语法，稍后会简单介绍。下面将使用 CUDA 扩展重写 C++ 扩展的示例。

首先使用 C++ 编写在 Python 中调用的函数。

```cpp
// ./src/MySigmoidCUDA.cpp
#include <torch/torch.h>

// 定义检查输入数据的宏
#define CHECK_CUDA(x) AT_ASSERTM(x.type().is_cuda(), #x "must be a CUDA tensor")
#define CHECK_CONTIGUOUS(x) AT_ASSERTM(x.is_contiguous(), #x "must be contiguous")
#define CHECK_INPUT(x) CHECK_CUDA(x); CHECK_CONTIGUOUS(x)
```

```
// CUDA接口函数
at::Tensor sigmoid_cuda_forward(at::Tensor& x);
at::Tensor sigmoid_cuda_backward(at::Tensor& fx, at::Tensor& grad_out);

at::Tensor sigmoid_forward(at::Tensor& x){
    CHECK_INPUT(x);
    return sigmoid_cuda_forward(x);
}

at::Tensor sigmoid_backward(at::Tensor& fx, at::Tensor& grad_out){
    CHECK_INPUT(fx);
    CHECK_INPUT(grad_out);
    return sigmoid_cuda_backward(fx, grad_out);
}

// 将C++函数绑定到Python上
PYBIND11_MODULE(TORCH_EXTENSION_NAME, m) {
    m.def("forward", &sigmoid_forward, "sigmoid forward(CUDA)");
    m.def("backward", &sigmoid_backward, "sigmoid backward(CUDA)");
}
```

　　然后编写 CUDA 内核，即 CUDA 扩展的核心部分。在编写相关代码前，先简要介绍一下 CUDA 内核的组成。因为 CUDA 中有很多核心在多线程中执行运算，所以在调用函数时需要指明使用哪些线程。CUDA 将一个内核分为三级：Grid、Block 和 Thread。如图 8.1 所示，这里的 Grid 和 Block 暂时考虑为二维的情况（大多数时候是二维的），它们都是 dim3 类型的变量。dim3 类型可以被看作一个无符号的整数三元组 (x,y,z)，在初始化时将其部分定义为 1，就可以轻松地实现 1-dim、2-dim 和 3-dim 结构。

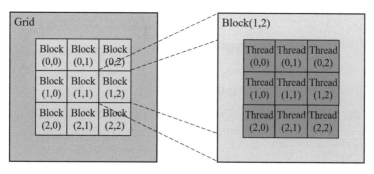

图 8.1　CUDA 中的 Grid、Block 和 Thread

　　在完成 Grid 和 Block 的定义后，每一个线程的全局 ID 都可以通过一组坐标来进行唯一标识：(blockIdx, threadIdx)，基于这组唯一标识可以为不同的核心分配相应的输入，并在线程中完成计算后输出到对应的位置。其中 blockIdx 表明了 Block 在 Grid 中的位置，threadIdx 表明了线程在 Block 中的位置。例如，在图 8.1 中，Block(1,2) 里的 Thread(2,1) 就可以表示为：

```
threadIdx.x = 2
threadIdx.y = 1
blockIdx.x = 1
blockIdx.y = 2
```

同时，通常还需要把一个线程在 Block 中的全局 ID 从多维的 Tensor 转换为一维的形式。该操作类似于计算一个 reshape 后的 Tensor 在某一个位置的元素对应于底层存储区的偏移量。在这里，对于一个二维的 Block，形如 (blockDim.x, blockDim.y)，线程 (x,y) 的 ID 值可以表示为 x+y×blockDim.x。

此外，CUDA 的多线程计算在逻辑层和物理层上还有一些区别。当一个 kernel 启动多个线程时，所有的线程被称为一个 Grid，把这个 Grid 分成多个线程块（Block），这些线程块在逻辑层上是并行的，但是在物理层上却不一定。GPU 硬件的核心组件是流式多处理器（SM），它包含一些 CUDA 核心、共享内存和寄存器。当一个 kernel 在执行时，Grid 中的线程块会被分配到 SM 上（一个 SM 可以调度多个线程块，但是一个线程块只能由一个 SM 调度）。由于 SM 同时处理的线程数量是有限的，所以一个 kernel 下的所有线程在物理层上不一定是同时并发的。因此，在编写核函数时，需要有效利用线程的序列号来分配计算任务，尽量将计算任务平均分配给各个线程进行计算。如果程序的计算量超过了线程的数量，那么系统将循环地将计算任务分配给线程，完成最终的计算。kernel 凭借这种线程的组织结构，在矩阵运算上十分高效。

在 CUDA 中还有几种特殊的声明方式。

- __global__：异步模式，从 CPU 中调用函数，在 GPU 中执行，CPU 不会等待 kernel 的执行结果。

- __device__：从 GPU 中调用函数，在 GPU 中执行，不可与 __global__ 同时使用。

- __host__：同步模式，从 CPU 中调用函数，在 CPU 中执行，一般可以省略不写。

在大致了解了 CUDA 编程后，下面继续完成 CUDA 内核部分代码的编写。

```
// ./src/MySigmoidKernel.cu（注意后缀是 .cu）
#include <ATen/ATen.h>
#include <cuda.h>
#include <cuda_runtime.h>
#include <vector>
#include <stdio.h>
```

```
#define THREADS 1024

// scalar_t是一个宏，特化时会传入具体的类型，下面在调用时会实例化为at::Tensor
// 定义前向传播的CUDA内核
template <typename scalar_t>
__global__ void sigmoid_cuda_forward_kernel(scalar_t* x, scalar_t* fx, const int
state_size) {
    const uint32_t index = threadIdx.x + blockDim.x * blockIdx.x;
    if(index < state_size){
        // f(x)=e^-x/1+e^-x
        fx[index] = expf(-x[index]) / (1. + expf(-x[index]));
    }
}


// 定义反向传播的CUDA内核
template <typename scalar_t>
__global__ void sigmoid_cuda_backward_kernel(scalar_t* fx, scalar_t* grad_fx,
scalar_t* grad_x, const int state_size) {
    const uint32_t index = threadIdx.x + blockDim.x * blockIdx.x;
    if(index < state_size){
        // f'(x)=f(x)(f(x)-1)
        grad_x[index] = fx[index] * (fx[index] - 1) * grad_fx[index];
    }
}


// 前向传播函数，返回值是前向传播计算的结果
__host__ at::Tensor sigmoid_cuda_forward(at::Tensor& x) {
    auto fx = x.clone();
    const int state_size = x.numel();
    const int nblocks = (state_size + THREADS - 1) / THREADS;
    // 前向传播的CUDA内核调用
    AT_DISPATCH_FLOATING_TYPES(x.type(), "sigmoid_forward_cuda", ([&] {
        sigmoid_cuda_forward_kernel<scalar_t><<<nblocks, THREADS>>>(
            x.data<scalar_t>(),
            fx.data<scalar_t>(),
            state_size);
  }));

  return fx;
}
```

```
// 反向传播函数，返回值是回传梯度
__host__ at::Tensor sigmoid_cuda_backward(at::Tensor& fx, at::Tensor& grad_fx) {
    auto grad_x = grad_fx.clone();
    const int state_size = fx.numel();
    int nblocks = (state_size + THREADS - 1) / THREADS;
    // 反向传播的CUDA内核调用
    AT_DISPATCH_FLOATING_TYPES(grad_fx.type(), "sigmoid_backward_cuda", ([&] {
        sigmoid_cuda_backward_kernel<scalar_t><<<nblocks, THREADS>>>(
            fx.data<scalar_t>(),
            grad_fx.data<scalar_t>(),
            grad_x.data<scalar_t>(),
            state_size);
    }));

    return grad_x;
}
```

在完成 C++ 函数与 Python 的绑定，以及 CUDA 内核部分代码的编写后，接下来需要利用 setuptools（在构建扩展时，还可以采用 JIT 进行实时扩展，在这里依然采用 setuptools 的方式进行）完成 C++ 和 CUDA 代码的编译，以及 CUDA 扩展的构建。与 C++ 扩展不同，CUDA 使用 CUDAExtension 进行扩展。

```
# ./setup.py
from setuptools import setup
from torch.utils.cpp_extension import BuildExtension, CUDAExtension

setup(
    name='mysigmoid2', # 模块名称，用于import调用
    ext_modules=[
        CUDAExtension('mysigmoid2', [
            './src/MySigmoidKernel.cu',
            './src/MySigmoidCUDA.cpp',
        ]),
    ],
    cmdclass={
        'build_ext': BuildExtension
    })
```

现在，整个工程的文件目录如下：

```
|__ CUDAExtension
    |-- src
        |-- MySigmoidKernel.cu
```

```
        |__ MySigmoidCUDA.cpp
|__ setup.py
```

与 C++ 扩展一样，在 setup.py 所在的目录下运行 python setup.py install 命令，即可完成这个 CUDA 扩展的构建，最后，它会被安装在 Python 的 site-packages 中。如果读者看到如下输出，则表示其构建成功。

```
Installed /home/admin/.conda/envs/torch1.8/lib/python3.6/site-packages/mysigmoid2
-0.0.0-py3.6-linux-x86_64.egg
Processing dependencies for mysigmoid2==0.0.0
Finished processing dependencies for mysigmoid2==0.0.0
```

同样地，在当前目录下编写一个 test.py 文件，验证刚刚构建的 CUDA 扩展是否成功。这部分测试代码与 C++ 扩展的类似。

```python
# ./test.py
import torch
from torch.autograd import Function
from torch.nn import Module
import mysigmoid2  # 导入自定义的CUDA扩展
import time

# 将扩展的前向传播和反向传播封装为一个Function对象
class MySigmoid(Function):
    @staticmethod
    def forward(ctx, x):
        fx = mysigmoid2.forward(x)
        vars = [fx] # 保存中间变量
        ctx.save_for_backward(*vars)
        return fx

    @staticmethod
    def backward(ctx, grad_out):
        grad_out = grad_out.contiguous()
        grad_x = mysigmoid2.backward(*ctx.saved_tensors, grad_out)
        return grad_x

# 定义测试模型
class Test(Module):
    def __init__(self):
        super().__init__()

    def forward(self, x):
```

221

```
        return MySigmoid.apply(x)

def main():
    x2 = torch.randn(4).requires_grad_()
    x1 = x2.clone().detach().cuda().requires_grad_()
    model = Test().cuda()
    fx1 = model(x1)
    fx1.sum().backward()

    fx2 = torch.exp(-x2) / (1. + torch.exp(-x2))
    fx2.sum().backward()

    # 测试前向传播的值是否相同
    assert fx1.data.cpu().allclose(fx2)
    # 测试反向传播后梯度值是否相同
    assert x1.grad.data.cpu().allclose(x2.grad)

if __name__ == '__main__':
    main()
```

运行测试文件时没有抛出异常，说明使用自定义的 CUDA 扩展与直接使用 PyTorch 进行反向传播的结果一致。在本书的配套代码 Chapter8/CUDAExtension/test.py 文件中，运行测试函数 compare_pytorch_with_cuda()，可以得到使用 CUDA 扩展与使用 PyTorch 进行向量化计算的性能比较结果。CUDA 扩展不仅将每步计算都放进了不同的线程中并行进行，而且优化了反向传播函数，因此它在性能上更加优异。

```
CUDA extension forward time: 0.0003597736358642578
CUDA extension backward time: 0.0029163360595703125
pytorch forward time: 0.008926630020141602
pytorch backward time: 0.01158595085144043
```

8.2 CUDA、NVIDIA-driver、cuDNN、PyTorch 之间的关系

在利用 PyTorch 框架进行深度学习的过程中，因为 PyTorch 和 CUDA 更新迭代的速度很快，所以读者经常会遇到 CUDA 的运行版本、编译版本与框架代码不匹配等问题。本节将对这些问题进行总结。

NVIDIA-driver 是 NVIDIA GPU 显卡的驱动程序，在安装 PyTorch、CUDA 等之前需要保证它已经被成功安装。NVIDIA-driver 是向下兼容的，即系统的 NVIDIA-driver 版本决定着其可以支持什么版本的 CUDA 和 cudatoolkit。因此，NVIDIA-driver 的版本不需要刻意与 CUDA 的版本对齐，只需要保持一个较高的版本就行。表 8.1 中给出了

CUDA Toolkit 和 NVIDIA-driver 版本的对应信息。

表 8.1　CUDA Toolkit 和 NVIDIA-driver 版本的对应信息

CUDA Toolkit	Linux x86_64 驱动版本	Windows x86_64 驱动版本
CUDA 11.4.0 GA	⩾ 470.42.01	⩾ 471.11
CUDA 11.2.0 GA	⩾ 460.27.03	⩾ 460.82
CUDA 11.0.1 RC	⩾ 450.36.06	⩾ 451.22
CUDA 10.0.130	⩾ 410.48	⩾ 411.31
CUDA 8.0 (8.0.44)	⩾ 367.48	⩾ 369.30

实际上，读者可以通过 Anaconda 完成 PyTorch 和 CUDA 的安装。在第 2 章中已经详细介绍了 PyTorch 的安装方法，如果选择安装支持 GPU 计算的 PyTorch，那么在 Anaconda 的安装目录下可以发现它已经安装了 cudatoolkit。这个 cudatoolkit 与官方提供的 CUDA Toolkit 存在一些差距。首先，官方提供的 CUDA Toolkit 是一个完整的工具安装包，其中包含了 CUDA-C、CUDA-C++ 以及 nvcc（CUDA 编译器）。由于 CUDA 程序有两部分代码，其中一部分是运行在 CPU 上的 host 代码，另一部分是运行在 GPU 上的 device 代码，nvcc 保证了这两部分代码的编译结果能够在不同的机器上运行。在 Linux 下可以通过 nvcc --version 或 nvcc -V 命令查看 nvcc 的版本信息。

```
nvcc: NVIDIA (R) Cuda compiler driver
Copyright (c) 2005-2017 NVIDIA Corporation
Built on Fri_Nov__3_21:07:56_CDT_2017
Cuda compilation tools, release 9.1, V9.1.85
```

此外，CUDA Toolkit 中还包含了进行 CUDA 开发的与编译、调试等相关的组件。其对于 PyTorch 框架而言不是那么重要，因为 PyTorch 在使用 GPU 时，在大多数情况下只是调用了 CUDA 的动态链接库来支持程序的运行，PyTorch 部分和 CUDA 部分的代码是预先编译好的，这个过程不需要重新编译，直接在依赖的动态链接库中执行即可。利用 Anaconda 安装 PyTorch 时会自动安装 cudatoolkit，其中包含了应用程序在使用 CUDA 功能时用到的动态链接库，此时无须安装官方的 CUDA Toolkit 工具包。但是，如果需要给 PyTorch 框架添加一些 CUDA 扩展，并对所编写的 CUDA 相关程序进行编译操作，那么此时就需要安装官方提供的完整的 CUDA Toolkit 工具包。

在 NVIDIA-driver 的支持下，利用 nvidia-smi 可以查看相关版本信息，也可以管理和监控 GPU 设备。

```
Tue Dec  8 10:45:19 2020
+-----------------------------------------------------------------------------+
| NVIDIA-SMI 430.26      Driver Version: 430.26       CUDA Version: 10.2     |
|-------------------------------+----------------------+----------------------+
```

```
| GPU   Name           Persistence-M| Bus-Id        Disp.A | Volatile Uncorr. ECC |
| Fan   Temp   Perf    Pwr:Usage/Cap|              Memory-Usage | GPU-Util  Compute M. |
|===============================+======================+======================|
|   0   GeForce GTX 108...  Off  | 00000000:02:00.0 Off |                  N/A |
| 0%    60C    P5     27W / 280W |        0MiB / 11177MiB |      0%      Default |
+-------------------------------+----------------------+----------------------+


+-----------------------------------------------------------------------------+
| Processes:                                                       GPU Memory |
|  GPU       PID    Type   Process name                            Usage      |
|=============================================================================|
|  No running processes found                                                 |
+-----------------------------------------------------------------------------+
```

从查看结果中可以发现，`nvcc --version` 中的 CUDA 版本是 9.1，而 `nvidia-smi` 中的 CUDA 版本是 10.2。为什么这两个版本号不同，代码还能正常运行呢？这是因为 CUDA 中有两个 API，其中一个是 Runtime API，另一个是 Driver API，它们都有对应的版本号。用于支持 Driver API 的 CUDA 是通过 GPU 驱动安装的，`nvidia-smi` 就属于这个；用于支持 Runtime API 的 CUDA 是通过 CUDA Toolkit 安装的，CUDA Toolkit Installer 有时可能集成了 GPU Driver Installer。nvcc 是同 CUDA Toolkit 一起安装的，它只会反映出 CUDA 的 Runtime API 版本，因此这两个版本号不一定一致。CUDA 中 API 之间的关系如图 8.2 所示。

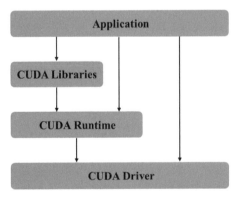

图 8.2　CUDA 中 API 之间的关系

一个应用只能使用其中一种 API，相比之下，Runtime API 拥有高层级的封装，运行时可以编译并将 CUDA 内核链接到可执行文件中，通过隐式初始化、上下文管理和模块管理简化设备代码管理。而 Driver API 更加接近底层，编程实现更加困难，但是能够查询到更加详细的设备信息。

最后讲一讲 cuDNN，它是一个专门为深度学习设计的软件库。cuDNN 提供了深度神经网络 GPU 加速库，其中包含了大量封装好的计算函数，例如卷积、池化等基本函数，目的是保障性能、可用性，以及提供更低的内存开销。同时，NVIDIA 的 cuDNN 还可以被集成到一些高级的机器学习框架中，如 PyTorch、TensorFlow 等。通过简单的插入式操作便能使用 cuDNN，从而在 GPU 上实现高性能的并行计算，用户无须将时间浪费在 GPU 性能的调优上。所谓插入式操作，是指只需要将 cuDNN 的文件复制到 CUDA 对应的文件夹里，即可完成 CUDA 的扩展，不会对 CUDA 本身造成其他影响。

此外，对 cuDNN 中的 `torch.backends.cudnn.benchmark` 属性稍做修改，就可以提升大部分具有固定结构的卷积神经网络的训练速度。在使用 GPU 加速时，PyTorch 会默认调用 cuDNN 进行加速，此时 cuDNN 会将 `torch.backends.cudnn.benchmark` 的模式设置成 False。读者可以在训练代码的开头手动将其设置为 True，PyTorch 在一开始就会为整个神经网络的每个卷积层搜索最适合它的卷积实现算法，进而实现网络的加速。

8.3 小结

本章主要对 PyTorch 的 C++ 扩展和 CUDA 扩展进行了介绍，并通过一个简单的示例对两种扩展方法进行了测试，分析了它们的性能差距。同时，本章还讲解了 CUDA 的运行版本、编译版本与代码不匹配的问题，读者需要在实际使用时保持一个较高的 NVIDIA-driver 版本。最后，本章简要介绍了 cuDNN 的一些概念和使用。总之，CUDA 扩展可以利用高度并行化的操作优化底层运算，获得大量的加速，在自行设计的模块中具有强大的作用。

9 | PyTorch 实战指南

通过前面几章的学习，读者已经掌握了 PyTorch 的基本知识和部分高级扩展。本章将结合之前所讲的内容，带领读者从头实现一个完整的深度学习项目。本章的重点不是如何使用 PyTorch 的接口，而是如何合理地设计程序的结构，使程序更具可读性。

9.1 编程实战：猫和狗二分类

在学习某个深度学习框架时，掌握其基本知识和接口固然重要，但如何合理地组织代码，使代码具有良好的可读性和可扩展性也很关键。本章不再深入讲解过多的知识性内容，而是传授一些经验。对于这部分内容可能有些争议，因为它们受笔者个人喜好和代码风格的影响较大，所以读者可以将其当成一种参考或提议，而不是作为必须遵循的准则。归根到底，笔者希望读者能以一种更为合理的方式组织自己的程序。

在做深度学习实验或项目时，为了得到最优的模型结果，往往需要进行很多次尝试和修改。合理的文件组织结构以及一些小技巧，可以极大地提高代码的易读性和易用性。根据经验，在进行大多数深度学习研究时，都需要程序实现以下几个功能。

- 模型定义。
- 数据处理和加载。
- 训练模型（Train&Validate）。
- 训练过程的可视化。
- 测试（Test/Inference）。

另外，还需要程序满足以下几个要求。

- 模型需具有高度可配置性，便于修改参数、修改模型和反复实验。
- 代码应具有良好的组织结构，使人一目了然。
- 代码应具有良好的说明，使其他人能够理解。

在之前的章节中已经讲解了 PyTorch 的大部分内容，本章将应用其中最基础、最常见的内容，并结合实例讲解如何使用 PyTorch 完成 Kaggle 上的经典比赛："Dogs vs Cats"。本章所有示例程序均在本书的配套代码 Chapter9 中。

9.1.1　比赛介绍

"Dogs vs Cats"是一个传统的二分类问题，其训练集包含 25 000 张图像，部分图像如图 9.1 所示。这些图像均被放置在同一个文件夹下，命名格式为 `<category>.<num>.jpg`，例如 `cat.10000.jpg`、`dog.100.jpg`。测试集包含 12 500 张图像，命名格式为 `<num>.jpg`，例如 `1000.jpg`。参赛者需要根据训练集的图像训练模型，并在测试集上进行预测，输出它是狗的概率。最后提交的 CSV 文件如下，其中第一列是图像的 `<num>`，第二列是它是狗的概率。

```
id,label
10001,0.889
10002,0.01
 ...
```

图 9.1　猫和狗的图像

9.1.2　文件组织结构

整个程序文件的组织结构如下：

```
|-- checkpoints/
|-- data/
    |-- __init__.py
```

```
    |__ dataset.py
|-- models/
    |-- __init__.py
    |-- squeezenet.py
    |-- BasicModule.py
    |__ resnet34.py
|-- utils/
    |-- __init__.py
    |__ visualize.py
|-- config.py
|-- main.py
|-- requirements.txt
|__ README.md
```

- checkpoints/：用于保存训练好的模型，使得程序在异常退出后仍能重新载入模型，恢复训练。
- data/：用于保存数据相关操作，包括数据预处理、数据集实现等。
- models/：用于保存模型的定义，可以有多个模型，例如 SqueezeNet 和 ResNet34，每个模型对应一个文件。
- utils/：包含可能用到的工具函数，本次实验中主要封装了可视化工具。
- config.py：配置文件，所有可配置的变量都集中在此，并提供默认值。
- main.py：主文件，训练程序和测试程序的入口，可以通过不同的命令来指定不同的操作和参数。
- requirements.txt：程序依赖的第三方库。
- README.md：提供程序的必要说明。

9.1.3　__init__.py

从整个程序文件的组织结构中可以看到，几乎每个文件夹中都有一个 __init__.py 文件。如果一个文件夹中包含了 __init__.py 文件，那么它就变成一个包（package）。__init__.py 可以为空，也可以定义包的属性和方法，但它必须存在。只有存在 __init__.py 文件，其他程序才能从这个文件夹中导入相应的模块或函数。例如，在 data/ 文件夹中有 __init__.py 文件，在 main.py 中就可以使用命令 from data.dataset import DogCat。如果在 __init__.py 文件中写入 from .dataset import DogCat，那么在 main.py 文件中就可以直接写为 from data import DogCat，或者 import data; dataset = data.DogCat。

9.1.4 数据加载

与数据处理相关的操作被保存在 data/dataset.py 文件中。与数据加载相关的操作在第 5 章中介绍过，其基本原理就是使用 Dataset 封装数据集，然后使用 DataLoader 实现数据的并行加载。Kaggle 提供的数据集只有训练集和测试集，然而在实际应用中，还需要专门从训练集中取出一部分作为验证集。对于这三种数据集，其相应的操作也不太一样，如果专门编写三个 Dataset，那么会显得复杂和冗余，因此可以加一些判断进行区分。同时，在训练集中需要进行一些数据增强处理，例如随机裁剪、随机翻转、加噪声等，在测试集和验证集中不做任何处理。下面看 dataset.py 的代码。

```python
import os
from PIL import Image
from torch.utils import data
import numpy as np
from torchvision import transforms as T

class DogCat(data.Dataset):

    def __init__(self, root, transforms=None, mode=None):
        '''
        目标：获取所有图像的地址，并根据训练、测试、验证划分数据
        mode ∈ ["train", "test", "val"]
        '''
        assert mode in ["train", "test", "val"]
        self.mode = mode
        imgs = [os.path.join(root, img) for img in os.listdir(root)]

        if self.mode == "test":
            imgs = sorted(imgs, key=lambda x: int(x.split('.')[-2].split('/')[-1]))
        else:
            imgs = sorted(imgs, key=lambda x: int(x.split('.')[-2]))
        imgs_num = len(imgs)

        # 划分训练集、验证集，验证:训练 = 3:7
        if self.mode == "test": self.imgs = imgs
        if self.mode == "train": self.imgs = imgs[:int(0.7 * imgs_num)]
        if self.mode == "val": self.imgs = imgs[int(0.7 * imgs_num):]

        if transforms is None:
            # 数据转换操作，测试验证和训练的数据转换有所区别
            normalize = T.Normalize(mean = [0.485, 0.456, 0.406],
```

```
                                    std = [0.229, 0.224, 0.225])

        # 测试集和验证集不需要数据增强
        if self.mode == "test" or self.mode == "val":
            self.transforms = T.Compose([
                T.Scale(224),
                T.CenterCrop(224),
                T.ToTensor(),
                normalize
            ])
        # 训练集需要数据增强
        else:
            self.transforms = T.Compose([
                T.Scale(256),
                T.RandomResizedCrop(224),
                T.RandomHorizontalFlip(),
                T.ToTensor(),
                normalize
            ])

def __getitem__(self, index):
    '''
    返回一张图像的数据
    对于测试集，返回图像ID，如1000.jpg返回1000
    '''
    img_path = self.imgs[index]
    if self.mode == "test":
        label = int(self.imgs[index].split('.')[-2].split('/')[-1])
    else:
        label = 1 if 'dog' in img_path.split('/')[-1] else 0
    data = Image.open(img_path)
    data = self.transforms(data)
    return data, label

def __len__(self):
    '''
    返回数据集中所有图像的数量
    '''
    return len(self.imgs)
```

在第 5 章中提到，可以将文件读取等费时操作放在 __getitem__ 函数中，利用多进程加速。这里将 30% 的训练集作为验证集，用来检查模型的训练效果，从而避免过拟合。在定义好 Dataset 后，就可以使用 DataLoader 加载数据了。

```
train_dataset = DogCat(opt.train_data_root, mode="train")
trainloader = DataLoader(train_dataset,
                         batch_size = opt.batch_size,
                         shuffle = True,
                         num_workers = opt.num_workers)

for ii, (data, label) in enumerate(trainloader):
    train()
```

如果数据过于复杂，那么可能需要进行数据清洗或者预处理。建议对这部分操作专门使用脚本进行处理，而不是放在 Dataset 中。

9.1.5 模型定义

模型的定义主要被保存在 models/ 文件夹中，其中 BasicModule 是对 nn.Module 的简易封装，提供快速加载和保存模型的接口。代码如下：

```
class BasicModule(t.nn.Module):
    '''
    封装了nn.Module，主要提供load和save两个方法
    '''

    def __init__(self):
        super().__init__()
        self.model_name = str(type(self)) # 模型的默认名字

    def load(self, path):
        '''
        可加载指定路径下的模型
        '''
        self.load_state_dict(t.load(path))

    def save(self, name=None):
        '''
        保存模型，默认使用"模型名字+时间"作为文件名，
        如SqueezeNet_0710_23:57:29.pth
        '''
        if name is None:
            prefix = 'checkpoints/' + self.model_name + '_'
            name = time.strftime(prefix + '%m%d_%H:%M:%S.pth')
        t.save(self.state_dict(), name)
```

```
    return name
```

在实际应用中，直接调用 model.load(model_path) 和 model.save() 即可加载、保存模型。

其他的自定义模型可以继承 BasicModule，然后实现模型的具体细节。其中 squeezenet.py 实现了 SqueezeNet, resnet34.py 实现了 ResNet34。在 models/__init__.py 文件中，代码如下：

```
from.squeezenet import SqueezeNet
from.resnet34 import ResNet34
```

在主函数中可以写成：

```
from models import SqueezeNet
```

或

```
import models
model = models.SqueezeNet()
```

或

```
import models
model = getattr('models', 'SqueezeNet')()
```

其中，最后一种写法最重要，这意味着可以通过字符串直接指定所使用的模型，而不必使用判断语句，也不必在每次新增加模型后都修改代码，只需要在 models/__init__.py 文件中加上 from .new_module import new_module 即可。

其他关于模型定义的注意事项，在第 4 章中已经做了详细讲解，这里不再赘述。总结如下：

- 尽量使用 nn.Sequential。
- 将经常使用的结构封装成子 module。
- 将重复且有规律性的结构用函数生成。

9.1.6 工具函数

在实际项目中可能会用到一些 helper 方法，这些方法被统一放在 utils/ 文件夹中，在需要使用时再引入。下面这个示例封装了可视化工具 Visdom 的一些操作，本次实验只会用到 plot 方法，用来统计损失信息。

```
import visdom
import time
```

```python
import numpy as np

class Visualizer(object):
    '''
    封装了Visdom的基本操作，但是仍然可以通过`self.vis.function`
    或者`self.function`调用原生的Visdom接口
    比如
    self.text('hello visdom')
    self.histogram(t.randn(1000))
    self.line(t.arange(0, 10),t.arange(1, 11))
    '''

    def __init__(self, env='default', **kwargs):
        self.vis = visdom.Visdom(env=env, **kwargs)

        # 记录待绘制点的下标
        # 保存（'loss',23），即loss的第23个点
        self.index = {}
        self.log_text = ''
    def reinit(self, env='default', **kwargs):
        '''
        修改Visdom的配置
        '''
        self.vis = visdom.Visdom(env=env, **kwargs)
        return self

    def plot_many(self, d):
        '''
        绘制多个数据点
        @params d: dict (name, value) i.e. ('loss', 0.11)
        '''
        for k, v in d.items():
            self.plot(k, v)

    def img_many(self, d):
        for k, v in d.items():
            self.img(k, v)

    def plot(self, name, y, **kwargs):
        '''
        self.plot('loss', 1.00)
        '''
```

```
        x = self.index.get(name, 0)
        self.vis.line(Y=np.array([y]), X=np.array([x]), win=(name),
                      opts=dict(title=name),
                      update=None if x == 0 else 'append',
                      **kwargs)
        self.index[name] = x + 1

    def img(self, name, img_, **kwargs):
        '''
        self.img('input_img', t.Tensor(64, 64))
        self.img('input_img', t.Tensor(3, 64, 64))
        self.img('input_imgs', t.Tensor(100, 1, 64, 64))
        self.img('input_imgs', t.Tensor(100, 3, 64, 64), nrows=10)
        '''
        self.vis.images(img_.cpu().numpy(), win=(name), opts=dict(title=name), **kwargs)

    def log(self, info, win='log_text'):
        '''
        self.log({'loss':1, 'lr':0.0001})
        '''
        self.log_text += ('[{time}] {info} <br>'.format(
                           time=time.strftime('%m%d_%H%M%S'), info=info))
        self.vis.text(self.log_text, win)

    def __getattr__(self, name):
        '''
        自定义的plot、image、log、plot_many等除外
        self.function等价于self.vis.function
        '''
        return getattr(self.vis, name)
```

9.1.7　配置文件

在模型定义、数据处理和训练等过程中均存在很多变量，应该为这些变量提供默认值，然后统一放置在配置文件中。后期在调试、修改代码或迁移程序时，这种做法会比较方便，这里将所有可配置项均放置在 config.py 文件中。

```
class DefaultConfig(object):
    env = 'default'        # Visdom环境
    model = 'SqueezeNet'   # 使用的模型，名字必须与models/__init__.py中的名字一致
    train_data_root = './data/train/'    # 训练集的存放路径
    test_data_root = './data/test'       # 测试集的存放路径
```

```
load_model_path = None # 加载预训练模型的路径，None表示不加载

batch_size = 128      # batch_size的大小
use_gpu = True        # 是否使用GPU加速
num_workers = 4       # 加载数据时的进程数
print_freq = 20       # 打印信息的间隔轮数

debug_file = '/tmp/debug'
result_file = 'result.csv'

max_epoch = 10  # 训练轮数
lr = 0.1         # 初始化学习率
lr_decay = 0.95 # 学习率衰减，lr = lr×lr_decay
weight_decay = 1e-4
```

可配置的参数主要包括以下几种：

- 数据集参数（文件路径、batch_size 等）。
- 训练参数（学习率、训练 epoch 等）。
- 模型参数。

在程序中，可以通过如下方式使用相应的参数：

```
import models
from config import DefaultConfig

opt = DefaultConfig()
lr = opt.lr
model = getattr(models, opt.model)
dataset = DogCat(opt.train_data_root, mode="train")
```

以上都只是默认参数，这里还可以使用更新函数。例如，根据字典更新配置参数：

```
def parse(self, kwargs):
    '''
    根据字典kwargs更新配置参数
    '''
    # 更新配置参数
    for k, v in kwargs.items():
        if not hasattr(self, k):
            warnings.warn("Warning: opt has not attribut %s" % k)
            setattr(self, k, v)

    # 打印配置信息
```

```
    print('user config:')
    for k, v in self.__class__.__dict__.items():
        if not k.startswith('__'):
            print(k, getattr(self, k))
```

在实际应用中，不需要每次都修改 config.py 文件，只需要通过命令行传入所需的参数覆盖默认配置即可。例如：

```
opt = DefaultConfig()
new_config = {'lr':0.1, 'use_gpu':False}
opt.parse(new_config)
```

9.1.8　main.py

在讲解主文件 main.py 之前，先来看看 2017 年 3 月谷歌开源的一个命令行工具——fire，读者可通过 pip install fire 安装该工具。下面对 fire 的基础用法进行介绍。example.py 文件的内容如下：

```
import fire

def add(x, y):
    return x + y

def mul(**kwargs):
    a = kwargs['a']
    b = kwargs['b']
    return a * b

if __name__ == '__main__':
    fire.Fire()
```

```
python example.py add 1 2 # 执行add(1, 2)
python example.py mul --a=1 --b=2 # 执行mul(a=1, b=2), kwargs={'a':1, 'b':2}
python example.py add --x=1 --y=2 # 执行add(x=1, y=2)
```

从上面的代码可以看出，只要在程序中运行 fire.Fire()，就可使用命令行参数 python file <function> [args,] {--kwargs,}。fire 还支持更多的高级功能，具体内容请参考官方文档。

在主文件 main.py 中，主要包含四个函数，其中三个需要通过命令行执行。main.py 的代码组织结构如下：

```
def train(**kwargs):
    '''
    训练
    '''
    pass

def val(model, dataloader):
    '''
    计算模型在验证集上的准确率等信息，用于辅助训练
    '''
    pass

def test(**kwargs):
    '''
    测试（inference）
    '''
    pass

def help():
    '''
    打印帮助信息
    '''
    print('help')

if __name__=='__main__':
    import fire
    fire.Fire()
```

根据 fire 的使用方法，可通过 python main.py <function> --args=xx 的方式来执行训练或者测试。

1. **训练**

训练的主要步骤如下：

（1）定义网络模型。

（2）数据预处理，加载数据。

（3）定义损失函数和优化器。

（4）计算重要指标。

（5）开始训练——训练网络，可视化各种指标，计算验证集上的指标。

在本章中的场景下，训练函数的代码如下：

```python
def train(**kwargs):

    # 根据命令行参数更新配置
    opt.parse(kwargs)
    vis = Visualizer(opt.env)

    # step1: 定义网络模型
    model = getattr(models, opt.model)()
    if opt.load_model_path:
        model.load(opt.load_model_path)
    if opt.use_gpu: model.cuda()

    # step2: 数据预处理和加载
    train_data = DogCat(opt.train_data_root, mode="train")
    val_data = DogCat(opt.train_data_root, mode="val")
    train_dataloader = DataLoader(train_data, opt.batch_size,
                            shuffle=True, num_workers=opt.num_workers)
    val_dataloader = DataLoader(val_data, opt.batch_size,
                            shuffle=False, num_workers=opt.num_workers)

    # step3: 定义损失函数和优化器
    criterion = t.nn.CrossEntropyLoss()
    lr = opt.lr
    optimizer = t.optim.Adam(model.parameters(), lr = lr,
                            weight_decay = opt.weight_decay)

    # step4: 计算指标，如平滑处理之后的损失，还有混淆矩阵
    loss_meter = meter.AverageValueMeter()
    confusion_matrix = meter.ConfusionMeter(2)
    previous_loss = 1e100

    # 训练
    for epoch in range(opt.max_epoch):
        loss_meter.reset()
        confusion_matrix.reset()

        for ii, (data, label) in enumerate(train_dataloader):

            # 训练模型参数
            input = data.to(opt.device)
```

```
                target = label.to(opt.device)

                optimizer.zero_grad()
                score = model(input)
                loss = criterion(score, target)
                loss.backward()
                optimizer.step()

                # 更新统计指标以及可视化
                loss_meter.add(loss.item())
                confusion_matrix.add(score.detach(), target.detach())

                if ii % opt.print_freq == opt.print_freq - 1:
                    vis.plot('loss', loss_meter.value()[0])

                    # 如果需要，则可以进入调试模式
                    if os.path.exists(opt.debug_file):
                        import ipdb;
                        ipdb.set_trace()

        model.save()

        # 计算验证集上的指标以及可视化
        val_cm, val_accuracy = val(model, val_dataloader)
        vis.plot('val_accuracy', val_accuracy)
        vis.log("epoch:{epoch}, lr:{lr}, loss:{loss}, train_cm:{train_cm}, val_cm:{
val_cm}".format(
                epoch=epoch, loss=loss_meter.value()[0], val_cm=str(val_cm.value()),
                train_cm=str(confusion_matrix.value()), lr=lr) )

        # 如果损失不再下降，则降低学习率
        if loss_meter.value()[0] > previous_loss:
            lr = lr * opt.lr_decay
            for param_group in optimizer.param_groups:
                param_group['lr'] = lr

        previous_loss = loss_meter.value()[0]
```

上面的示例用到了 PyTorchNet 中的一个工具：meter。meter 提供了一些轻量级的工具，帮助用户快速计算训练过程中的一些指标。AverageValueMeter 能够计算所有数的平均值和标准差，统计一个 epoch 中损失的平均值。ConfusionMeter 用来统计分类问题中的分类情况，是一个比准确率更详细的统计指标。如表 9.1 所示，狗的图像共有 50 张，其中有 35 张被正确分类成狗，还有 15 张被误判成猫；猫的图像共有 100 张，其中有 91 张被正确判为猫，剩下 9 张被误判成狗。相比于准确率等统计信息，在样本比例不均衡的情况下，混淆矩阵更能体现分类的结果。

表 9.1　猫和狗的数据

样本	判为狗	判为猫
实际是狗	35	15
实际是猫	9	91

　　PyTorchNet 从 TorchNet 迁移而来，其中提供了很多有用的工具，感兴趣的读者可以自行查阅相关资料。

2.　验证

　　相对来说，验证比较简单，**但注意，需要将模型置于验证模式**：model.eval()，在验证完成后，还需要将其置回训练模式：model.train()。这两句代码会影响 BatchNorm、Dropout 等层的运行模式。验证模型准确率的代码如下：

```
def val(model,dataloader):
    '''
    计算模型在验证集上的准确率等信息
    '''
    # 将模型设为验证模式
    model.eval()

    confusion_matrix = meter.ConfusionMeter(2)
    for ii, (val_input, label) in enumerate(dataloader):
        val_input = val_input.to(opt.device)
        score = model(val_input)
        confusion_matrix.add(score.detach().squeeze(), label.long())

    # 将模型恢复为训练模式
    model.train()

    cm_value = confusion_matrix.value()
    accuracy = 100. * (cm_value[0][0] + cm_value[1][1]) / (cm_value.sum())
    return confusion_matrix, accuracy
```

3. 测试

在进行测试时，需要计算每个样本属于狗的概率，并将结果保存成 CSV 文件。虽然测试代码与验证代码比较相似，但是需要重新加载模型和数据。

```python
def test(**kwargs):
    opt.parse(kwargs)

    # 模型加载
    model = getattr(models, opt.model)().eval()
    if opt.load_model_path:
        model.load(opt.load_model_path)
    if opt.use_gpu: model.cuda()

    # 数据加载
    test_data = DogCat(opt.test_data_root, mode="test")
    test_dataloader = DataLoader(train_data, batch_size=opt.batch_size,
                                 shuffle=False, num_workers=opt.num_workers)

    results = []
    for ii, (data, path) in enumerate(test_dataloader):
        input = data.to(opt.device)
        score = model(input)
        # 计算每个样本属于狗的概率
        probability = t.nn.functional.softmax(score)[:, 1].data.tolist()
        batch_results = [(path_, probability_) for path_, probability_ in zip(path,
probability)]
        results += batch_results
    write_csv(results, opt.result_file)
    return results
```

4. 帮助函数

为了方便他人使用，在程序中还应当提供一个帮助函数，用于说明函数是如何使用的。在程序的命令行接口中有众多参数，手动用字符串表示不仅复杂，而且后期修改配置文件时，还需要修改对应的帮助信息。在这里，笔者推荐使用 Python 标准库中的 inspect 方法，它可以自动获取配置的源代码。帮助函数的代码如下：

```python
def help():
    '''
    打印帮助信息: python file.py help
    '''
```

```
print('''
usage: python {0} <function> [--args=value,]
<function> := train | test | help
example:
        python {0} train --env='env0701' --lr=0.01
        python {0} test --dataset='path/to/dataset/root/'
        python {0} help
avaiable args:'''.format(__file__))

from inspect import getsource
source = (getsource(opt.__class__))
print(source)
```

当用户执行 python main.py help 命令时，会打印出如下帮助信息：

```
usage: python main.py <function> [--args=value,]
<function> := train | test | help
example:
        python main.py train --env='env0701' --lr=0.01
        python main.py test --dataset='path/to/dataset/'
        python main.py help
avaiable args:
class DefaultConfig(object):
    env = 'default'       # Visdom环境
    model = 'SqueezeNet' # 使用的模型，名字必须与models/__init__.py中的名字一致

    train_data_root = './data/train/'   # 训练集的存放路径
    test_data_root = './data/test'      # 测试集的存放路径
    load_model_path = 'checkpoints/model.pth' # 加载预训练模型的路径，None表示不加载

    batch_size = 128     # batch_size的大小
    use_gpu = True       # 是否使用GPU加速
    num_workers = 4      # 加载数据时的进程数
    print_freq = 20      # 打印信息的间隔轮数

    debug_file = '/tmp/debug'
    result_file = 'result.csv'

    max_epoch = 10  # 训练轮数
    lr = 0.1         # 初始化学习率
    lr_decay = 0.95 # 学习率衰减, lr = lr×lr_decay
    weight_decay = 1e-4
```

9.1.9　使用

正如 help 函数的打印信息所示，可以通过命令行参数指定变量名。下面是三个示例，fire 会将包含 - 的命令行参数自动转成下画线 _，也会将非数字的值转成字符串，因此 --train-data-root=data/train 和 --train_data_root='data/train' 是等价的。

```
# 训练模型
python main.py train
        ---train-data-root=data/train/
        ---load-model-path='checkpoints/resnet34_16:53:00.pth'
        ---lr=0.005
        ---batch-size=32
        ---model='ResNet34'
        ---max-epoch=20

# 测试模型
python main.py test
        ---test-data-root=data/test1
        ---load-model-path='checkpoints/resnet34_00:23:05.pth'
        ---batch-size=128
        ---model='ResNet34'
        ---num-workers=12

# 打印帮助信息
python main.py help
```

以上程序设计规范带有笔者强烈的个人喜好，并不能作为一个标准。读者无须将本章中的观点作为必须遵守的规范，仅作为一个参考即可。

9.1.10　争议

本章中的设计可能会引起不少争议，其中比较值得商榷的部分主要有以下两个方面。

- 命令行参数的配置。目前大多数程序是使用 Python 标准库中的 argparse 来处理命令行参数的，也有些程序使用轻量级的 click。这种处理对命令行的支持更完备，但根据笔者的经验来看，这种做法不够直观，并且代码量相对来说也较多。比如 argparse，每次增加一个命令行参数，都必须编写如下代码：

```
parser.add_argument('-save-interval', type=int, default=500, help='how many steps to
wait before saving [default:500]')
```

　　在读者的眼中，这种实现方式远不如一个专门的 config.py 来得直观和易用。尤其是对于使用 Jupyter Notebook 或 IPython 等进行交互式调试的用户来说，argparse 较难使用。

- 模型训练。不少人喜欢将模型的训练过程集成于模型的定义之中，代码结构如下：

```python
class MyModel(nn.Module):

    def __init__(self, opt):
        self.dataloader = Dataloader(opt)
        self.optimizer  = optim.Adam(self.parameters(),lr=0.001)
        self.lr = opt.lr
        self.model = make_model()

    def forward(self,input):
        pass

    def train_(self):
        # 训练模型
        for epoch in range(opt.max_epoch)
            for ii,data in enumerate(self.dataloader):
                train_epoch()
            model.save()

    def train_epoch(self):
            pass
```

抑或专门设计一个 Trainer 对象，其大概结构如下：

```python
import heapq

class Trainer(object):

    def __init__(self, model=None, criterion=None, optimizer=None, dataset=None):
        self.model = model
        self.criterion = criterion
        self.optimizer = optimizer
        self.dataset = dataset
        self.iterations = 0

    def run(self, epochs=1):
        for i in range(1, epochs + 1):
            self.train()
```

```python
def train(self):
    for i, data in enumerate(self.dataset, self.iterations + 1):
        batch_input, batch_target = data
        self.call_plugins('batch', i, batch_input, batch_target)
        input_var = batch_input.cuda()
        target_var = batch_target.cuda()
        plugin_data = [None, None]

        def closure():
            batch_output = self.model(input_var)
            loss = self.criterion(batch_output, target_var)
            loss.backward()
            if plugin_data[0] is None:
                plugin_data[0] = batch_output.data
                plugin_data[1] = loss.data
            return loss

        self.optimizer.zero_grad()
        self.optimizer.step(closure)

    self.iterations += i
```

还有一些人喜欢模仿 Keras 和 scikit-learn 的设计，设计一个 fit 接口。对读者来说，这些处理方式很难说哪个更好或更差，找到最适合自己的方式才是最好的。

9.2　PyTorch 调试指南

9.2.1　ipdb 介绍

很多初学者都使用 print 或 log 来调试程序，这在小规模程序中很方便。更好的调试方法应是一边运行程序，一边检查里面的变量和函数。pdb 是一个交互式的调试工具，被集成于 Python 标准库之中，其凭借强大的功能被广泛应用于 Python 环境中。pdb 能够根据用户的需求跳转到任意的 Python 代码断点、查看任意变量、单步执行代码，甚至还能修改变量的值，而不必重启程序。ipdb 是一个增强版的 pdb，读者可通过 pip install ipdb 命令安装它。ipdb 提供了调试模式下的代码自动补全功能，还具有更好的语法高亮、代码溯源和内省功能。同时，它与 pdb 接口完全兼容。

本书第 2 章中曾粗略地提到过 ipdb 的基本使用，本节将继续介绍如何结合 PyTorch 和 ipdb 进行调试。首先看一个例子。如果需要使用 ipdb，那么只需在想要进行调试的地方插入 ipdb.set_trace()，当程序运行到此处时，就会自动进入交互式调试模式。

```
try:
    import ipdb
except:
    import pdb as ipdb

def sum(x):
    r = 0
    for ii in x:
        r += ii
    return r

def mul(x):
    r = 1
    for ii in x:
        r *= ii
    return r

ipdb.set_trace()
x = [1, 2, 3, 4, 5]
r = sum(x)
r = mul(x)
```

当程序运行至 ipdb.set_trace() 时，会自动进入调试模式，在该模式下，用户可以使用调试命令。例如，使用 next 或缩写 n 单步执行，查看 Python 变量，运行 Python 代码，等等。如果 Python 变量名和调试命令冲突，那么需要在变量名前加 !，这样 ipdb 即会执行对应的 Python 命令，而不是调试命令。下面举例说明 ipdb 的调试，重点讲解 ipdb 的两大功能。

- 查看：在函数调用堆栈中自由跳动，并查看函数的局部变量。
- 修改：修改程序中的变量，并能以此影响程序运行结果。

```
> /tmp/mem2/debug.py(16)<module>()
     15 ipdb.set_trace()
---> 16 x = [1,2,3,4,5]
     17 r = sum(x)

ipdb> l 1,18 # list 1,18 的缩写，查看第1~18行的代码
             # 光标所指的这一行尚未运行

    1 import ipdb
    2
    3 def sum(x):
```

```
     4      r = 0
     5      for ii in x:
     6          r += ii
     7      return r
     8
     9 def mul(x):
     10     r = 1
     11     for ii in x:
     12         r *= ii
     13     return r
     14
     15 ipdb.set_trace()
---> 16 x = [1,2,3,4,5]
     17 r = sum(x)
     18 r = mul(x)
```

```
ipdb> n # next的缩写，执行下一步
> /tmp/mem2/debug.py(17)<module>()
     16 x = [1,2,3,4,5]
---> 17 r = sum(x)
     18 r = mul(x)
```

```
ipdb> s # step的缩写，进入sum函数内部
--Call--
> /tmp/mem2/debug.py(3)sum()
     2
----> 3 def sum(x):
     4      r = 0
```

```
ipdb> n # next，单步执行
> /tmp/mem2/debug.py(4)sum()
     3 def sum(x):
----> 4      r = 0
     5      for ii in x:
```

```
ipdb> n # 单步执行
> /tmp/mem2/debug.py(5)sum()
     4      r = 0
----> 5      for ii in x:
     6          r += ii
```

```
ipdb> n # 单步执行
```

```
> /tmp/mem2/debug.py(6)sum()
      5     for ii in x:
----> 6         r += ii
      7     return r

ipdb> u # up的缩写，跳回上一层的调用
> /tmp/mem2/debug.py(17)<module>()
     16 x = [1,2,3,4,5]
---> 17 r = sum(x)
     18 r = mul(x)

ipdb> d # down的缩写，跳到之前调用的下一层的位置
> /tmp/mem2/debug.py(6)sum()
      5     for ii in x:
----> 6         r += ii
      7     return r

ipdb> !r # 查看变量r的值，该变量名与调试命令`r(eturn)`冲突
0
ipdb> return # 继续运行，直到函数返回
---Return--
15
> /tmp/mem2/debug.py(7)sum()
      6         r += ii
----> 7     return r
      8

ipdb> n # 下一步
> /tmp/mem2/debug.py(18)<module>()
     17 r = sum(x)
---> 18 r = mul(x)
     19

ipdb> x # 查看变量x
[1, 2, 3, 4, 5]
ipdb> x[0] = 10000 # 修改变量x
ipdb> b 10 # break的缩写，在第10行设置断点
Breakpoint 1 at /tmp/mem2/debug.py:10

ipdb> c # continue的缩写，继续运行，直到遇到断点
> /tmp/mem2/debug.py(10)mul()
      9 def mul(x):
```

```
1--> 10      r = 1
    11      for ii in x:

ipdb> return # 可见计算的是修改之后的x的乘积
---Return--
1200000
> /tmp/mem2/debug.py(13)mul()
    12          r *= ii
---> 13      return r
    14

ipdb> q # 退出调试模式
```

关于 ipdb 的使用还有一些技巧。

- 使用 ⇥ 键能够自动补齐命令，补齐用法与 IPython 类似。
- 使用 j(jump) <lineno> 能够跳过中间某些行代码的执行。
- 使用 ipdb 可以直接修改变量的值。
- 使用 h(help) 能够查看调试命令的用法，比如使用 h h 可以查看 h(help) 命令的用法，使用 h jump 可以查看 j(jump) 命令的用法。

9.2.2 在 PyTorch 中调试

PyTorch 作为一个动态图框架，和 ipdb 结合使用能为调试过程带来很多便捷。对于 TensorFlow 等静态图框架，使用 Python 接口定义计算图，然后使用 C++ 代码执行底层计算。因为在定义计算图时不进行任何计算，所以在计算时无法使用 pdb 进行调试，使用 pdb 只能调试 Python 代码。与 TensorFlow 不同，PyTorch 可以在执行计算的同时定义计算图，这些计算和定义过程是使用 Python 完成的。虽然其底层的计算也是使用 C/C++ 完成的，但是用户能够查看 Python 定义部分的变量值，这意味着可以使用 pdb 进行调试。下面列举了三种情形。

- 如何在 PyTorch 中查看神经网络各个层的输出。
- 如何在 PyTorch 中分析各个参数的梯度。
- 如何动态修改 PyTorch 训练流程。

首先，运行 9.1.8 节给出的示例程序。

```
python main.py train
        --train-data-root=data/train/
        --lr=0.005
        --batch-size=8
        --model='SqueezeNet'
```

```
                  --load-model-path=None
                  --debug-file='/tmp/debug'
```

待程序运行一段时间后，读者可以通过 touch /tmp/debug 命令创建 debug 标识文件，当程序检测到这个文件存在时，会自动进入调试模式。

```
/home/admin/PyTorch/Chapter9/main.py(82)train()
     81
---> 82              for ii,(data,label) in tqdm(enumerate(train_dataloader)):
     83                  # 训练模型

ipdb> l 90
     85                  target = label.to(opt.device)
     86
     87                  optimizer.zero_grad()
     88                  score = model(input)
     89                  loss = criterion(score,target)
     90                  loss.backward()
     91                  optimizer.step()
     92
     93
     94                  # 更新meters以便可视化
     95                  loss_meter.add(loss.item())

ipdb> break 88 # 在第88行设置断点，当程序运行到此处时进入调试模式
Breakpoint 1 at /home/admin/PyTorch/Chapter9/main.py:88

ipdb> opt.lr # 查看学习率
0.005

ipdb> opt.lr = 0.001 # 修改学习率
ipdb> for p in optimizer.param_groups:\
          p['lr']=opt.lr

ipdb> model.save() # 保存模型
'checkpoints/squeezenet_0824_17_12_48.pth'

ipdb> c # 继续运行，直至第88行暂停
/home/admin/PyTorch/Chapter9/main.py(88)train()
     87                  optimizer.zero_grad()
2--> 88                  score = model(input)
     89                  loss = criterion(score,target)
```

```
ipdb> s # 进入model(input)内部
> torch/nn/modules/module.py(710)_call_impl()
    709
--> 710     def _call_impl(self, *input, **kwargs):
    711         for hook in itertools.chain(

ipdb> n # 下一步
> torch/nn/modules/module.py(711)_call_impl()
    710     def _call_impl(self, *input, **kwargs):
--> 711         for hook in itertools.chain(
    712                 _global_forward_pre_hooks.values(),

# 重复几次下一步后，直至看到下面的结果
ipdb> n
> torch/nn/modules/module.py(722)_call_impl()
    721         else:
--> 722             result = self.forward(*input, **kwargs)
    723         for hook in itertools.chain(

ipdb> s # 进入forward函数内部
--Call--
> /home/admin/PyTorch/Chapter9/models/squeezenet.py(20)forward()
    19
---> 20     def forward(self,x):
    21         return self.model(x)

ipdb> n # 下一步
> /home/admin/PyTorch/Chapter9/models/squeezenet.py(21)forward()
    20     def forward(self,x):
---> 21         return self.model(x)
    22

ipdb> x.data.mean(), x.data.std() # 查看x的均值和方差，还可以继续调试查看每一层的输出
(tensor(0.1930, device='cuda:0'), tensor(0.9645, device='cuda:0'))

ipdb> u # 跳回上一层
> torch/nn/modules/module.py(722)_call_impl()
    721         else:
--> 722             result = self.forward(*input, **kwargs)
    723         for hook in itertools.chain(
```

```
ipdb> clear # 清除所有断点
Clear all breaks? y
Deleted breakpoint 2 at /home/admin/PyTorch/Chapter9/main.py:88

ipdb> c # 继续运行,记得先删除'/tmp/debug',否则很快又会进入调试模式
```

　　如果想要进入调试模式,修改程序中的某些参数值,或者想分析程序,那么可以通过 touch /tmp/debug 命令创建 debug 标识文件,随时进入调试模式。在调试完成后,输入 rm /tmp/debug 命令,然后在 ipdb 调试接口输入 c 命令,继续运行程序。如果想要退出程序,则也可以使用这种方法,首先输入 touch /tmp/debug 命令进入调试模式,然后输入 quit 命令,而不是 continue 命令,这样程序就会退出,而不是继续运行。这种退出程序的方法,相比于使用 Ctrl + C 快捷键的方法更加安全,这能保证加载数据的多进程程序也能正确地退出,并释放内存、显存等资源。

　　PyTorch 和 ipdb 结合能完成很多其他框架所不能完成或很难实现的功能,总结如下:

- 通过调试暂停程序。当程序进入调试模式之后,将不再执行 GPU 和 CPU 运算,但是内存、显存以及相应的堆栈空间不会被释放。
- 通过调试分析程序,查看每一层的输出及网络的参数情况。通过 u(up)、d(down)、s(step) 等命令能够跳转到指定代码处,通过 n(next) 命令可以单步执行,从而看到每一层的运算结果,便于分析网络的数值分布等信息。
- 作为动态图框架,PyTorch 拥有 Python 动态语言解释执行的优点。在运行程序时,能够通过 ipdb 修改某些变量的值或属性,并且修改立即生效。例如,可以在训练开始不久后,根据损失函数调整学习率,而不必重启程序。
- 如果在 IPython 中通过 %run 魔法方法运行程序,那么当程序异常退出时,可以使用 %debug 命令直接进入调试模式,通过 u(up) 和 d(down) 命令跳转到报错的地方,查看对应的变量,找出报错原因,直接修改相应的代码。有些时候模型训练了好几个小时,却在将要保存模型之前,因为一个小小的拼写错误而导致异常退出。此时,如果修改错误后再重新运行程序,又要花费好几个小时。因此,最好的方法就是利用 %debug 进入调试模式,在调试模式中直接运行 model.save() 保存模型。在 IPython 中,当程序出现问题时,%pdb 魔术方法能够使得不用手动输入 %debug 而自动进入调试模式。

　　当 PyTorch 调用 cuDNN 报错时,报错信息如 CUDNN_STATUS_BAD_PARAM,从中很难得到有用的帮助信息,此时最好先利用 CPU 运行代码,一般会得到相对友好的报错信息。比如,在 ipdb 中执行 model.cpu() (input.cpu()),PyTorch 底层的 TH 库会给出相对比较详细的信息。

　　常见的错误主要有以下几种。

- 类型不匹配。比如 CrossEntropyLoss 的输入 target 应该是一个 LongTensor，但是很多人输入为 FloatTensor。
- 忘记将部分数据从 CPU 转移到 GPU 上。比如当将 model 存放于 GPU 上时，输入 input 也需要被转移到 GPU 上，才能输入到 model 中。还有可能就是将多个模块存放于一个 list 对象中，而在执行 model.cuda() 时，这个 list 中的对象是不会被转移到 CUDA 上的，正确的方法是用 ModuleList 代替。
- Tensor 形状不匹配。此类问题通常是输入数据形状不对，或者网络结构设计有问题，一般通过 u(up) 命令跳转到指定代码处，查看输入数据和模型参数的形状即可得知。

此外，读者还可能会遇到程序正常运行，没有报错，但是模型无法收敛的情况。例如，一个二分类问题，交叉熵损失一直徘徊在 0.69（ln 2）附近，或者数值出现溢出等。此时可以进入调试模式，通过单步执行看看每一层输出的均值和方差，从而观察从哪一层的输出开始出现数值异常。此外，还可以查看每个参数梯度的均值和方差，看看是否出现梯度消失或者梯度爆炸等问题。一般来说，通过在激活函数之前增加 BatchNorm 层、合理地进行参数初始化、使用恰当的优化器、设置一个较小的学习率，基本就能确保模型在一定程度上收敛。

9.3 小结

本章带领读者从头完成了 Kaggle 上的一个经典比赛，其中重点讲解了如何合理地组织程序，同时介绍了一些在 PyTorch 中调试的技巧。

10 | AI 插画师：生成对抗网络

生成对抗网络（Generative Adversarial Network，GAN）是近些年来深度学习中一个十分热门的方向。卷积网络之父、深度学习元老级人物 Yan Lecun 曾经说过："GAN is the most interesting idea in the last 10 years in machine learning."（生成对抗网络是近十年以来机器学习领域中最有趣的想法。）。近些年来，有关 GAN 的论文呈现井喷式趋势，主要的研究方向涉及 GAN 的变种及其在不同领域的应用等。本章将简要介绍 GAN 的基本原理，并带领读者实现一个简单的生成对抗网络，用于生成动漫人物头像。

10.1　GAN 原理简介

GAN 的开山之作是"GAN 之父"Ian Goodfellow 发表于 2014 年的经典论文 *Generative Adversarial Networks*[4]，他在这篇论文中提出了生成对抗网络，并设计了第一个有关 GAN 的实验——手写数字生成。

在讲解 GAN 之前，需要先介绍一下生成模型，即从数据中学习如何生成数据。

"What I cannot create, I do not understand."（那些我所不能创造的，我也没有真正地理解它。）

——Richard Feynman

类似地，如果深度学习不能创造图像，那么它也没有真正地理解图像。虽然深度学习已经在计算机视觉领域中攻城略地，取得了突破性的进展，但是人们一直对神经网络的黑盒模型表示质疑。越来越多的研究者开始从可视化的角度研究卷积网络所学习的特征，以及特征之间的组合信息，GAN 则是从生成学习的角度展示了神经网络的强大能力。GAN 解决了计算机视觉中无监督学习中的著名问题：给定一批样本，训练一个系统，能够生成类似的新样本。

生成对抗网络的结构如图 10.1 所示，它主要包含以下两个部分。

- 生成器（Generator）：输入一个随机噪声，生成一张图像（假图像）。
- 判别器（Discriminator）：判断输入的图像是真图像还是假图像。

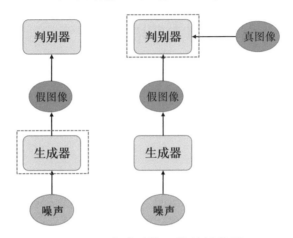

图 10.1　生成对抗网络的结构图

对于生成器而言，它的输入是随机噪声，用来生成假图像；对于判别器而言，它的输入是生成器生成的假图像和来自真实世界的真图像。生成器根据判别器的输出调整相应的参数，以提高生成假图像的可信度，目标是尽可能生成以假乱真的图像，让判别器以为这是真图像；判别器的目标是将生成器生成的图像和真实世界的图像区分开来。二者的目标恰好相反，在训练过程中互相对抗，这也是"生成对抗网络"名字的由来。

上面的描述可能有点抽象，下面用收藏徐悲鸿画的马图（如图 10.2 所示）的书画收藏家和假画贩子的例子来说明。

图 10.2　徐悲鸿画的马图

　　假画贩子相当于生成器，他们希望能够模仿大师的真迹伪造出以假乱真的假画，骗过收藏家，从而卖出高价；书画收藏家希望能够将赝品和真迹区分开来，让真迹流传于世，销毁赝品。这里假画贩子和书画收藏家所交易的画，主要是徐悲鸿画的马。徐悲鸿画的马可以说是画坛一绝，历来为世人所追捧。

　　在这个例子中，一开始假画贩子和书画收藏家都是新手，他们对真迹和赝品的概念都很模糊。对于假画贩子，他们仿照出来的假画几乎都是随机涂鸦的；对于书画收藏家，他们的鉴定能力很差，有不少赝品被当成真迹，也有许多真迹被当成赝品。

　　二者的"对抗"之路从此开始。首先，书画收藏家收集了许多市面上的赝品和徐悲鸿大师的真迹，通过仔细研究对比初步学习了画中马的结构：画中的生物拥有四条腿和一条尾巴，因此书画收藏家会将不符合这个条件的假画全部过滤掉。当书画收藏家用这个标准到市场上进行鉴定时，假画基本无法骗过他们，假画贩子损失惨重。然而，在假画贩子仿造的赝品中，还是有一些能蒙混过关的——在这些蒙混过关的赝品中，画中的生物都有四条腿和一条尾巴。因此，假画贩子开始更改仿照技法，在仿照的作品中加入了四条腿和一条尾巴。除了这些特点，其他细节如颜色、线条等都是随机画的。假画贩子仿造出的第一版赝品如图 10.3 所示。

图 10.3　假画贩子仿造出的第一版赝品

　　当假画贩子把这些画拿到市面上销售时，这些假画很容易就骗过了书画收藏家——因为这些画中的生物都有四条腿和一条尾巴，符合书画收藏家认定的真迹标准，所以书画收藏家把它们当成真迹购买回来珍藏。随着时间的推移，由于书画收藏家买回越来越多的假画，损失惨重，他们又开始闭门研究赝品和真迹之间的区别。经过反复对比，书画收藏家发现在徐悲鸿大师的真迹中，马除了有四条腿和一条尾巴，还有以下细节特征：马的躯干和头部有明显的骨骼结构，同时腿部的关节细节清晰可见，马的臀部和背部往往有大面积的白色。

书画收藏家学成之后，重新出山，而假画贩子的仿照技法没有提升，所仿造出来的赝品被书画收藏家轻松识破。因此，假画贩子开始尝试各种不同的画马手法，大多徒劳无功，不过在众多赝品中，还是有一些骗过了书画收藏家。假画贩子发现在这些仿造的赝品中，马的骨骼结构明显，马腿的关节部分清晰可见，并且马的臀部和背部有大面积的白色，如图 10.4 所示。假画贩子开始大量仿造这种画，并拿到市面上销售，很多都成功地骗过了书画收藏家。

图 10.4　假画贩子仿造出的第二版赝品

书画收藏家再度损失惨重，被迫关门继续研究徐悲鸿大师的真迹和赝品之间的区别，进一步学习真迹的特点，提升自己的鉴别能力。就这样，书画收藏家和假画贩子通过博弈对抗，不断促使着对方学习进步，达到共同提升的目的。

在这个例子中，假画贩子相当于生成器，书画收藏家相当于判别器。一开始生成器和判别器的水平都很差，因为二者都是随机初始化的。在训练过程中，这两步交替进行：第一步是训练判别器（固定生成器，只修改判别器的参数），目标是把真迹和赝品区分开来；第二步是训练生成器（固定判别器，只修改生成器的参数），目标是欺骗判别器，也就是所生成的假画能够被判别器判别为真迹（被书画收藏家认为是真迹）。最终生成器和判别器都达到了一个很高的水平。训练到最后，生成器生成的马的图像（如图 10.5 所示）和真迹几乎没有差别。

接下来讲解如何设计网络结构。判别器的目标是判断输入的图像是真迹还是赝品，可以将其看成一个二分类网络。参考第 9 章中介绍的 "Dogs vs Cats" 比赛，可以设计一个简单的卷积网络实现判别器的功能。生成器的目标是从噪声中生成一张彩色图像，这里采用被广泛使用的 DCGAN（Deep Convolutional Generative Adversarial Networks）[5]结构，也就是全卷积网络，它的结构如图 10.6 所示。网络的输入是一个 100 维的噪声，输出是一张 $3 \times 64 \times 64$ 的图像。这里的输入可以被看成一张 $100 \times 1 \times 1$ 的图像，通过上卷积逐渐增大为 4×4、8×8、16×16、32×32、64×64 的图像。上卷积，也被称为转置卷积，它是一种特殊的卷积操作，类似于卷积操作的逆运算。当普通卷积的 stride = 2 时，相比于输入而言，输出会下采样到一半的尺寸；当上卷积的 stride = 2 时，输出会上采样到输入的两倍尺寸。对于这种上采样的做法，可以理解为将图像的信息保存于 100 个向量之中，神经网络根据这 100 个向量描述的信息，前几步的上采样先勾勒出轮廓、色调等基础信息，后几步的上采样再慢慢完善细节。网络越深，细节越详细。

图 10.5　假画贩子和书画收藏家多次交锋后仿造出的赝品

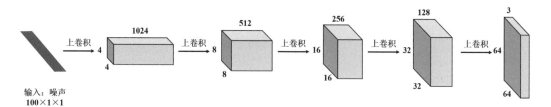

图 10.6　DCGAN 中生成器网络结构图

在 DCGAN 中，判别器的结构和生成器完全对称：在生成器中采用上采样的上卷积，在判别器中采用下采样的普通卷积；生成器根据噪声输出一张 $3 \times 64 \times 64$ 的图像，判别器根据输入的 $3 \times 64 \times 64$ 的图像输出它属于正负样本的分数（概率）。

10.2　使用 GAN 生成动漫人物头像

在日本的某个技术博客网站上，有位博主使用 20 万张动漫人物头像训练了一个 DCGAN 网络，最终能够利用程序自动生成动漫人物头像，效果如图 10.7 所示。源程序是利用 Chainer 框架实现的，本节将使用 PyTorch 框架生成动漫人物头像。

图 10.7　DCGAN 生成的动漫人物头像

原始的动漫图像是通过爬虫技术在各类网站中爬取，利用 OpenCV 从中截取头像生成的。因为这样的处理流程相对比较麻烦，所以本节选择使用 Anime-Face-Dataset 数据集，它是一个公开的动漫人物头像数据集。Anime-Face-Dataset 数据集中动漫图像的尺寸大小在 $3 \times 90 \times 90$ 至 $3 \times 120 \times 120$ 之间。

本实验的代码结构如下：

```
|-- checkpoints/    # 无代码，用来保存模型
|-- imgs/           # 无代码，用来保存生成的图像
|-- data/           # 无代码，用来保存训练所需的图像
|-- main.py         # 训练和生成
|-- model.py        # 模型定义
|-- visualize.py    # 对可视化工具Visdom的封装
|-- requiments.txt  # 程序中用到的第三方库
```

|__ README.MD　　# 说明文档

生成器在 model.py 中的定义如下：

```python
class NetG(nn.Module):
    """
    生成器定义
    """

    def __init__(self, opt):
        super().__init__()
        ngf = opt.ngf  # 生成器特征图数

        self.main = nn.Sequential(
            # 输入是一个nz维度的噪声，我们可以认为它是一个1×1×nz的特征图
            nn.ConvTranspose2d(opt.nz, ngf * 8, 4, 1, 0, bias=False),
            nn.BatchNorm2d(ngf * 8),
            nn.ReLU(True),
            # 输出形状：(ngf×8)×4×4

            nn.ConvTranspose2d(ngf * 8, ngf * 4, 4, 2, 1, bias=False),
            nn.BatchNorm2d(ngf * 4),
            nn.ReLU(True),
            # 上一步的输出形状：(ngf×4)×8×8

            nn.ConvTranspose2d(ngf * 4, ngf * 2, 4, 2, 1, bias=False),
            nn.BatchNorm2d(ngf * 2),
            nn.ReLU(True),
            # 上一步的输出形状：(ngf×2)×16×16

            nn.ConvTranspose2d(ngf * 2, ngf, 4, 2, 1, bias=False),
            nn.BatchNorm2d(ngf),
            nn.ReLU(True),
            # 上一步的输出形状：(ngf)×32×32

            nn.ConvTranspose2d(ngf, 3, 5, 3, 1, bias=False),
            nn.Tanh()  # 输出范围为-1~1，所以采用tanh激活函数
            # 输出形状：3×96×96
        )

    def forward(self, input):
        return self.main(input)
```

生成器的搭建相对比较简单，直接使用 nn.Sequential 将上卷积、激活、池化等操

作拼接起来即可。这里需要注意上卷积 ConvTransposed2d 的使用。当 kernel size $= 4$，stride $= 2$，padding $= 1$ 时，根据公式 $H_{out} = (H_{in} - 1) \times \text{stride} - 2 \times \text{padding} + \text{kernel size} = 2H_{in}$，输出尺寸刚好变成输入的两倍。在最后一层将上卷积的参数设置为 kernel size $= 5$，stride $= 3$，padding $= 1$，目的是将图像的尺寸由 32×32 上采样到 96×96。在本节实现的生成器中，最终生成的图像尺寸为 96×96，与原论文中 64×64 的尺寸不同。在最后一层使用 tanh 函数将输出图像的像素归一化至 $-1 \sim 1$，如果希望归一化至 $0 \sim 1$，那么可以考虑使用 sigmoid 函数。

下面来看看判别器的网络结构。

```python
class NetD(nn.Module):
    """
    判别器定义
    """
    def __init__(self, opt):
        super().__init__()
        ndf = opt.ndf
        self.main = nn.Sequential(
            # 输入，3×96×96
            nn.Conv2d(3, ndf, 5, 3, 1, bias=False),
            nn.LeakyReLU(0.2, inplace=True),
            # 输出，(ndf)×32×32

            nn.Conv2d(ndf, ndf * 2, 4, 2, 1, bias=False),
            nn.BatchNorm2d(ndf * 2),
            nn.LeakyReLU(0.2, inplace=True),
            # 输出，(ndf×2)×16×16

            nn.Conv2d(ndf * 2, ndf * 4, 4, 2, 1, bias=False),
            nn.BatchNorm2d(ndf * 4),
            nn.LeakyReLU(0.2, inplace=True),
            # 输出，(ndf×4)×8×8

            nn.Conv2d(ndf * 4, ndf * 8, 4, 2, 1, bias=False),
            nn.BatchNorm2d(ndf * 8),
            nn.LeakyReLU(0.2, inplace=True),
            # 输出，(ndf×8)×4×4

            nn.Conv2d(ndf * 8, 1, 4, 1, 0, bias=False),
        )

    def forward(self, input):
```

```
        return self.main(input).view(-1)
```

从上面的代码中可以看出，判别器和生成器的网络结构几乎是对称的：从卷积核大小到 padding、stride 等参数的设置，几乎一模一样。例如，生成器的最后一个卷积层的尺度是 (5, 3, 1)，判别器的第一个卷积层的尺度也是 (5, 3, 1)。注意：生成器的激活函数使用的是 ReLU，而判别器使用的是 LeakyReLU，二者并无本质的区别，这里的选择更多是源于经验总结。

在开始写训练函数之前，先来看看模型的配置参数。

```python
class Config(object):
    data_path = 'data/'     # 数据集的存放路径
    num_workers = 4         # 多进程加载数据所用的进程数
    image_size = 96         # 图像尺寸
    batch_size = 256
    max_epoch = 200
    lr1 = 2e-3              # 生成器的学习率
    lr2 = 2e-4              # 判别器的学习率
    beta1 = 0.5             # Adam优化器的beta1参数
    gpu = True             # 是否使用GPU
    nz = 100               # 噪声维度
    ngf = 64               # 生成器特征图数
    ndf = 64               # 判别器特征图数
    save_path = 'imgs/'     # 生成的图像的保存路径
    vis = True             # 是否使用Visdom可视化
    env = 'GAN'            # Visdom的env
    plot_every = 20         # 每间隔20个batch，Visdom画图一次
    debug_file = '/tmp/debuggan'   # 若存在该文件，则进入调试模式
    d_every = 1            # 每1个batch训练一次判别器
    g_every = 2            # 每2个batch训练一次生成器
    save_every = 10         # 每10个epoch保存一次模型
    netd_path = None        # 'checkpoints/netd_.pth' #预训练模型
    netg_path = None        # 'checkpoints/netg_211.pth'
    # 测试时所用的参数
    gen_img = 'result.png'
    # 从5000张生成的图像中保存最好的64张
    gen_num = 64
    gen_search_num = 5000
    gen_mean = 0           # 噪声的均值
    gen_std = 1            # 噪声的方差
opt = Config()
```

这些只是模型的默认参数，读者还可以利用 Fire 等工具，通过命令行传入指定的

参数，覆盖默认值。

当下载完数据之后，读者需要将所有图像放在一个文件夹中，然后将该文件夹移动至 data 目录下（请确保 data 目录下没有其他文件夹）。这种处理方式是为了能够直接使用 torchvision 自带的 ImageFolder 来读取图像，而不必自己写 Dataset。读取和加载数据的代码如下：

```python
# 数据处理，将输出规整为-1~1
transforms = tv.transforms.Compose([
        tv.transforms.Scale(opt.image_size),
        tv.transforms.CenterCrop(opt.image_size),
        tv.transforms.ToTensor(),
        tv.transforms.Normalize((0.5, 0.5, 0.5), (0.5, 0.5, 0.5))
                    ])
dataset = tv.datasets.ImageFolder(opt.data_path, transform=transforms)
dataloader = t.utils.data.DataLoader(dataset,
                                    batch_size = opt.batch_size,
                                    shuffle = True,
                                    num_workers = opt.num_workers,
                                    drop_last = True )
```

在进行训练之前，还需要定义网络模型、优化器和噪声等。

```python
# 定义网络模型
if opt.netd_path:
    netd.load_state_dict(t.load(opt.netd_path, map_location='cpu'))
if opt.netg_path:
    netg.load_state_dict(t.load(opt.netg_path, map_location='cpu'))

# 定义优化器
optimizer_g = t.optim.Adam(netg.parameters(), opt.lr1, betas=(opt.beta1, 0.999))
optimizer_d = t.optim.Adam(netd.parameters(), opt.lr2, betas=(opt.beta1, 0.999))

# 真图像label为1，假图像label为0，noises为生成网络的输入噪声
true_labels = t.ones(opt.batch_size)
fake_labels = t.zeros(opt.batch_size)
fix_noises = t.randn(opt.batch_size, opt.nz, 1, 1)
noises = t.randn(opt.batch_size, opt.nz, 1, 1)
```

在加载预训练模型时，最好指定 map_location。如果程序之前在 GPU 上运行，那么模型的参数会被保存成 torch.cuda.Tensor，这样在加载时，会默认将数据加载到显存中。如果运行该程序的计算机中没有 GPU，那么加载就会报错，因此可以通过指定 map_location 将 Tensor 默认加载到内存之中，待有需要时再移至显存中。

现在开始训练网络，训练步骤如下：

（1）训练判别器

- 固定生成器。

- 提高真实样本被判别为真的概率，同时降低生成器生成的假图像被判别为真的概率，目标是判别器能准确进行分类。

（2）训练生成器

- 固定判别器。

- 生成器生成图像，尽可能提高该图像被判别器判别为真的概率，目标是生成器的结果能够骗过判别器。

（3）返回第 1 步，循环交替训练。

上述训练流程用代码实现如下：

```
# r_代表real，f_代表fake
# d_代表判别器，g_代表生成器

for epoch in iter(epochs):
    for ii, (img, _) in tqdm.tqdm(enumerate(dataloader)):
        real_img = img.to(device)
        if ii % opt.d_every == 0:
            # 训练判别器
            optimizer_d.zero_grad()
            # 尽可能把真图像判别为正确，把假图像判别为错误
            r_preds = netd(real_img)
            noises.data.copy_(t.randn(opt.batch_size, opt.nz, 1, 1))
            fake_img = netg(noises).detach()  # 根据噪声生成假图像
            f_preds = netd(fake_img)
            # 计算损失函数
            r_f_diff = (r_preds - f_preds.mean()).clamp(max=1)
            f_r_diff = (f_preds - r_preds.mean()).clamp(min=-1)
            loss_d_real = (1 - r_f_diff).mean()
            loss_d_fake = (1 + f_r_diff).mean()
            loss_d = loss_d_real + loss_d_fake

            loss_d.backward()
            optimizer_d.step()

        if ii % opt.g_every == 0:
            # 训练生成器
            optimizer_g.zero_grad()
```

```
        noises.data.copy_(t.randn(opt.batch_size, opt.nz, 1, 1))
        fake_img = netg(noises)
        f_preds = netd(fake_img)
        r_preds = netd(real_img)
        r_f_diff = r_preds - t.mean(f_preds)
        f_r_diff = f_preds - t.mean(r_preds)
        error_g = t.mean(t.nn.ReLU()(1 + r_f_diff)) + \
                  t.mean(t.nn.ReLU()(1 - f_r_diff))
        error_g.backward()
        optimizer_g.step()
```

下面分析使用的损失函数。在标准的 GAN 中，对于假图像，在训练判别器时，希望对应的输出为 0；在训练生成器时，希望对应的输出为 1。在训练生成器时，希望降低假图像被判别器输出为 0 的概率。标准 GAN 的损失函数如式（10.1）所示。

$$
\begin{aligned}
L_{\mathrm{G}} &= E_{x \sim P_{\mathrm{f}}}[\log(1 - \mathrm{D}(\mathrm{G}(x)))] \\
L_{\mathrm{D}} &= -E_{x \sim P_{\mathrm{r}}}[\log(\mathrm{D}(x))] - E_{x \sim P_{\mathrm{f}}}[\log(1 - \mathrm{D}(\mathrm{G}(x)))]
\end{aligned}
\tag{10.1}
$$

其中，P_{f} 表示噪声的分布，P_{r} 表示真实数据的分布，$\mathrm{G}(\cdot)$ 表示生成器的输出，$\mathrm{D}(x)$ 为判别器判定某张图像为真的分数，$1 - \mathrm{D}(x)$ 为判别器判定某张图像为假的分数。生成器的目标是使生成的图像能够骗过判别器，即让 $1 - \mathrm{D}(\mathrm{G}(x))$ 的分数尽可能低。判别器的损失函数由两个部分组成，当输入是噪声数据时，判别器能够将生成的假图像区分开；当输入是真实图像时，判别器输出的分数更高。

这里并没有选用标准 GAN 的损失函数，而是对 Relativistic average HingeGAN[6] 的损失函数进行了改进。标准 GAN 的损失函数分别考虑了真实样本和噪声样本在生成器与判别器中的约束情况，用一个固定的阈值对其中的类别进行区分，这种绝对的区分方式会随着两者之间相对的区别缩小而变得模糊、重合甚至错误。因此，在衡量样本的真实性时，可以同时考虑真实数据和噪声数据的信息，衡量的标准也从绝对的真假判断变成了相对的真假概率分数。此时，判别器将更加关注输入数据与其对立类别的随机样本（或者对立类别数据集合的均值）相比而言更加真实的概率，而不仅仅进行二分类。这种相对的设计模式可以帮助 GAN 更快地收敛，同时提升 GAN 的性能。

在训练 GAN 时，还需要注意以下两点。

- 在训练生成器时，无须调整判别器的参数；在训练判别器时，无须调整生成器的参数。
- 在训练判别器时，对于生成器生成的图像，需要使用 detach 操作来进行计算图截断，避免反向传播将梯度传到生成器中。因为在训练判别器时不需要训练生成器，所以也不需要生成器的梯度。

接下来是一些可视化的代码。每次可视化使用的噪声都是固定的 fix_noises，这样便于观察对于相同的输入，生成器生成的图像是如何一步步提升质量的。另外，因为对输入的图像归一化处理到了 $(-1, 1)$，所以在可视化时需要将它还原成原来的尺寸 $(0, 1)$。

```
fix_fake_imgs = netg(fix_noises)
vis.images(fix_fake_imgs.data.cpu().numpy()[:64] * 0.5 + 0.5, win='fixfake')
```

此外，本节还实现了一个函数 generate，用于加载预训练好的模型，利用噪声随机生成图像。

```
@t.no_grad()
def generate(**kwargs):
    """
    随机生成动漫人物头像，并根据netd的分数选择较好的
    """

    # 定义噪声和网络
    netg, netd = NetG(opt).eval(), NetD(opt).eval()
    noises = t.randn(opt.gen_search_num, opt.nz, 1, 1).normal_(opt.gen_mean,
opt.gen_std)
    noises = noises.to(device)

    # 加载预训练好的模型
    map_location = lambda storage, loc: storage
    netd.load_state_dict(t.load(opt.netd_path, map_location=map_location))
    netg.load_state_dict(t.load(opt.netg_path, map_location=map_location))
    netd.to(device)
    netg.to(device)

    # 生成图像，并计算图像在判别器中的分数
    fake_img = netg(noises)
    scores = netd(fake_img).detach()

    # 挑选最好的某几张图像
    indexs = scores.topk(opt.gen_num)[1]
    result = []
    for ii in indexs:
        result.append(fake_img.data[ii])

    # 保存图像
    tv.utils.save_image(t.stack(result), opt.gen_img, normalize=True, range=(-1, 1))
```

完整的代码请参考本书的配套代码 Chapter10。读者可参照 README.MD 中的指南配置环境，并准备好数据，然后使用下面的命令开始训练。

```
python main.py train --gpu=True        # 使用GPU
                     --vis=True         # 使用Visdom
                     --batch-size=256 # batch size大小
                     --max-epoch=200    # 训练200个epoch
```

如果使用 Visdom 的话，那么打开 http://[你的IP地址]:8097，就能看到生成的图像。

在训练完之后，可以利用所保存的模型随机生成动漫人物头像。输入命令如下：

```
python main.py generate
               --gen-img='result.png'
               --gen-search-num=15000
```

10.3 实验结果分析

实验结果如图 10.8 所示，这些分别是训练 1 个、10 个、50 个、200 个 epoch 之后 GAN 生成的动漫人物头像。需要注意的是，每次生成器输入的噪声都是一样的，可以观察在相同的输入下，生成的图像的质量是如何慢慢改善的。

从图 10.8 中可以看出，刚开始（1 个 epoch）生成的图像比较模糊，但是可以看出已经有面部轮廓了。

当训练到 10 个 epoch 时，生成的图像多了很多细节信息，包括头发、颜色等，但总体还是很模糊。

当训练到 50 个 epoch 时，已经能看出明显的面部轮廓和细节，但在部分细节上可能不够合理，比如面部轮廓扭曲严重等。

当训练 200 个 epoch 之后，细节已经十分完善，线条更加流畅，轮廓也更加清晰，已经有不少图像可以以假乱真了。

本章讲解的示例程序还可以被应用到不同的生成图像的场景中，读者只需将训练图像改成其他类型的图像即可，如 LSUN 客房图像集、MNIST 手写数据集、CIFAR-10 数据集等。事实上，上述模型还有很大的改进空间。这里使用的全卷积网络只有四层，模型比较浅，在 ResNet 的论文发表之后，不少研究者尝试在 GAN 的网络结构中引入 Residual Block 结构，获得了不错的视觉效果。感兴趣的读者可以尝试将示例代码中的单层卷积修改为 Residual Block，相信可以获得不错的效果。

有关 GAN 的研究已经十分成熟，人们也尝试将 GAN 应用在许多场景当中，例如，在深度学习中训练样本数据的扩充、图像修复、图像复原、人脸合成、自动作曲等。本章仅对最基本的 GAN 知识进行了介绍，并以此说明 GAN 的基本原理，感兴趣的读者可在本章内容的基础上继续深入，尝试实现更加复杂的网络结构，设计更加有效的损失函数等。

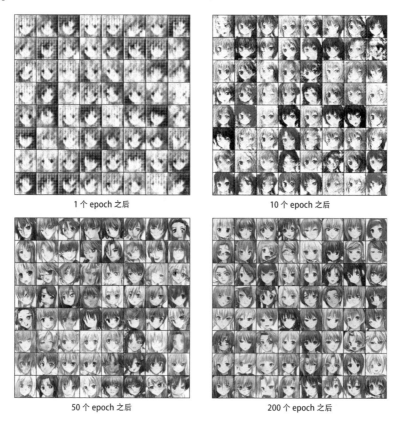

1 个 epoch 之后　　　　　　　　　10 个 epoch 之后

50 个 epoch 之后　　　　　　　　　200 个 epoch 之后

图 10.8　GAN 生成的动漫人物头像

10.4　小结

本章主要介绍了生成对抗网络（GAN）的基本原理，并带领读者利用 PyTorch 实现一个生成对抗网络，用于生成动漫人物头像。生成对抗网络有许多变种，并且可以被应用在许多复杂的场景中，感兴趣的读者可以在本章内容的基础上进一步学习 GAN 相关内容。

11 AI 诗人：用 Transformer 写诗

在开始这一章的学习之前，先来欣赏一首诗。

深山高不极，望望极悠悠。

度日登楼望，看云上砌秋。

学吟多野寺，吟想到江楼。

习静多时选，忘机尽处求。

细心的读者可能已经发现，这是一首藏头诗，每句诗的第一个字组合起来就是"深度学习"。想必读者已经猜到了，这首诗是使用深度学习方法写的。本章将介绍自然语言处理的一些基本概念，并使用 Transformer 实现自动写诗。

11.1 自然语言处理的基础知识

自然语言处理（Natural Language Processing，NLP）是人工智能和语言学领域的分支学科，主要探讨如何处理和运用自然语言。自然语言处理有着广泛的应用前景，例如机器翻译、语音识别、信息检索、信息抽取与过滤、文本分类与聚类、舆情分析和观点挖掘等。由于篇幅限制，本章将重点讲解自然语言处理中的三个基本概念：词向量（Word Vector）、循环神经网络（Recurrent Neural Network，RNN）和 Transformer。

11.1.1 词向量

自然语言处理主要研究语言信息，语言（词、句子、篇章等）属于人类认知过程中产生的高层认知抽象实体，而语音和图像属于较为底层的原始输入信号。语音和图像数据的表达不需要特殊的编码，并且有天生的顺序性和关联性。正如图像是由像素组成的，语言则是由词或者字组成的，可以把语言转化为词或字表示的集合。

　　然而，不同于像素的大小天生具有色彩信息，词的数值大小很难表征词的含义。最初，为了方便，人们采用 one-hot 编码方式对词进行编码，即把每个词都表示为一个长向量。这个向量的维度是词表的大小，向量中只有一个维度的值为 1，其余维度的值为 0。以一个只有 10 个不同词的语料库为例（这里只是举个例子，一般中文语料库的字平均有 8 000 ~ 50 000 个，词在几十万个左右），可以使用一个 10 维的向量来表示每个词，该向量在词下标位置的值为 1，其他全部为 0。示例如下：

```
第1个词：  [1,0,0,0,0,0,0,0,0,0]
第2个词：  [0,1,0,0,0,0,0,0,0,0]
第3个词：  [0,0,1,0,0,0,0,0,0,0]
……
第10个词： [0,0,0,0,0,0,0,0,0,1]
```

　　这种词的表示方法十分简单，也很容易实现，解决了分类器难以处理数据属性（categorical）的问题，在高维空间中能够线性可分。它的缺点也很明显：冗余太多、无法体现词与词之间的关系等。从上面的例子可以看到，这 10 个词的表示，彼此之间都是相互正交的，即任意两个词之间都不相关，并且任意两个词之间的距离也都是一样的。同时，随着语料库的增加，one-hot 向量的维度也会急剧增长，如果有 3 000 个不同的词，那么每个 one-hot 词向量都是 3 000 维，只有一个位置为 1，其余位置都是 0。虽然 one-hot 编码格式在传统任务上表现出色，但是由于词的维度太高，当将其应用在深度学习上时，常常出现维度灾难。综上所述，在深度学习中，一般采用词向量工具对词进行表示。

　　词向量，也被称为词嵌入（Word Embedding），它并没有严格统一的定义。从概念上讲，词向量是指把一个维数为语料库所有词数量的高维空间（几万个字、几十万个词）嵌入到一个维数较低的定长的连续向量空间（通常是 128 维或 256 维）中，每个字或词均被映射为实数域上的一组向量。使用词向量的方式更容易表示词与词之间的相似关系，此时词与词之间有了距离概念，能够通过距离度量的方式定量地表达它们之间的相似性。

　　词向量有专门的训练方法，感兴趣的读者可以学习斯坦福的 CS224 系列课程。这里只需要知道，词向量最重要的特征是相似词之间的词向量距离相近。对于每个词，词向量的维度都是固定的，每一维都是连续的数。例如，如果用 2 维的词向量表示 10 个词：足球（football）、比赛（game）、教练（coach）、队伍（team）、裤子（trouser）、长裤（pants）、上衣（blouse）、编织（braid）、折叠（fold）和拉（pull），那么它们的可视化结果如图 11.1 所示。

　　从图 11.1 中可以看出，同类的词（与足球相关的词、与衣服相关的词、动词）相互聚集，彼此之间的距离比较近。可见，用词向量表示词，不仅所用维度会变少（由 10 维变成 2 维），而且其中还包含了更加合理的语义信息。除相邻词的距离更近之外，词向量还有不少有趣的性质，如图 11.2 所示，虚线的两端分别是男性词和女性词，比如叔叔和阿姨、兄弟和姐妹、男人和女人、先生和女士。

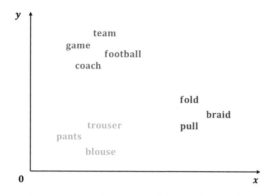

图 11.1　10 个词的词向量可视化结果

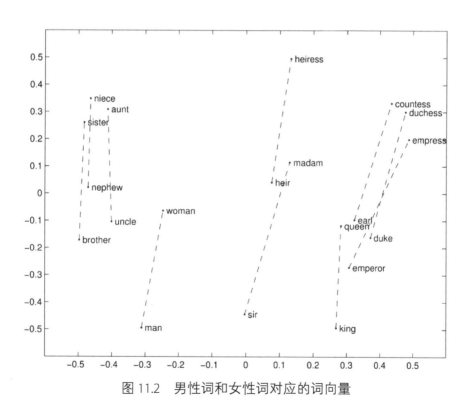

图 11.2　男性词和女性词对应的词向量

从图 11.2 中可以看出，虚线的方向和长度都差不多，可以认为 vector（国王）− vector（女王）≈ vector（男人）− vector（女人），换一种写法就是 vector（国王）−

vector（男人）≈ vector（女王）– vector（女人），即国王可以被看成男性君主，女王可以被看成女性君主，国王减去男性，只剩下君主的特征，女王减去女性，也只剩下君主的特征，所以这二者近似。

对于英文，一般用一个向量表示一个单词，不过也有用一个向量表示一个字母的表示方法。对于中文，同样也有用一个向量表示一个词或者一个字的表示方法。与英文采用空格来区分单词不同，中文的词与词之间没有间隔，如果采用基于词的词向量表示，那么需要先进行中文分词操作。

这里只对词向量进行概要性的介绍，读者只需要掌握：词向量是一个连续向量表征，使得相似词之间的词向量的距离接近。至于如何训练词向量、如何评估词向量等内容，这里不做介绍。

在 PyTorch 中，有一个用来实现词与词向量映射的层——nn.Embedding。nn.Embedding 层中有一个形状为 (num_words,embedding_dim) 的权重，对上述例子中的 10 个词来说，每个词都用 2 维向量表征，对应的权重就是一个 10×2 的矩阵。Embedding 层的输入形状是 $N \times W$，其中 N 是 batch_size，W 是序列的长度，输出的形状是 $N \times W \times$ embedding_dim。**注意：输入张量必须是 LongTensor 类型的，FloatTensor 需要通过 tensor.long() 方法来转成 LongTensor 类型。** 举例如下：

```
import torch as t
from torch import nn
embedding = nn.Embedding(10, 2) # 10个词，每个词的维度为2
input = t.arange(0, 6).view(3, 2).long() # 3个句子，每个句子有2个词
output = embedding(input)
print(output.size())
print(embedding.weight.size())
```

输出结果如下：

```
torch.Size([3, 2, 2])
torch.Size([10, 2])
```

需要注意的是，Embedding 层的权重也是可以训练的，既可以采用随机初始化，也可以采用预训练好的词向量进行初始化。

11.1.2　RNN

RNN 的全称是 Recurrent Neural Network（循环神经网络），在深度学习中还有一个 Recursive Neural Network（递归神经网络），其缩写也为 RNN，这里应注意区分，除非特殊说明，否则读者遇到的绝大多数 RNN 是指前者。在用深度学习解决 NLP 问题时，RNN 几乎是必不可少的工具。假设现在已经有了每个词的词向量表示，那么如何获取这些词所组成的句子的含义呢？单独考虑每一个词是不合理的，因为每一个词都依赖

它周围的一个或多个词。RNN 可以很好地处理这种序列信息，每次都利用之前的词的状态（hidden state，h）和当前的词来计算新的状态。RNN 的结构如图 11.3 所示。

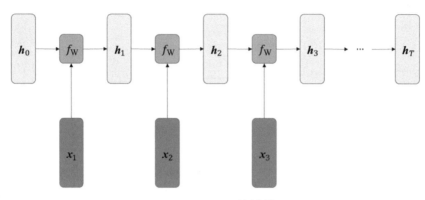

图 11.3　RNN 的结构

其中，各个变量说明如下：

- $x_1, x_2, x_3, \cdots, x_T$ 表示输入词的序列（共有 T 个词），每个词都是一个向量，通常用词向量表示。

- $h_0, h_1, h_2, h_3, \cdots, h_T$ 表示隐藏状态（共 $T+1$ 个），每个隐藏状态都由之前的词计算得到，可以认为这些隐藏状态包含了之前所有词的信息。h_0 表示初始信息，一般采用全 0 的向量进行初始化。

- f_W 表示转换函数，根据当前输入 x_t 和前一个隐藏状态 h_{t-1} 的信息，计算新的隐藏状态 h_t。h_{t-1} 包含前 $t-1$ 个词的信息，根据 h_{t-1} 和 x_t，使用 f_W 计算得到 h_t，h_t 可以被认为包含词的信息。需要注意的是，每一次通过 $x_1, x_2, x_3, \cdots, x_t$ 计算 h_t 使用的都是同一个 f_W，f_W 一般表示一个矩阵乘法运算。RNN 最后会输出所有隐藏状态的信息，一般情况下，我们只采用最后一个隐藏状态的信息，它包含了整个句子的信息。

图 11.3 所示的 RNN 结构通常被称为 Vanilla RNN。虽然 Vanilla RNN 简单、直观，并且易于实现，但是却存在严重的梯度消失和梯度爆炸的问题，难以训练。目前，在深度学习中普遍使用一种被称为长短期记忆网络（Long Short Term Memory Network，LSTM）的 RNN 结构，它的结构如图 11.4 所示。顾名思义，LSTM 可以同时记住长时间和短时间内的信息。LSTM 的结构与 Vanilla RNN 类似，其不断利用之前的状态和当前的输入来计算新的状态。但其 f_W 函数更为复杂，除了隐藏状态（hidden state，h），还有单元状态（cell state，c）。其中，c 变化得较慢，h 变化得较快，分别对应于长短时间的信息。每个 LSTM 单元的输出都有两个，其中一个是下方支路的隐藏状态 h_t，另一个是上方支路的单元状态 c_t（LSTM 中的 c_t 对应于 RNN 中的 h_t）。

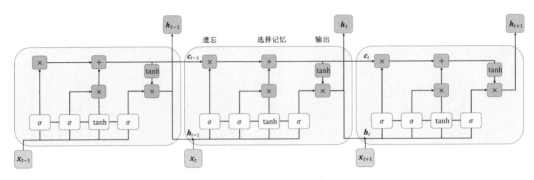

图 11.4　LSTM 的结构

其中，σ 表示 sigmoid 激活函数，tanh 表示 tanh 激活函数。LSTM 内部主要有以下三个阶段。

- 遗忘阶段：主体是一个遗忘门，主要对上一个节点传进来的输入信息 c_{t-1} 进行选择性遗忘。
- 选择记忆阶段：这个阶段对输入 x_t 进行选择性记忆，将记忆结果与经过遗忘阶段的输出相加，得到当前时刻的 c_t。由于是累加操作，因此这一步操作的目的是对某些记忆进行加强，加强的信息由输入门进行控制。
- 输出阶段：c_t 经过激活函数和输出门后得到输出结果，在这个阶段中将决定哪些会被当作当前状态的输出。

LSTM 很好地解决了训练 RNN 过程中的各种问题，展示出远好于 Vanilla RNN 的表现。在 PyTorch 中使用 LSTM 的示例如下：

```python
import torch as t
from torch import nn

# 输入词向量维度：10，隐藏状态维度：20，LSTM层数：2
rnn = nn.LSTM(10, 20, 2)

# 输入数据：5个词，每个词都由10维的词向量表示，总共3句
# (batch size)
input = t.randn(5, 3, 10)

# 初始化第一个隐藏元的隐藏状态和单元状态
# 形状为(num_layers, batch_size, hidden_size)
h0 = t.zeros(2, 3, 20)
c0 = t.zeros(2, 3, 20)

# output是最后一层所有隐藏状态的值
```

```
# hn和cn是最后一层的两路输出
output, (hn,cn) = rnn(input, (h0, c0))
print(output.size())
print(hn.size())
print(cn.size())
```

输出结果为：

```
torch.Size([5, 3, 20])
torch.Size([2, 3, 20])
torch.Size([2, 3, 20])
```

注意：output 的形状与 LSTM 的层数无关，只与序列长度有关，而 hn 和 cn 则相反。

除 LSTM 之外，PyTorch 中还有 LSTMCell。LSTM 是对一个 LSTM 层的抽象，可以被看成由多个 LSTMCell 组成。通过 LSTMCell 可以完成更加精细化的操作。LSTM 最大的缺点是参数过多，训练时间太长。针对这一问题，LSTM 还有一种变体被称为 GRU（Gated Recurrent Unit）。相比于 LSTM，GRU 对网络结构进行了简化和改进，在对速度要求十分严格的场景中可以考虑使用 GRU。

LSTM 通过门控的方式调整长时间记忆和短时间记忆的比重，记住需要长时间记忆的信息，忘记不重要的信息，针对每个时刻的输入和上一个时刻的隐藏层结果对提取的信息进行调整。LSTM 很好地解决了 RNN 中梯度消失和梯度爆炸的问题，被广泛应用在各种自然语言处理任务当中。

11.2　CharRNN

本节将简要介绍自然语言处理中的另一个工具——CharRNN。CharRNN 能够从海量的文本中学习英文字母（注意，是字母，而不是单词）的组合，并自动生成相对应的文本。CharRNN 的训练原理十分简单，它分为训练阶段和生成阶段两部分，如图 11.5 所示。

在模型训练阶段，例如，对于 hello world 而言，RNN 的输入是 hello worl，对于 RNN 的每一个隐藏状态的输出，都加入一个全连接层用来预测下一个字符。即：第一个隐藏状态，输入 h，包含 h 的信息，预测输出 e；第二个隐藏状态，输入 e，包含 he 的信息，预测输出 l；第三个隐藏状态，输入 l，包含 hel 的信息，预测输出 l；第四个隐藏状态，输入 l，包含 hell 的信息，预测输出 o，依此类推。

CharRNN 可以被看成一个分类问题：根据已出现的字符，预测下一个字符。对于英文字符来说，文本中用到的总共不超过 128 个字符（假设就是 128 个字符），所以可以将预测问题变成 128 个类别的分类问题——将每一个隐藏状态的输出都输入到一个全连接层中，计算输出属于 128 个字符的概率，计算交叉熵损失即可。也就是说，CharRNN 将生成问题建模为一个分类问题。

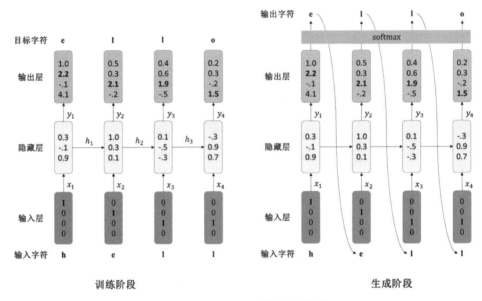

图 11.5　CharRNN 的训练原理

在模型训练完成之后，可以利用 CharRNN 来生成文本。首先输入一个起始符（一般用 <START> 标识），计算输出属于每个字符的概率，选择概率最大的一个字符作为输出。然后将上一步的输出作为输入，继续输入到网络中，计算输出属于每个字符的概率。重复以上过程，最后将所有的字符拼接组合起来，就得到了最终的生成结果。

CharRNN 还有一些不够严谨之处，比如它使用 one-hot 编码的形式来表示词，而不是使用词向量；它使用 RNN 结构而不是 LSTM 结构。感兴趣的读者可以尝试对这些问题进行改进，训练一个可以自行写诗的网络。

11.3　Transformer

原始的 Transformer 由 Google 团队于 2017 年提出，它完全抛弃了 RNN 和 CNN 等经典的网络结构，仅使用 Attention 机制进行机器翻译，取得了较好的效果[7]。准确地说，Transformer 仅由自注意力（Self-Attention）模块和前馈神经网络（Feedforward Neural Network，FNN）组成，在自然语言处理领域甚至计算机视觉领域中均有不凡的表现。目前得到广泛应用的 BERT、GPT-2 等模型均是以 Transformer 为基础进行搭建的，下面将对 Transformer 进行简要介绍。

在自然语言处理领域中，序列模型转换问题（Sequence to Sequence）是非常常见且具有挑战性的任务之一，例如，日常生活中的翻译问题就是一个序列模型转换问题。如图 11.6 所示，输入是一串英文序列"I love deep learning"，通过 Transformer 输出一串中文序列"我爱深度学习"。使用不同的数据集进行训练，Transformer 能够支持任意语言之间的转换。

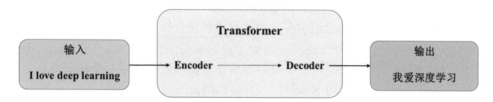

图 11.6　使用 Transformer 进行机器翻译

在使用 Transformer 之前，我们先来了解一下 Transformer 的结构，如图 11.7 所示。

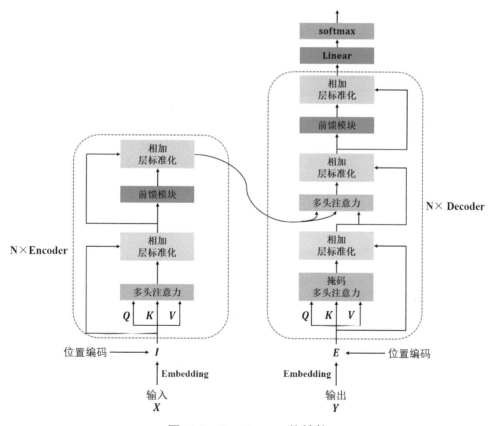

图 11.7　Transformer 的结构

Transformer 本质上是一个 Encoder-Decoder 的结构。在输入部分，首先通过 Embed-ding 模块提取词向量，并通过位置编码（Positional Encoding）模块增加词与词之间的位置信息。下面具体解析 Encoder-Decoder 的结构。

- Encoder：该模块主要由多头注意力（Multi-head Attention）模块、层标准化（Layer Normalization）模块以及前馈（Feed Forward）模块组成，并通过残差模块进行连接。其中，多头注意力模块由多个自注意力模块拼接而成（后文将详细介绍）。
- Decoder：该模块相较于 Encoder 增加了掩码多头注意力（Masked Multi-head At-tention）模块，该模块相较于普通的多头注意力模块增加了一个掩码矩阵，该矩阵可以避免 Decoder 使用未来时刻的信息预测过去时刻的结果。

接下来将详细介绍 Transformer 中的自注意力模块和位置编码模块，读者可以查阅原论文了解 Transformer 的更多细节。

11.3.1 自注意力模块

自注意力模块是 Transformer 中最核心的内容，它在处理某一个特定的词时，会综合考虑整个句子的所有词与该特定词之间的关系。

上面的描述可能比较抽象，下面举例说明。假设希望机器翻译以下句子：

I love PyTorch because it is useful.

这句中的 it 到底是指什么呢？是指 I 还是指 PyTorch？这个问题对于人类而言易如反掌，对于机器却很难判断。自注意力模块可以帮助机器在处理单词 it 时，能够与 PyTorch 充分建立联系。随着模型处理输入序列中的每一个单词，自注意力模块会从全局的角度关注整个输入序列的所有单词，帮助模型建立起相关单词之间的重要联系。

下面详细讲解自注意力模块的工作原理。首先需要将输入的词向量映射到三个特征空间中，分别称为 Q（Query）向量、K（Key）向量和 V（Value）向量，它们的计算公式如式（11.1）所示。

$$
\begin{aligned}
Q &= W^q I \\
K &= W^k I \\
V &= W^v I
\end{aligned}
\tag{11.1}
$$

其中，I 表示输入的词向量，W^q, W^k, W^v 分别表示映射为三个特征向量的转移矩阵。然后将 Q 向量和 K 向量进行归一化的点积（Scaled Dot-Product），得到向量中各个位置点的得分（Score），这个得分说明了每个单词与当前位置单词的相关性大小——单词之间的相关性大得分高，单词之间的相关性小得分低。最后使用加权匹配的方式，将这个分数经过 softmax 层后与 V 向量相乘，就得到了自注意力模块的最终输出。自注意力模块的计算公式如式（11.2）所示。

$$\text{Attention}\,(\boldsymbol{Q}, \boldsymbol{K}, \boldsymbol{V}) = \text{softmax}\left(\frac{\boldsymbol{Q}\boldsymbol{K}^{\text{T}}}{\sqrt{d}}\right)\boldsymbol{V} \tag{11.2}$$

其中，$\boldsymbol{Q}, \boldsymbol{K}, \boldsymbol{V}$ 表示词向量映射后的特征向量，d 表示词向量的维度。

此外，自注意力模块还可以通过集成的方式形成多头注意力机制。多头注意力机制将同一段输入序列输入到不同的自注意力模块中，每个自注意力模块得到的特征子空间都近似独立，可以建立起当前位置单词与所有单词在不同维度上的联系，拥有更强的泛化能力。多头注意力机制的计算公式如式（11.3）所示。

$$\boldsymbol{Q}_i = \boldsymbol{Q}\boldsymbol{W}_i^{\boldsymbol{Q}}, \boldsymbol{K}_i = \boldsymbol{K}\boldsymbol{W}_i^{\boldsymbol{K}}, \boldsymbol{V}_i = \boldsymbol{V}\boldsymbol{W}_i^{\boldsymbol{V}}$$
$$\text{head}_i = \text{Attention}\,(\boldsymbol{Q}_i, \boldsymbol{K}_i, \boldsymbol{V}_i)$$
$$\text{Multihead}\,(\boldsymbol{Q}, \boldsymbol{K}, \boldsymbol{V}) = \text{concat}(\text{head}_i) \tag{11.3}$$

其中，$\boldsymbol{W}_i^{\boldsymbol{Q}}, \boldsymbol{W}_i^{\boldsymbol{K}}, \boldsymbol{W}_i^{\boldsymbol{V}}$ 为不同 head 下自注意力模块的转移矩阵，head_i 表示不同 head 下自注意力模块的结果，concat 表示拼接操作。读者可以参考图 11.8 来进一步了解多头注意力机制的工作流程。

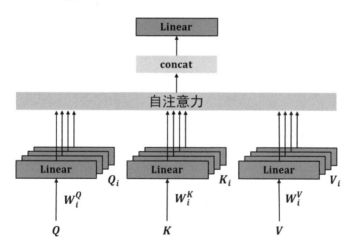

图 11.8　多头注意力机制示意图

11.3.2　位置编码模块

对于自然语言处理的任务来说，语言文字的先后顺序会严重影响序列的语义信息，例如 "Children eat apples" 和 "Apples eat children"，虽然它们的词向量仅仅在位置上存在细微变化，模型不会加以区分，但是主语和宾语的位置交换改变了这句话本身包含的语义信息。因此，Transformer 引入了位置编码的概念，在词向量中加入了单词的位置信息。

常见的位置编码方式有两种，分别是基于数据的可学习位置编码方式和基于固定策略的位置编码方式，这里主要介绍第二种方式。在自然语言处理的任务中，除了关注每个单词的绝对位置，对单词之间的相对位置也不容忽视。因此，基于词向量长度的 one-hot 编码方式不再适用，它在表示相对位置时不具有参考价值。最经典的基于固定策略的位置编码方式是基于正余弦函数的编码，如式（11.4）所示。

$$PE(pos, 2i) = \sin\left(\frac{pos}{10000^{2i/d_{\text{model}}}}\right)$$
$$PE(pos, 2i+1) = \cos\left(\frac{pos}{10000^{2i/d_{\text{model}}}}\right) \qquad (11.4)$$

其中，pos 表示当前单词在整个句子中的位置，i 是词向量中每个值的索引，从式中可以看出，奇数位置是余弦编码，偶数位置是正弦编码。正余弦函数位置编码的 PyTorch 代码如下：

```
position_encoding = np.array(
    [[pos / np.power(10000, 2.0 * (j // 2) / d_model) for j in range(d_model)]
    for pos in range(max_seq_len)])

position_encoding[:, 0::2] = np.sin(position_encoding[:, 0::2])
position_encoding[:, 1::2] = np.cos(position_encoding[:, 1::2])
position_encoding = t.from_numpy(position_encoding)
```

11.4　使用 PyTorch 实现 Transformer 写诗

在掌握了 Transformer 的基本原理后，本节将带领读者使用 Transformer 实现自动写诗。本次实验采用的数据来自 GitHub 上中文诗词爱好者收集的 5 万多首诗词原文，原始文件是 JSON 文件和 SQLite 数据库的存储格式，笔者在此基础上做了如下修改。

- 将繁体中文改成简体中文：原始数据是繁体中文的，虽然这样诗词更有韵味，但是对于习惯于简体中文的读者来说可能还是有点别扭。
- 将所有数据进行截断，并补齐至相同的长度：因为不同诗词的长度不一样，不易拼接成一个 batch，所以需要将它们处理成一样的长度。

为了方便读者复现实验，笔者对原始数据进行处理后，提供了一个 NumPy 的压缩包 tang.npz，里面包含三个对象。

- data：形状为 (57 598, 125) 的 NumPy 数组，总共有 57 598 首诗词，每首诗词的长

度均为 125 个字符（不足 125 个字符的补空格，超过 125 个字符的丢弃）。

- word2ix：每个字和它对应的序号，例如，"春"这个字对应的序号是 1000。
- ix2word：每个序号和它对应的字，例如，序号 1000 对应着"春"这个字。

以《静夜思》这首诗为例，本节对诗词的预处理步骤如下。

（1）将数组转换成 list 形式，并在前面和后面分别加上起始符 <START> 与终止符 <EOP>。

```
['<START>', '床', '前', '明', '月', '光', '，', '疑', '是', '地', '上', '霜', '。', '举', '头', '望', '明', '月', '，', '低', '头', '思', '故', '乡', '。', '<EOP>']
```

（2）对于长度达不到 125 个字符的诗词，在后面补上空格（用 </s> 表示），直到长度达到 125 个字符，变成如下格式：

```
['<START>', '床', '前', '明', '月', '光', '，', '疑', '是', '地', '上', '霜', '。', '举', '头', '望', '明', '月', '，', '低', '头', '思', '故', '乡', '。', '<EOP>', '</s>', ... , '</s>',]
```

（3）对于长度超过 125 个字符的诗词，把结尾的诗词截断，变成如下格式：

```
['<START>', '春', '江', ..., '水', '流', '春', '去', '欲', '尽', '，', '江', '潭', '落', '月', '复', '西', '斜', '。', '斜', '月', '沉', '沉', '藏', '海', '雾', '，', '碣', '石']
```

（4）将每个字都转换成对应的序号，比如，将"春"字转换成 1000，变成如下格式，每个 list 的长度都是 125 个字符：

```
[12, 1000, 959, ..., 127, 285, 1000, 695, 50, 622, 545, 299, 3, 906, 155, 236, 828, 61, 635, 87, 262, 704, 957, 23, 68, 912, 200, 539, 819, 494, 398, 296, 94, 905, 871, 34, 818, 766, 58, 881, 469, 22, 385, 696,]
```

（5）将序号 list 转换成 NumPy 数组。

将 NumPy 数组还原成诗词的示例如下：

```
# 编码:UTF-8
import numpy as np

# 加载数据
datas = np.load('tang.npz')
data = datas['data']
ix2word = datas['ix2word'].item()

# 查看第一首诗词
poem = data[0]
```

```
# 将词序号转换成对应的字
poem_txt = [ix2word[ii] for ii in poem]

print(''.join(poem_txt))
```

输出的结果如下：

```
<START>一身绕千山，远作行路人。未遂东吴归，暂出西京尘。仲宣荆州客，今余竟陵宾。往迹虽
不同，托意皆有因。商岭莓苔滑，石坂上下频。江汉沙泥洁，永日光景新。独泪起残夜，孤吟望初
晨。驱驰竟何事，章句依深仁。<EOP></s></s></s></s></s></s></s></s></s></s></s></s></s></s></s
></s></s></s></s></s></s></s></s></s></s></s></s></s></s></s>
```

对数据处理完成后，本次实验的文件组织结构如下：

```
|-- checkpoints
|-- main.py
|-- model.py
|-- README.md
|-- data.py
|-- tang.npz
|__ utils.py
```

其中，几个比较重要的文件含义如下。

• main.py：包含程序配置、训练和生成代码。

• model.py：模型定义。

• utils.py：对可视化工具 Visdom 的封装。

• tang.npz：将 5 万多首诗词预处理成的 NumPy 数组。

• data.py：对原始的诗词文本进行预处理，如果直接使用 tang.npz，则不再需要
对 JSON 数据进行处理。

程序中主要的配置选项和命令行参数如下：

```
class Config(object):
    data_path = 'data'        # 诗词文本文件的存放路径
    pickle_path = 'data/tang.npz' # 预处理好的二进制文件
    lr = 1e-3                 # 学习率
    use_gpu = True            # 是否使用GPU
    epoch = 200               # epoch
    env = 'poetry1'           # Visdom的env
    batch_size = 128          # batch size
    maxlen = 125 # 超过这个长度的字被丢弃，若小于这个长度，则在前面补空格
    max_gen_len = 200         # 生成诗词的最大长度
    debug_file = '/tmp/debugp'
```

```
model_path = None        # 预训练模型路径

# 生成诗词的相关配置
start_words = '深度学习' # 诗词的开始
model_prefix = 'checkpoints/tang' # 模型保存路径
```

在 `data.py` 中主要有三个函数。

- `_parseRawData`：解析原始的 JSON 数据，提取成 list。
- `pad_sequences`：将不同长度的数据截断或补齐成一样的长度。
- `get_data`：给主程序调用的接口，如果二进制文件存在，则直接读取二进制格式的 NumPy 文件，否则读取文本文件进行处理，并将处理结果保存成二进制文件。

二进制文件 tang.npz 已在本书配套代码中提供，读者不必再下载原始的 JSON 文件，直接加载处理好的二进制文件即可。`data.py` 中的 `get_data` 代码如下：

```
def get_data(opt):
    '''
    @param opt 配置选项 Config对象
    @return word2ix: dict, 每个字对应的序号, 形如u'月'->100
    @return ix2word: dict, 每个序号对应的字, 形如'100'->u'月'
    @return data: NumPy数组, 每一行都是一首诗词对应的字的下标
    '''
    if os.path.exists(opt.pickle_path):
        data = np.load(opt.pickle_path)
        data, word2ix, ix2word = data['data'], data['word2ix'].item(),
data['ix2word'].item()
        return data, word2ix, ix2word

    # 如果没有处理好的二进制文件, 则处理原始的JSON文件
    # ......
```

在 `main.py` 的训练函数 `train` 中，可以按照如下方式加载数据：

```
# 获取数据，构建DataLoader
data, word2ix, ix2word = get_data(opt)
data = t.from_numpy(data)
dataloader = DataLoader(data, batch_size=128, shuffle=True, num_workers=1)
```

这种直接把所有的数据全部加载到内存中的做法，在某些情况下虽然会比较占内存，但是速度会有很大的提升，因为它避免了频繁的硬盘读/写，减少了 I/O 等待时间。在实验中，如果数据量足够小，那么可以选择把数据全部预处理成二进制文件，并全部加载到内存中。

下面介绍本次实验使用的模型。与 CharRNN 类似，我们同样将文本的生成问题建模为文本的分类问题，即输入一个起始符，计算输出属于每个字符的概率，选择概率最大的一个字符作为输出，将此输出作为输入，重复这个过程，就可以得到最终的生成结果了。本次实验使用的模型结构如图 11.9 所示。

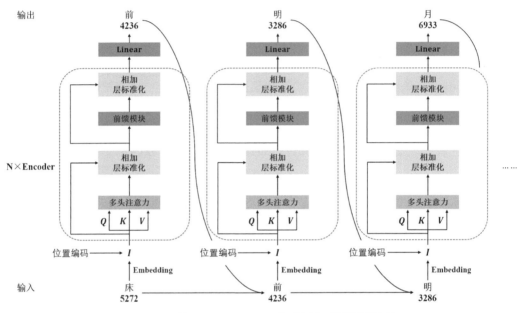

图 11.9　使用 Transformer 生成诗词的模型结构

这里仅使用 Transformer 当中的 Encoder 结构，在每个 Encoder 的最后增加一个全连接层来进行分类。整个模型构建的代码被保存在 model.py 中：

```python
import torch
import math
from torch import nn, Tensor
from torch.nn import TransformerEncoder, TransformerEncoderLayer

# 基于Transformer的写诗模型
class PoetryModel(nn.Module):
    def __init__(self, vocab_size, num_encoder_layers=4, emb_size=512,
dim_feedforward=1024, dropout=0.1):
        super().__init__()
        # 对输入的词进行向量化
        self.src_tok_emb = TokenEmbedding(vocab_size, emb_size)
        # 为词向量添加位置编码
```

```
        self.positional_encoding = PositionalEncoding(emb_size, dropout=dropout)
        encoder_layer = TransformerEncoderLayer(d_model=emb_size, nhead=8,
dim_feedforward=dim_feedforward)
        # 构建Transformer的Encoder层
        self.transformer_encoder = TransformerEncoder(encoder_layer,
num_layers=num_encoder_layers)
        self.generator = nn.Linear(emb_size, vocab_size)
        # 初始化参数
        for p in self.parameters():
            if p.dim() > 1:
                nn.init.xavier_uniform_(p)

    def forward(self, src, src_mask, src_padding_mask):
        '''
        src: 输入序列
        src_mask: 输入序列的掩码
        src_padding_mask: 输入序列的padding部分的掩码
        '''
        src_emb = self.src_tok_emb(src)
        src_emb = self.positional_encoding(src_emb)
        memory = self.transformer_encoder(src_emb, src_mask, src_padding_mask)
        logit = self.generator(memory)
        return memory, logit


# 对输入序列进行向量化
class TokenEmbedding(nn.Module):
    def __init__(self, vocab_size, emb_size):
        super().__init__()
        self.embedding = nn.Embedding(vocab_size, emb_size)
        self.emb_size = emb_size
    def forward(self, tokens):
        return self.embedding(tokens.long()) * math.sqrt(self.emb_size)

# 为输入序列添加位置编码
class PositionalEncoding(nn.Module):
    def __init__(self, emb_size, dropout, maxlen=200):
        super().__init__()
        den = torch.exp(- torch.arange(0, emb_size, 2).float() * math.log(100) /
emb_size)
        pos = torch.arange(0, maxlen).float().reshape(maxlen, 1)
        pos_embedding = torch.zeros((maxlen, emb_size))
        pos_embedding[:, 0::2] = torch.sin(pos * den)
```

```
        pos_embedding[:, 1::2] = torch.cos(pos * den)
        pos_embedding = pos_embedding.unsqueeze(-2)

        self.dropout = nn.Dropout(dropout)
        self.register_buffer('pos_embedding', pos_embedding)

    def forward(self, token_embedding):
        return self.dropout(token_embedding + self.pos_embedding[:token_embedding.size
(0), :])
```

上面的代码一共包含了三个类。其中，TokenEmbedding 类通过 nn.Embedding 得到相应词的词向量表示；PositionalEncoding 类为输入序列添加了位置编码，这里的位置编码是基于正余弦函数的编码的；PoetryModel 类依靠前两个类对输入序列进行预处理，构建了一个 Transformer 中的 Encoder 模块。在 forward 函数中，还需要使用掩码来帮助训练整个模型。

- 输入序列的掩码（src_mask）：写诗是一个生成任务，模型在预测生成第 k 个词时已知的语义信息只有前 $k-1$ 个词，不应该使用第 k 个词以后的信息。为了便于处理，这里引入输入序列的掩码，将第 k 个词之后的信息掩盖掉。因为模型是由第一个词逐词向后生成文本的，所以 src_mask 矩阵呈现下三角的形式，如式（11.5）所示。

$$
src\_mask = \begin{pmatrix} 0 & -inf & \cdots & -inf \\ 0 & 0 & \cdots & -inf \\ \cdots & \cdots & \cdots & \cdots \\ 0 & 0 & \cdots & 0 \end{pmatrix} \tag{11.5}
$$

- 输入序列的 padding 部分的掩码（src_padding_mask）：对于一首长度不超过 125 个字符的诗词来说，需要将其 padding 成固定的长度，便于模型的训练。从前面对数据预处理的过程可以看出，对于长度达不到 125 个字符的诗词，需要在后面补上空格（用 </s> 表示），直到长度达到 125 个字符。因此，这里需要使用 src_padding_mask 对 padding 部分进行掩码，保证其不会影响到诗词正文内容的训练。

除了上述两种掩码，在 Transformer 的 Decoder 模块中还存在几种掩码，例如 tgt_mask、memory_mask 等，感兴趣的读者可以查阅相关资料。下面介绍与训练相关的代码，这部分代码被保存在 main.py 中：

```
def train(**kwargs):
    for k, v in kwargs.items():
        setattr(opt, k, v)
```

```
device = t.device('cuda') if opt.use_gpu else t.device('cpu')
vis = Visualizer(env = opt.env)
# 获取数据
data, word2ix, ix2word = get_data(opt)
data = t.from_numpy(data)
dataloader = DataLoader(data, batch_size=opt.batch_size, shuffle=True,
num_workers=1)

# 模型定义
model = PoetryModel(len(word2ix))
# 优化器定义
optimizer = t.optim.Adam(model.parameters(), lr=0.0001, betas=(0.9, 0.98),
eps=1e-9)
# 损失函数定义
criterion = nn.CrossEntropyLoss(ignore_index=len(word2ix)-1)
# 加载已有的模型
if opt.model_path:
    model.load_state_dict(t.load(opt.model_path))
model.to(device)

# 训练
for epoch in range(opt.epoch):
    for ii, data_ in tqdm.tqdm(enumerate(dataloader)):
        data_ = data_.long().transpose(1, 0).contiguous()
        # data_: 125×128
        data_ = data_.to(device)
        optimizer.zero_grad()
        # input_, target: 124×128
        input_, target = data_[:-1, :], data_[1:, :]
        # 生成输入序列的掩码
        # src_mask: 124×124
        src_mask = generate_square_subsequent_mask(input_.shape[0])
        # 生成输入序列的padding部分的掩码
        src_padding_mask = input_ == len(word2ix) - 1
        # src_padding_mask: 128×124
        src_padding_mask = src_padding_mask.permute(1,0).contiguous()
        # memory: 124×batch_size×512
        # logit: 124×batch_size×len(word2ix)
        memory, logit = model(input_, src_mask.to(device),
src_padding_mask.to(device))
        # 掩盖掉无用的空格信息
```

```
        mask = target != word2ix['</s>']
        target = target[mask]
        logit = logit.flatten(0, 1)[mask.view(-1)]

        loss = criterion(logit, target)
        loss.backward()
        optimizer.step()

    t.save(model.state_dict(), '%s_%s.pth' % (opt.model_prefix, epoch + 1))
```

读者需要注意网络的输入，比如"床前明月光"这句诗，输入的是"床前明月"，预测的目标是"前明月光"。

- 输入"床"的时候，网络预测的下一个字的目标是"前"。
- 输入"前"的时候，网络预测的下一个字的目标是"明"。
- 输入"明"的时候，网络预测的下一个字的目标是"月"。
- ......

这种错位的方式，通过 data_[:-1, :] 和 data_[1:, :] 实现。前者包含从第一个字直到最后一个字（不包括最后一个字），后者包含从第二个字到结尾（包括最后一个字）。因为诗词的生成可以被看作分类问题，所以我们使用交叉熵损失作为评估函数。

训练的命令如下：

```
python main.py train --batch-size=128
                     ---pickle-path='tang.npz'
                     ---lr=1e-3
                     ---epoch=50
```

接下来介绍如何用训练好的模型写诗。第一种生成方式是给定诗词的开头几个字，程序进行续写。实现如下：

```
def gen(**kwargs):
    """
    给定几个字，根据这几个字生成一首完整的诗词
    例如，start_words为'海内存知己'，可以生成
    海内存知己，天涯尚未安。
    故人归旧国，新月到新安。
    海气生边岛，江声入夜滩。
    明朝不可问，应与故人看。
    """
    # 读取命令行配置
    for k, v in kwargs.items():
```

```
        setattr(opt, k, v)

device = t.device('cuda') if opt.use_gpu else t.device('cpu')
# 获取数据
data, word2ix, ix2word = get_data(opt)
model = PoetryModel(len(word2ix))
model.load_state_dict(t.load(opt.model_path))
model.to(device)
# 模型只进行预测
model.eval()

src = [word2ix[word] for word in opt.start_words]
res = src = [word2ix['<START>']] + src
max_len = 100

for _ in range(max_len):
    src = t.tensor(res).to(device)[:, None]
    # 生成两种掩码用于模型生成
    src_mask = generate_square_subsequent_mask(src.shape[0])
    src_padding_mask = src == len(word2ix) - 1
    src_padding_mask = src_padding_mask.permute(1, 0).contiguous()
    memory, logits = model(src, src_mask.cuda(), src_padding_mask.cuda())
    # 得到下一个字的预测结果
    next_word = logits[-1, 0].argmax().item()
    # 遇到终止符就结束
    if next_word == word2ix['<EOP>']:
        break
    res.append(next_word)
res = [ix2word[_] for _ in res]
print(''.join(res))
```

这种生成方式是根据给定的几个字，完成诗词余下的部分。生成步骤如下：

（1）利用给定的字"床前明月光"，预测下一个字（预测的结果是"，"）。

（2）将"床前明月光"和"，"进行拼接，作为新的输入，预测下一个字。

（3）重复第 2 步，直到遇到终止符，或者生成的诗词超过预设的最大长度。

读者可以通过以下命令，使用给定的部分字续写诗词：

```
python predict.py gen   --model-path='checkpoints/tang_200.pth'
                        --pickle-path='tang.npz'
                        --start-words='海内存知己'
```

第二种生成方式是生成藏头诗。实现如下:

```python
def gen_acrostic(**kwargs):
    """
    生成藏头诗
    start_words为'深度学习'
    生成:
    深山高不极，望望极悠悠。
    度日登楼望，看云上砌秋。
    学吟多野寺，吟想到江楼。
    习静多时选，忘机尽处求。
    """
    for k, v in kwargs.items():
        setattr(opt, k, v)

    opt.device = t.device('cuda') if opt.use_gpu else t.device('cpu')
    device = opt.device
    data, word2ix, ix2word = get_data(opt)
    model = PoetryModel(len(word2ix))
    model.load_state_dict(t.load(opt.model_path))
    model.to(device)

    model.eval()

    start_word_len = len(opt.start_words)
    index = 0  # 用来指示已经生成了多少句藏头诗
    src_base = [word2ix[word] for word in opt.start_words]
    res = [word2ix['<START>']] + [src_base[index]]
    index += 1
    max_len = 100

    for _ in range(max_len):
        src = t.tensor(res).to(device)[:, None]
        src_mask = generate_square_subsequent_mask(src.shape[0])
        src_padding_mask = src == len(word2ix) - 1
        src_padding_mask = src_padding_mask.permute(1, 0).contiguous()
        memory, logits = model(src, src_mask.cuda(), src_padding_mask.cuda())

        next_word = logits[-1, 0].argmax().item()
        # 如果遇到句号、感叹号等，则把藏头的字作为下一句的输入
        if next_word in {word2ix[u'。'],word2ix[u'！'],word2ix['<START>']}:
            # 如果生成的诗词已经包含全部藏头的字，则结束
```

```
            if index == start_word_len:
                res.append(next_word)
                break
            # 把藏头的字作为输入，预测下一个字
            res.append(next_word)
            res.append(src_base[index])
            index += 1
        else:
            # 把上一次预测的字作为输入，继续预测下一个字
            res.append(next_word)

res = [ix2word[_] for _ in res]
print(''.join(res))
```

生成藏头诗的步骤如下：

（1）输入藏头的字，开始预测下一个字。

（2）将上一步预测的字作为输入，继续预测下一个字。

（3）重复第 2 步，直到输出的是 "。" 或者 "！"，说明一句诗结束了，可以继续输入下一个藏头的字，跳到第 1 步。

（4）重复上述步骤，直到所有藏头的字都输入完毕。

读者可以使用以下命令生成藏头诗：

```
python predict.py gen_acrostic  --model-path='checkpoints/tang_200.pth'
                                --pickle-path='tang.npz'
                                --start-words='深度学习' # 藏头诗
```

下面列举几首实际生成的诗词。

江流天地外，风景属清明。白日无人见，青山有鹤迎。水寒鱼自跃，云暗鸟难惊。独有南归路，悠悠去住情。

蜀道难为宰，江湖易为舟。两乡三月夜，万里一星秋。

同是天涯沦落人，相逢相识未相亲。一杯酒熟君应醉，万里山川我未春。

白日照秋色，清光动远林。**色**连三径合，香满四邻深。**风**送宜新草，花开爱旧林。**车**轮不可驻，日暮欲归心。

烟霞何处去，万里一帆飞。**花**发南陵岸，春生北国衣。**易**穷经世乱，难得到乡稀。**冷**淡兼葭雨，空蒙雨雪归。

总体而言，程序生成的诗词效果还不错，字词之间的组合也比较有意境，但是诗词缺乏一个统一的主题，读者很难从一首诗词中得到较为明确的主旨。另一个比较突出

的问题是，在所生成的诗词中经常出现重复的词，这在传统的诗词创作中应该是极力避免的，但在程序中却经常出现。

11.5 小结

本章首先介绍了自然语言处理中的一些基础概念，包括词向量、循环神经网络等。然后简要介绍了自然语言处理中的另一个工具——CharRNN。接下来，本章详细介绍了自然语言处理领域中更加通用的模块：Transformer，分析了其中的几个重要模块，并带领读者使用 PyTorch 实现了一个 AI 诗人，该模型能够从诗词中学习，并模仿古人来续写诗词和生成藏头诗。

12 AI 艺术家：
神经网络风格迁移

本章介绍一个酷炫的深度学习应用——风格迁移（Style Transfer）。近年来，由深度学习引领的人工智能技术被越来越广泛地应用在社会的各个领域之中。例如，许多图像处理软件都推出了艺术滤镜功能，可以为用户的照片生成名画效果，该功能的核心技术就是基于深度学习的图像风格迁移技术。

风格迁移又称风格转换，直观地类比，就是给输入的图像添加一个滤镜。风格迁移基于人工智能，它支持的每种风格都是由真正的艺术家作品训练、创作而成的。只需要给定原始图像，选择艺术家的风格图像，风格迁移就能把原始图像转换成具有相应艺术家风格的图像。如图 12.1 所示，给定一张风格图像（左上角，梵高的《星月夜》）和一张内容图像（右上角，北京邮电大学校园图），神经网络就可以生成对应风格的北京邮电大学校园图。

图 12.1　北京邮电大学校园图风格迁移效果

12.1 风格迁移原理介绍

在风格迁移中有两类图像，其中一类是风格图像，通常是一些艺术家的作品，比较经典的有梵高的《星月夜》《向日葵》、毕加索的 *A Muse*、莫奈的《印象·日出》，以及日本浮世绘的《神奈川冲浪里》等。这些图像往往具有比较明显的艺术家风格，主要体现在色彩、线条、轮廓等方面。另一类是内容图像，这些图像通常来自现实世界中，例如用户个人的摄影作品。利用风格迁移技术，能够将内容图像转换成具有艺术家风格的图像。

2015 年，第一个基于神经网络的图像迁移算法 Neural Style[8-9] 诞生，它不需要训练模型，只需要在噪声中不断调整图像的像素值，经过几十分钟，就可以将任意图像变成梵高的《星月夜》风格。后续提出的 Fast Neural Style 算法[10] 对 Neural Style 进行了改进，它针对每一张风格图像训练一个模型，仅需要几秒钟就可以实现风格迁移。然而，这两个算法都需要针对某一张具体风格的图像进行迭代，无法被应用到任意风格的图像上，应用场景十分有限。因此，研究人员开始研究支持任意风格的迁移算法，其中比较重要的是 Huang 等人在论文 *Arbitrary Style Transfer in Real-time with Adaptive Instance Normalization*[11] 中提出的自适应实例标准化（Adaptive Instance Normalization），也就是 AdaIN 算法。本章将使用该算法实现支持任意风格的快速风格迁移。

我们先来回顾一下在深度学习中常用的标准化操作。标准化操作常用来进行数据量纲或分布的统一，通过标准化操作可以提高模型的泛化能力，同时在一定程度上加速网络的训练。常用的标准化操作包括批标准化、实例标准化、层标准化、组标准化以及权重标准化等，下面对批标准化操作和实例标准化操作进行介绍。

1. 批标准化

在标准化操作中，最出名也最常用的是批标准化（Batch Normalization，BN）[12] 操作。批标准化是一种常见且有效的模型训练技巧，它的原理是在 batch 维度上减去经验均值，并除以经验标准差来对前一层网络的输出进行归一化。这样的标准化操作让模型不再过度依赖于初始化，并提供了有效的正则项以防止过拟合。BN 层的工作机制可以用式（12.1）来说明。

$$BN(x) = \gamma \left(\frac{x - \mu(x)}{\sigma(x)} \right) + \beta \qquad (12.1)$$

其中，$\mu(\cdot)$ 表示求均值，$\sigma(\cdot)$ 表示求标准差，γ 和 β 为可训练参数，它们作为还原参数可以在一定程度上保留原输入数据的分布。BN 层会对一个 batch 中所有的样本求均值，例如，对于一个形如 $N \times C \times H \times W$ 的 Tensor，BN 层会计算 $N \times H \times W$ 个数的均值，也就是共有 C 个均值，如式（12.2）所示。

$$\mu_c(x) = \frac{1}{NHW} \sum_{n=1}^{N} \sum_{h=1}^{H} \sum_{w=1}^{W} x_{\text{nchw}}$$

$$\sigma_c(x) = \sqrt{\frac{1}{NHW} \sum_{n=1}^{N} \sum_{h=1}^{H} \sum_{w=1}^{W} (x_{\text{nchw}} - \mu_c(x))^2 + \epsilon} \qquad （12.2）$$

2. 实例标准化

实例标准化（Instance Normalization，IN）[13] 最早于 2016 年提出，用于图像风格化任务当中。实例标准化的过程与批标准化十分类似，它们的主要区别在于实例标准化对实例而非一个 batch 进行计算。IN 层的工作机制可以用式（12.3）来说明。

$$\text{IN}(x) = \gamma \left(\frac{x - \mu(x)}{\sigma(x)} \right) + \beta \qquad （12.3）$$

其中，γ 和 β 为可训练参数。IN 层对每一个样本求均值和标准差。例如，对于一个 $N \times C \times H \times W$ 的 Tensor，IN 层会计算 $H \times W$ 个数的均值，也就是共有 $N \times C$ 个均值，如式（12.4）所示。

$$\mu_{\text{nc}}(x) = \frac{1}{HW} \sum_{h=1}^{H} \sum_{w=1}^{W} x_{\text{nchw}}$$

$$\sigma_{\text{nc}}(x) = \sqrt{\frac{1}{HW} \sum_{h=1}^{H} \sum_{w=1}^{W} (x_{\text{nchw}} - \mu_{\text{nc}}(x))^2 + \epsilon} \qquad （12.4）$$

IN 层对特征图的均值和标准差进行标准化操作，得到了对应图像的风格，从而可以应用于图像的风格化任务中。批标准化与实例标准化的对比如图 12.2 所示，该图是对式（12.1）至式（12.4）的可视化说明。

下面介绍本章中使用的自适应实例标准化（AdaIN）。相比于实例标准化而言，AdaIN 舍弃了其中的可训练参数 γ 和 β，选择使用风格图像特征的均值和标准差来代替这两个参数，如式（12.5）所示。

$$\text{AdaIN}(x) = \sigma(y) \left(\frac{x - \mu(x)}{\sigma(x)} \right) + \mu(y) \qquad （12.5）$$

其中，$\mu(x)$ 和 $\sigma(x)$ 表示内容图像对应的均值和标准差，$\mu(y)$ 和 $\sigma(y)$ 表示风格图像对应的均值和标准差。AdaIN 的核心思路是：既然可以通过特征图的均值和标准差来反映一张图像的风格，那么对内容图像去风格化，再使用风格图像的风格对其进行复原，就可以得到风格迁移后的图像。AdaIN 的网络结构如图 12.3 所示。

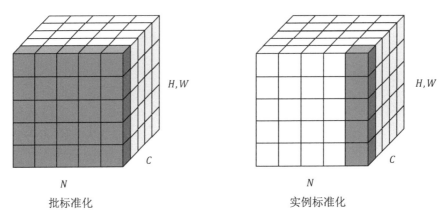

图 12.2　批标准化与实例标准化的对比

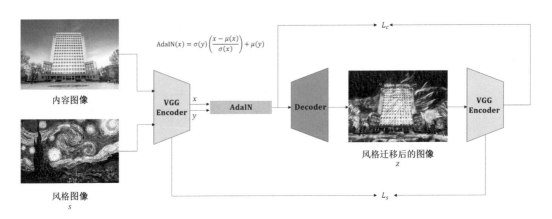

图 12.3　AdaIN 的网络结构

这里采用在 ImageNet 上预训练好的 VGG-19 作为 Encoder，用来提取图像的特征。VGG-19 是一种在深度学习中常用的网络结构，其不同的网络层级学习到的是图像不同层面的特征信息。在深度学习网络中，输入一般是像素信息，可以认为是点。研究表明，几乎所有神经网络的第一层学习到的都是关于线条和颜色的信息，直观的理解就是像素组成色彩，点组成线，这与人眼的感知特征十分相像。再往上，神经网络开始关注一些复杂的特征，例如拐角或者某些特殊的形状，这些特征可以被看成低层次的特征组合。随着深度的加深，神经网络关注的信息逐渐抽象，例如，有些卷积核关注的是图中有一个鼻子，或者图中有一张人脸，甚至是对象之间的空间关系，如鼻子在人脸的中间等。

风格迁移并不要求生成的图像的像素和原始图像中的每一个像素都一样，而是希望生成的图像和原始图像具有相同的特征。例如，原始图像中有一只猫，在风格迁移后的图像中依然有猫，图像中"有猫"这个概念就是分类问题最后一层的输出。但是最后一层特征的抽象程度还是太高，因为这里不仅希望图像中有猫，还希望保存这只猫的部分细节信息。例如，它的形状、动作等信息，这些信息相对来说没有那么深的层次。因此，本节使用深度网络中间某些层的特征作为目标，希望原始图像和风格迁移后的图像在这些层输出的特征尽可能相似，即将图像在深度模型的中间某些层的输出作为图像的知觉特征。

VGG-19 的网络结构如图 12.4 所示。网络共有 5 个卷积块，每个卷积块都由若干个卷积层组成，每一个卷积层后面都跟着一个 ReLU 激活层。不同的卷积块之间通过最大池化层进行区分。本节选用 VGG-19 中间层的输出作为输入图像的知觉特征，用来进行图像的风格迁移。

图 12.4　VGG-19 的网络结构

下面设计整个网络的损失函数，要产生效果逼真的风格迁移图像，有以下两个要求。

• 生成的图像在内容、细节上尽可能与输入的内容图像相似。

• 生成的图像在风格上尽可能与风格图像相似。

相应地，可以定义两个损失函数：内容损失函数（L_c）和风格损失函数（L_s），用于衡量上述两个指标。

对于 L_c 而言，它对应第一个指标，通过欧氏距离对生成的图像的内容、细节进行衡量，如式（12.6）所示。其中，$\mathrm{AdaIN}(x)$ 是 AdaIN 的输出，$\mathrm{Encoder}(z)$ 是风格迁移后的图像 z 的特征。

$$L_c = \|\mathrm{Encoder}(z) - \mathrm{AdaIN}(x)\|_2 \tag{12.6}$$

对于 L_s 而言，它对应第二个指标，通过欧氏距离对生成的图像的风格进行衡量，如式（12.7）所示。提取风格迁移后的图像 z 和风格图像 s 在 VGG-19 中每一层的特征，可以计算它们的均值与标准差之间的差异。

$$L_s = \sum_{i=1}^{L} \|\mu\left[\phi_i(z)\right] - \mu\left[\phi_i(s)\right]\|_2 + \sum_{i=1}^{L} \|\sigma\left[\phi_i(z)\right] - \sigma\left[\phi_i(s)\right]\|_2 \qquad （12.7）$$

其中，$\phi_i(\cdot)$ 为图像在 VGG-19 网络中间层的输出。在本章的示例程序中，使用 VGG-19 的第 1、6、11 及 20 层，对应网络中的 relu1_1、relu2_1、relu3_1、relu4_1（其中 relu1_1 表示第一个卷积块的第一个卷积层，依此类推）。

本章使用的风格迁移网络的训练步骤如下：

（1）将内容图像 c 与风格图像 s 输入到预训练好的 VGG-19 中，提取中间层的输出，即 relu1_1、relu2_1、relu3_1、relu4_1。

（2）根据式（12.5）进行自适应实例标准化，将结果输入到与 VGG-19 呈对称结构的 Decoder 中，得到风格化后的图像。

（3）根据式（12.6）和式（12.7）计算内容损失函数与风格损失函数，将两个损失相加，进行反向传播，更新网络的参数。

（4）跳回第 1 步，继续训练网络。

12.2　使用 PyTorch 实现风格迁移

本次实验的文件组织结构如下：

```
|--data/
|   |--content_data/ # 保存用于训练的内容图像数据集
|   |__style_data/   # 保存用于训练的风格图像数据集
|-- checkpoints/     # 无代码，用来保存模型
|-- main.py    # 训练和测试
|-- model.py   # 模型定义
|-- utils.py   # AdaIN的计算，以及对可视化工具Visdom的封装
|-- requiments.txt # 程序中用到的第三方库
|__ README.MD # 说明
```

其中，在 data 目录下存在两个子文件夹：content_data 和 style_data，分别用来存放训练使用的内容图像数据集和风格图像数据集。在本章的示例中，内容图像数据集选用 COCO 数据集，它的训练集共包含 118 287 张图像，大小约为 19GB。笔者认为 COCO 的数据比 ImageNet 的数据更加复杂，更像日常生活的照片，如果读者有 ImageNet 的图像，则一样可以使用。至于风格图像数据集，本章选用 Kaggle 比赛 "Painter by Numbers" 中的数据集。该数据集共包含 79 433 张图像，大小约为 1.9GB，包括各式各样风格的艺术照片。本章使用的两种数据集示例如图 12.5 所示。

内容图像
（来自COCO）

风格图像
（来自Painter by Numbers）

图 12.5　内容图像与风格图像的数据集示例

　　首先介绍如何使用预训练好的 VGG-19，这部分代码被保存在 model.py 中。在第 5 章中介绍过，torchvision 中提供了许多深度学习中经典的网络结构以及预训练好的模型，使用十分方便。在风格迁移网络中需要获得中间层的输出，因此需要修改网络的前向传播过程，将相应层的输出保存下来。同时有很多层不再需要，可以删除以节省内存。实现的代码如下：

```python
import torch as t
from torch import nn
from torchvision.models import vgg19
from collections import namedtuple

class VGG19(nn.Module):
    def __init__(self):
        super().__init__()
        features = list(vgg19(pretrained=True).features)[:21]
        self.features = nn.ModuleList(features).eval()

    def forward(self, x):
        results = []
        for ii, model in enumerate(self.features):
            x = model(x)
            if ii in {1, 6, 11, 20}:
                results.append(x)
        vgg_outputs = namedtuple("VggOutputs", ['relu1_1', 'relu2_1', 'relu3_1',
'relu4_1'])
```

```
        return vgg_outputs(*results)
```

在 torchvision 中，VGG-19 的实现由两个 nn.Sequential 对象组成：第一个是 feat
ures，包含卷积层、激活层和最大池化层等，用于提取图像特征；第二个是 classifier，
包含全连接层等，用来分类。通过 vgg.features 可以直接获得对应的 nn.Sequential
对象。在前向传播时，一旦计算完指定层的输出，就将结果保存在一个 list 中，然后使
用 namedtuple 进行名称绑定，这样可以更加方便和直观地通过 output.relu1_1 访问
第一个元素。当然，也可以通过 layer.register_forward_hook 的方式获取相应层的
输出。

接下来要实现的是 AdaIN，这部分代码被保存在 utils.py 中，参考式（12.5）可
以轻松地写出 AdaIN 的计算过程。

```
def calc_mean_std(features):
    batch_size, c = features.size()[:2]
    # features_mean: 512×1×1
    features_mean = features.reshape(batch_size,c,-1).mean(dim=2).reshape(batch_size,
c, 1, 1)
    # features_std: 512×1×1
    features_std = features.reshape(batch_size, c, -1).std(dim=2).reshape(batch_size,
c, 1, 1) + 1e-6
    return features_mean, features_std


def AdaIn(x, y):
    # x: 512×53×80, y: 512×99×125
    x_mean, x_std = calc_mean_std(x)
    y_mean, y_std = calc_mean_std(y)
    # normalized_features: 512×53×80
    normalized_features = y_std * (x - x_mean) / x_std + y_mean
    return normalized_features
```

下面开始搭建风格迁移网络，这部分代码被保存在 model.py 中。对于内容图像
和风格图像，首先通过预训练好的 VGG-19 提取中间层的特征：relu1_1、relu2_1、
relu3_1、relu4_1，并对两张图像的 relu4_1 特征进行自适应实例标准化，得到
AdaIN(x)。然后将 AdaIN(x) 输入到一个与 VGG-19 呈对称结构的 Decoder 中，得到风
格化后的图像。在反向传播时，只需要依据式（12.6）和式（12.7）计算两个损失即可。

在第 4 章中提到过，对于常出现的网络结构，可以将其实现为 nn.Module 对象，并
作为一个特殊的层。例如，在该示例的网络结构中实现了自定义的卷积操作 ConvLayer，
其中使用了边界反射填充 ReflectionPad2d。实现的代码如下：

```
class ConvLayer(nn.Module):
```

```
    """
    add ReflectionPad for Conv
    默认的卷积的padding操作是补0，这里使用边界反射填充
    """
    def __init__(self, in_channels, out_channels, kernel_size, stride):
        super().__init__()
        reflection_padding = int(np.floor(kernel_size / 2))
        self.reflection_pad = nn.ReflectionPad2d(reflection_padding)
        self.conv2d = nn.Conv2d(in_channels, out_channels, kernel_size, stride)

    def forward(self, x):
        out = self.reflection_pad(x)
        out = self.conv2d(out)
        return out
```

　　本章同样用到了上采样模块 UpSampleLayer，它的实现方法与 ConvLayer 类似，这里不再赘述，读者可以参考本书配套代码来了解具体内容。下面来看看网络结构中的 Encoder，它的结构与 VGG-19 恰好对称。

```
class Decoder(nn.Module):
    def __init__(self):
        super().__init__()
        self.decode = nn.Sequential(
            # 输入：512×53×80
            ConvLayer(512, 256, kernel_size=3, stride=1),
            nn.ReLU(),
            UpSampleLayer(256),
            # 输出：256×106×160
            ConvLayer(256, 256, kernel_size=3, stride=1),
            nn.ReLU(),
            ConvLayer(256, 256, kernel_size=3, stride=1),
            nn.ReLU(),
            ConvLayer(256, 256, kernel_size=3, stride=1),
            nn.ReLU(),
            ConvLayer(256, 128, kernel_size=3, stride=1),
            nn.ReLU(),
            UpSampleLayer(128),
            # 输出：128×212×320
            ConvLayer(128, 128, kernel_size=3, stride=1),
            nn.ReLU(),
            ConvLayer(128, 64, kernel_size=3, stride=1),
            nn.ReLU(),
```

```
        UpSampleLayer(64),
        # 输出：64×424×640
        ConvLayer(64, 64, kernel_size=3, stride=1),
        nn.ReLU(),
        ConvLayer(64, 3, kernel_size=3, stride=1),
        # 输出：3×424×640
    )
def forward(self,x):
    return self.decode(x)
```

至此，可以实现主网络结构：

```
class Model(nn.Module):
    def __init__(self):
        super().__init__()
        self.encoder = VGG19()
        self.decoder = Decoder()
        for param in self.encoder.parameters():
            param.requires_grad = False

    def get_content_loss(self, content, adain):
        return nn.functional.mse_loss(content, adain)

    def get_style_loss(self, content, style):
        loss = 0
        for i, j in zip(content, style):
            content_mean, content_std = calc_mean_std(i)
            style_mean, style_std = calc_mean_std(j)
            loss += nn.functional.mse_loss(content_mean, style_mean) +
nn.functional.mse_loss(content_std, style_std)
        return loss

    def generate(self, content, style):
        # content_feature: 512×53×80
        content_feature = self.encoder(content).relu4_1
        # style_feature: 512×99×125
        style_feature = self.encoder(style).relu4_1
        # adain: 512×53×80
        adain = AdaIn(content_feature, style_feature)
        return self.decoder(adain)

    def forward(self, content, style):
```

```
content_feature = self.encoder(content).relu4_1
style_feature = self.encoder(style).relu4_1
adain = AdaIn(content_feature, style_feature)
output = self.decoder(adain)

output_features = self.encoder(output).relu4_1
content_mid = self.encoder(output)
style_mid = self.encoder(style)

content_loss = self.get_content_loss(output_features, adain)
style_loss = self.get_style_loss(content_mid, style_mid)
return content_loss + 10 * style_loss # 将损失进行加权
```

其中，在主网络中按照 12.1 节中的训练步骤，实现了内容损失函数和风格损失函数的计算，同时实现了网络的前向传播函数 forward 和图像的风格化函数 generate。此外，在 utils.py 中还实现了对 Visdom 操作的封装，这里不再展示。

将上述网络定义和辅助函数编写完成后，就可以开始训练网络了。可配置参数如下：

```
class Config(object):
    use_gpu = True
    model_path = None    # 预训练模型的路径（用于继续训练/测试）

    # 训练用参数
    image_size = 256     # 图像大小
    batch_size = 16      # 一个batch的大小
    content_data_root = '/mnt/sda1/COCO/train' # 内容图像数据集的路径
    style_data_root = '/mnt/sda1/Style' # 风格图像数据集的路径
    num_workers = 4 # 多线程加载数据
    lr = 5e-5        # 学习率
    epoches = 40     # 训练epoch
    env = 'neural-style' # Visdom的env
    plot_every = 20      # 每20个batch可视化一次

    debug_file = '/tmp/debugnn' # 进入调试模式

    # 测试用参数
    content_path = 'input.png'  # 需要进行风格迁移的图像
    style_path = None           # 风格图像
    result_path = 'output.png'  # 风格迁移结果的保存路径
```

在加载数据集时，可以直接利用 ImageFolder 和 DataLoader 加载数据：

```
transfroms = tv.transforms.Compose([
    tv.transforms.Resize(opt.image_size),
    tv.transforms.RandomCrop(opt.image_size),
    tv.transforms.ToTensor(),
    tv.transforms.Normalize(mean=IMAGENET_MEAN, std=IMAGENET_STD)
])
content_dataset = tv.datasets.ImageFolder(opt.content_data_root, transfroms)
content_dataloader = data.DataLoader(content_dataset, opt.batch_size, shuffle=True,
drop_last=True)
style_dataset = tv.datasets.ImageFolder(opt.style_data_root, transfroms)
style_dataloader = data.DataLoader(style_dataset, opt.batch_size, shuffle=True,
drop_last=True)
```

在加载完数据后，可以编写训练代码：

```
for epoch in range(opt.epoches):
    for ii, image in tqdm.tqdm(enumerate(zip(content_dataloader, style_dataloader))):
        # 训练
        optimizer.zero_grad()
        content = image[0][0].to(device)
        style = image[1][0].to(device)
        loss = model(content, style)
        loss.backward()
        optimizer.step()
```

完整的代码请查看本书配套代码。在这个程序中，容易让人混淆的是图像的尺度范围，有时是 0 ~ 1，有时是 −2 ~ 2，还有时是 0 ~ 255，现统一说明如下：

- 图像中每个像素的取值范围是 0 ~ 255。

- 调用 torchvision 中的 transforms.ToTensor() 操作，像素的取值范围会被转换为 0 ~ 1。

- 此时如果进行标准化操作（即减去均值，除以标准差），均值和标准差均为 0.5，那么标准化之后图像的分布范围是 −1 ~ 1。但在本次实验中使用的均值和标准差不是 0.5，而是 [0.485, 0.456, 0.406] 和 [0.229, 0.224, 0.225]，这是在 ImageNet 的 100 万张图像上计算得到的图像的均值和标准差。通过估算得知，这时候图像的分布范围大概在 $\frac{(0-0.4845)}{0.229} \approx -2.1$ 和 $\frac{(1-0.406)}{0.225} \approx 2.7$ 之间。虽然图像的分布范围在 −2.1 和 2.7 之间，但是它的均值接近于 0，标准差接近于 1。采用 ImageNet 图像的均值和标准差作为标准化参数，目的是使得图像各个像素的分布接近于标准分布。

- VGG-19 网络的输入图像尺寸为使用 ImageNet 的均值和标准差进行标准化之后的

图像数据，即 −2.1～2.7。

- 当使用 Visdom 进行可视化和使用 torchvision.utils.save_image 保存图像时，Tensor 的数值应该位于 0 和 1 之间。

在掌握了上述内容后，就不难理解为什么在代码中会出现各种尺度变换（乘以标准差加上均值）和截断操作了——尺度变换是为了从一个尺度变成另一个尺度，截断是为了确保数值在一定的范围之内（0～1 或者 0～255）。

除了训练模型，本节还实现了一个函数 stylize，用于加载预训练好的模型，对指定的图像进行风格迁移。这部分代码的实现如下：

```python
@t.no_grad()
def stylize(**kwargs):
    """
    实现风格迁移
    """
    opt = Config()

    for k_, v_ in kwargs.items():
        setattr(opt, k_, v_)
    device=t.device('cuda') if opt.use_gpu else t.device('cpu')

    # 图像处理
    transfroms = tv.transforms.Compose([
        tv.transforms.ToTensor(),
        tv.transforms.Normalize((0.485, 0.456, 0.406), (0.229, 0.224, 0.225))
    ])
    content_image = Image.open(opt.content_path)
    content_image = transfroms(content_image)
    content_image = content_image.unsqueeze(0).to(device)

    style_image = Image.open(opt.style_path)
    style_image = transfroms(style_image)
    style_image = style_image.unsqueeze(0).to(device)

    # 加载模型
    model = Model().eval()
    model.load_state_dict(t.load(opt.model_path, map_location=lambda _s, _: _s))
    model.to(device)

    # 风格迁移与保存
    output = model.generate(content_image,style_image)
```

```
    output_data = output.cpu()*std+mean
    tv.utils.save_image(output_data.clamp(0,1), opt.result_path)
```

这样就可以通过命令行的方式进行训练，或者加载预训练好的模型进行风格迁移。

```
# 训练，使用GPU
python main.py train \
        --use-gpu \
        --content-data-root='data/content_data' \
        --style-data-root='data/style_data' \
        ---batch-size=16

# 风格迁移，不使用GPU
python main.py stylize \
        --use-gpu=False \
        --model-path='input.png' \
        --content-path='checkpoints/20_style.pth' \
        --style-path='style.png' \
        --result-path='output.png'
```

12.3 实验结果分析

本次实验使用 COCO 数据集作为内容图像数据集，使用 Kaggle 比赛 "Painter by Numbers" 中的数据集作为风格图像数据集，训练了一个支持任意风格的快速风格迁移网络。部分图像的风格迁移效果如图 12.6 所示。本书配套代码中保存了训练好的模型，读者可以用其他的内容图像和风格图像查看风格迁移效果。

实际上，虽然本章中介绍的 AdaIN 算法只是风格迁移算法的一种，但是它的思路在后续的风格迁移算法中有着广泛的应用。CVPR 2019 中的论文 *Arbitrary Style Transfer with Self-Attentional Networks*[14] 在本章实现的网络基础上引入了 Attention 机制，以提升风格化后图像的局部显示效果。该网络的部分风格迁移效果如图 12.7 所示。

同时，使用第 11 章中介绍的 GAN 也能完成风格迁移任务。例如，CycleGAN[15] 可以实现任何图像的转换和翻译任务，它的风格迁移效果如图 12.8 所示。CycleGAN 的网络结构和 Fast Neural Style 类似，它采用了 GAN 的训练方式，能够实现风格的双向转换，更加通用。

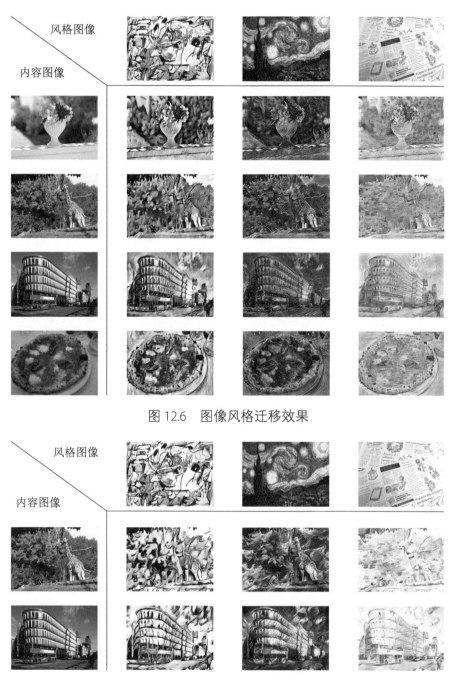

图 12.6　图像风格迁移效果

图 12.7　SANet 风格迁移效果

图 12.8　CycleGAN 风格迁移效果

12.4　小结

本章带领读者实现了一个在深度学习中很酷的应用：风格迁移。首先回顾了深度学习中常用的标准化操作，并介绍了自适应实例标准化算法。然后讲解了风格迁移网络的结构，以及损失函数的实现。最后使用 PyTorch 实现了该网络，并给出了实验结果。风格迁移是一个持续热门的方向，感兴趣的读者可以继续深入挖掘。

13

CenterNet：目标检测

当看到一张图像时，人们可以很容易地分辨出其中有哪些物体，并指出它们所在的位置。深度学习在各类计算机视觉领域中发挥着举足轻重的作用，它能否像人类一样对图像中的物体进行定位与分类呢？答案是肯定的，这就要用到本章即将介绍的目标检测算法。

13.1 目标检测概述

目标检测是计算机视觉领域中的经典问题，它解决了"在哪里有什么"（What objects are where）的问题。目标检测是许多计算机视觉领域问题的基础，例如实例分割、目标跟踪等，它的输出是一个包含特定目标或者物体的限定框（bounding box，bbox），并判断该物体属于哪个类别，如图 13.1 所示。

图 13.1　目标检测输出结果示例

基于深度学习的目标检测算法主要包括以下两类。

- 两阶段（two-stage）算法：该类算法通过深度网络提取图像特征，并生成候选框（region proposal），根据候选框进行目标的分类与候选框的修正。经典的两阶段算法主要包括 Faster R-CNN[16]、Mask R-CNN[17] 等。

- 单阶段（one-stage）算法：该类算法同样通过深度网络提取图像特征，但不同于两阶段算法，单阶段算法跳过了候选框部分，一次得到最终的限定框与分类结果。经典的单阶段算法主要包括 SSD[18]、YOLO[19] 系列、RetinaNet[20] 等。

上述大多数算法涉及锚框（anchor）这一概念。在目标检测问题中，锚框通常指一系列预设好的不同大小、不同比例的候选框，通过物体与锚框的匹配完成目标检测任务。使用锚框的经典目标检测算法包括 Faster R-CNN、SSD、YOLOv2 等，以 Faster R-CNN 为例：第一阶段网络基于锚框进行筛选，生成更加精确的候选框；第二阶段网络基于第一阶段的候选框进行修正，得到最终的预测边框。然而，在使用锚框时，存在以下两个方面的问题。

- 锚框的初始化问题。在训练网络时，只有当锚框的大小、比例与待检测目标的尺度基本一致时，该目标才有可能被检测出来，因此锚框的初始化十分重要。初学者很难针对不同场景、不同分布的数据集合理地对锚框进行初始化。

- 效率问题。在使用锚框时，通常在特征图的所有位置上初始化不同尺度的锚框。然而，对于一张图像而言，大部分是背景（background）区域，并非关注的前景（foreground）区域。因此，基于锚框的目标检测算法在效率上往往有所牺牲。

基于以上两个方面的问题，人们开始关注无锚框（anchor-free）的目标检测算法。无锚框的目标检测算法省略了锚框初始化这一步，通过设计网络结构与损失函数，达到与基于锚框的目标检测算法类似甚至更好的检测效果。常见的无锚框的目标检测算法可以分为以下两类。

- 直接回归限定框。该类算法在提取图像的特征后，直接预测物体所在限定框的相对坐标。经典的算法包括 Densebox[21]、YOLOv1、FCOS[22] 等。

- 先预测关键点，再根据关键点得到限定框。在这类算法中，许多处理思想都来源于人体姿态估计。在提取图像的特征后，模型着重关注物体所在限定框的角点或者中心点，从而得到物体所在的限定框。经典的算法包括 CornetNet[23]，以及本章将要详细介绍的 CenterNet[24] 等。

目标检测是计算机视觉领域中一个相对成熟的研究方向，本节仅简要介绍了目标检测中的常用算法，更多细节读者可以参考相关综述文章[25] 以及网络资源等。本章将详细介绍一种单阶段、无锚框的目标检测算法——CenterNet，它的检测速度与精度相较于之前的算法均有一定的提高，也不需要复杂的后处理操作，同时该算法的核心思想可以被扩展到其他目标检测的相关问题中。

13.2　CenterNet 原理介绍

　　CenterNet 的核心思想是检测物体的中心点，根据特征图和中心点回归得到物体的尺寸，从而得到最终的候选框。在选取中心点时，每一个物体仅选择一个中心点作为正样本，具体实现是在中心点的热力图上筛选局部的峰值点作为中心点。下面先来看看 CenterNet 的整体结构，如图 13.2 所示。

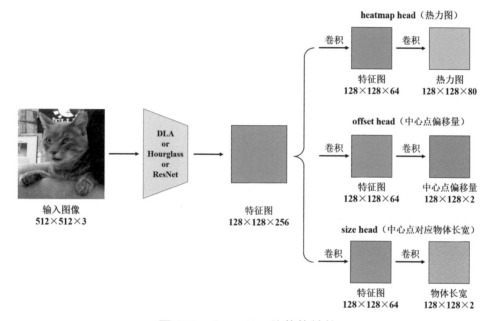

图 13.2　CenterNet 的整体结构

　　首先，将一张大小为 $H \times W \times 3$ 的彩色图像（原论文中设定 $H = W = 512$）输入到深度网络中以提取图像的特征。这里选用了三种常见的深度网络——DLA、Hourglass 和最为经典的 ResNet 作为骨干网络提取特征。其中，DLA 来源于 *Deep Layer Aggregation*[16] 论文，它将语义信息与空间信息结合起来，并采用树形结构进行层次连接，提高了特征的表述能力。Hourglass[17] 最初用于人体姿态估计，其网络结构呈现沙漏状，通过多次下采样和上采样，以及特征间的组合来捕获不同尺度下图像的特征信息。

　　在得到图像对应的特征图后，CenterNct 一共设计了三条分支用于生成最终的候选框：heatmap head（用于生成关键点热力图，得到每个物体对应的唯一中心点）、offset head（用于校正网络预测的中心点位置）、size head（用于回归物体的尺寸，得到最终的候选框）。下面将结合这三个 head 的设计，详细讲解 CenterNet 的处理流程。

1. heatmap head

对于输入图像（大小为 $512 \times 512 \times 3$），可以得到所有物体的标注信息，也就是每个候选框的坐标 $(x_{\min}, y_{\min}, x_{\max}, y_{\max}, \text{class\_id})$。其中，$x_{\min}$ 表示该框 x 轴上的最小坐标，依此类推，通过这四个坐标可以唯一确定物体所在的位置；class_id 表示该物体所属的类别。因为 CenterNet 是对物体所在候选框的中心点位置进行预测的，所以需要计算中心位置点 p，如式（13.1）所示。

$$p = \left(\frac{x_{\min} + x_{\max}}{2}, \frac{y_{\min} + y_{\max}}{2} \right) \tag{13.1}$$

注意，网络最终输出的热力图大小为 128×128，而输入网络的图像大小为 512×512，因此需要进行缩放，从而得到可用的标注信息，如式（13.2）所示。

$$\widetilde{p} = \left\lfloor \frac{p}{s} \right\rfloor \tag{13.2}$$

其中，s 指缩放的尺度，在本章的实现中，$s = 4$，这样的取值对小目标较为友好。在这里，CenterNet 并没有直接使用该点作为唯一的标注信息，而是基于该点初始化了一个二维高斯函数。对于该标注点附近的部分点而言，最终回归得到的候选框也能够满足检测的要求，从而提高网络整体的检测能力。下面举一个例子进行说明，如图 13.3 所示。

原始标记框

预测的限定框

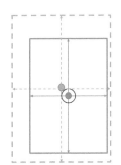

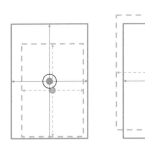

（a）限定框包围原始标记框　　（b）原始标记框包围限定框　（c）原始标记框与限定框
　　　　　　　　　　　　　　　　　　　　　　　　　　　　　　互不包含

图 13.3　CenterNet 的高斯热力图

如图 13.3 所示，蓝色实线框表示物体位置的标注信息，绿色虚线框表示网络预测的候选框，这些候选框同样可以满足目标检测的基本要求：候选框与标注信息的交并比（IoU）大于阈值（关于交并比的概念，在本书 6.4.1 节中已经进行了介绍）。因此，CenterNet 初始化了一个二维高斯函数，用来筛选这些满足要求的中心点坐标。对于接近标注中心点的区域，高斯函数的输出值接近于 1；对于远离标注中心点的区域，高斯函数的输出值接近于 0。通过这样的设计，CenterNet 既可以保留原始标注信息的约束能力，又增强了网络最终的检测效果。

CenterNet 高斯热力图的可视化效果如图 13.4 所示。首先将输入图像统一缩放至 512×512，并按 $s = 4$ 的尺度缩放至 128×128，最终可以得到 $128 \times 128 \times 80$ 大小的热力图，这里的 80 指的是 COCO 数据集中物体的类别总数。

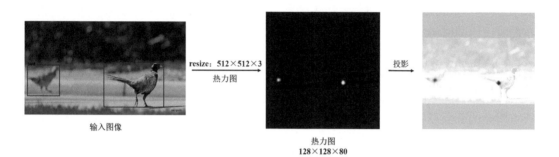

图 13.4　CenterNet 高斯热力图的可视化效果

为了监督网络对中心点学习的效果，CenterNet 设计了相关的损失函数，它是对 Focal Loss 的改进。Focal Loss 来源于 RetinaNet，是为解决分类问题中正负样本不均衡、分类难度存在差异而专门设计的损失函数。

- 正负样本不均衡，是指一张图像的大部分是背景区域，而希望得到的候选框与原始标记框的 IoU 大于一定的阈值，这就意味着一张图像中负样本的数量会远远大于正样本的数量，从而导致正负样本不均衡。
- 分类难度存在差异，是指不同候选框的分类难度不同——对于困难样本（网络应该着重关注的样本），虽然网络的损失值较大，但是困难样本数较少，网络的关注力度不够；对于简单样本，虽然网络的损失值较小，但是简单样本数较多，对网络的损失贡献较大。

这两种问题会严重影响网络的学习效果，Focal Loss 针对这些问题在损失函数层面进行了设计，如式（13.3）所示。

$$\mathrm{FL} = \begin{cases} -\alpha(1 - \hat{y})^{\gamma} \log(\hat{y}), & \text{如果 } y = 1 \\ -(1 - \alpha)\hat{y}^{\gamma} \log(1 - \hat{y}), & \text{如果 } y = 0 \end{cases} \quad (13.3)$$

其中，α 和 γ 是可以调整的参数——α 用于均衡正负样本，γ 用于均衡难易样本。$\hat{y}$ 为网络的预测值，y 为原始标记框。在 Focal Loss 的基础上，CenterNet 做了进一步的改进，如式（13.4）所示。

$$L_k = -\frac{1}{N} \sum_{xyc} \begin{cases} (1 - \hat{Y}_{xyc})^\alpha \log(\hat{Y}_{xyc}), & \text{如果 } Y_{xyc} = 1 \\ (1 - Y_{xyc})^\beta \hat{Y}_{xyc}^\alpha \log(1 - \hat{Y}_{xyc}), & \text{否则} \end{cases} \quad (13.4)$$

其中，N 为输入图像中心点的数量，$Y_{xyc} = 1$ 表示在点 (x, y) 处存在 c 类的物体，$\hat{Y}_{xyc}$ 表示网络的预测值，α 和 β 是可以调整的参数，在原论文中，$\alpha = 2$，$\beta = 4$。当 $Y_{xyc} = 1$ 时，通过参数 α 进行难易样本的矫正。对于其他情况，通过参数 α 进行正负样本的矫正，同时增加了 $(1 - Y_{xyc})^\beta$ 用于抑制二维高斯函数中接近中心点的负样本。

CenterNet 在 Focal Loss 的基础上针对二维高斯函数的标注信息做了进一步优化，帮助网络更好地学习到物体所在的唯一中心点。

总结： 首先，CenterNet 生成了标注信息候选框的中心点，并进行了缩放。因为中心点附近的部分点生成的候选框同样可以满足目标检测的基本要求，所以 CenterNet 设计了二维高斯函数，以保留这些可能的候选点。其次，为了监督网络更好地学习到这些中心点，CenterNet 基于 Focal Loss 进行了改进，设计了针对中心点的损失函数 L_k。

2. offset head

式（13.2）表明，CenterNet 在原始图像与热力图之间对中心点坐标进行了缩放，并进行了下采样。在得到网络预测的输出结果时，需要将其映射到原始图像上，在这个过程中存在一定的误差，这样的误差对于部分较小尺度的样本来说十分致命。例如，如果得到的原始候选框的坐标为 (89.75, 57.89, 181.68, 63.03, 0)，那么原始的中心点为 $p = (135.715, 60.46)$。假设预测得到的中心点坐标缩放后的结果为 (135, 60)，这与原始的中心点有较大的差距。因此，CenterNet 设计了相应的损失函数，用来学习因为缩放而产生的中心点误差，如式（13.5）所示。

$$L_{off} = \frac{1}{N} \sum_p \left| \hat{O}_{\tilde{p}} - \left(\frac{p}{R} - \tilde{p} \right) \right| \quad (13.5)$$

其中，N 为输入图像中心点的数量，$\hat{O}_{\tilde{p}}$ 表示网络预测的偏移量，$\frac{p}{R}$ 为缩放后中心点的真实坐标，$\tilde{p}$ 为缩放后中心点的近似坐标。在原论文中，这里选用了 L1 损失函数来学习偏移量。

3. size head

在得到相对准确的物体中心点坐标后，还需要知道物体的尺度信息，才能生成最终的候选框。对于每一个候选框 $(x_{min}, y_{min}, x_{max}, y_{max}, \text{class\_id})$ 而言，它的中心点坐标为 p，它的尺度信息为 $c = (x_{max} - x_{min}, y_{max} - y_{min})$。CenterNet 使用 L1 损失函数学习物体的尺度信息，如式（13.6）所示。

$$L_{\text{size}} = \frac{1}{N} \sum_{k=1}^{N} |\hat{C}_p - c| \qquad （13.6）$$

其中，N 为输入图像中心点的数量，$\hat{C}_p$ 表示网络预测的物体尺度。

至此，本节对 CenterNet 的 3 个 head 就介绍完了。CenterNet 的整体结构非常简洁，首先使用深度网络提取图像的特征，然后根据 3 个不同功能的 head 得到中心点热力图以及物体的尺度信息。基于式（13.4）至式（13.6），可以得到整个网络的损失函数，如式（13.7）所示。

$$L_{\text{det}} = L_k + \lambda_{\text{size}} L_{\text{size}} + \lambda_{\text{off}} L_{\text{off}} \qquad （13.7）$$

其中，λ_{size} 和 λ_{off} 用来对不同的损失进行加权，在原论文中，$\lambda_{\text{size}} = 0.1, \lambda_{\text{off}} = 1$。

在得到中心点热力图与物体的尺度信息后，下面介绍如何生成最终的候选框。

首先提取中心点热力图中每个类的峰值点，这里使用了大小为 3×3 的最大池化，以此判断当前点的取值是否大于或等于它的 8-近邻点的取值。这样的操作等价于一个简化版的非极大值抑制（Non-Maximum Suppression，NMS）操作，可以在一定程度上减少同一物体的重复候选框。然后选取 top$k$ 个满足要求的点，并将这个位置上的取值作为该点的置信度，根据式（13.8）可以得到最终的候选框。

$$\text{bbox} = \left(\hat{x}_i + \delta\hat{x}_i - \frac{\hat{w}_i}{2}, \hat{y}_i + \delta\hat{y}_i - \frac{\hat{h}_i}{2}, \hat{x}_i + \delta\hat{x}_i + \frac{\hat{w}_i}{2}, \hat{y}_i + \delta\hat{y}_i - \frac{\hat{h}_i}{2} \right) \qquad （13.8）$$

其中，$(\delta\hat{x}_i, \delta\hat{y}_i)$ 表示预测的偏移量，$(\hat{w}_i, \hat{h}_i)$ 表示预测的物体尺度。最后网络得到的三类输出如图 13.5 所示。

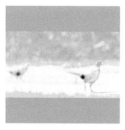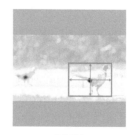

热力图　　　　　　　　　中心点偏移量　　　　　　　　　物体尺度

图 13.5　CenterNet 三类输出的可视化效果

13.3　使用 PyTorch 实现 CenterNet

本次实验的文件组织结构如下：

```
|-- checkpoints/        # 无代码，用来保存模型
|-- dataset.py          # 数据加载与定义
|-- data/               # 无代码，用来保存数据集
|    |--train2017/      # 训练集图像
|    |--val2017/        # 验证集图像
|    |__annotations/    # 标注信息
|-- imgs/               # 无代码，用来保存Markdown中的插图
|-- main.py             # 训练与测试
|-- model.py            # 模型定义
|-- test_img/           # 无代码，用来保存测试的图像
|-- test_result/        # 无代码，用来保存测试的结果
|-- utils.py            # 高斯圆生成，损失函数计算
|__ visualize.py        # 对可视化工具Visdom的封装
```

在本章的示例中，训练与验证数据集选用 COCO 数据集。COCO 数据集是应用最广泛的目标检测数据集之一，它的训练集共包含 118 287 张图像，大小约为 19GB，验证集共包含 5 000 张图像，大小约为 800MB。COCO 数据集共包含 80 个物体类别的标注数据，每张图像可能包含不同尺度、不同类别的多个物体的标注信息。下面对 COCO 数据集的标注格式进行介绍。

13.3.1　使用 pycocotools 加载 COCO 数据集

COCO 数据集的标注信息被保存为 JSON 文件，对于每个 JSON 文件而言，都存在以下五个字段。

- info：存储数据集的基本信息，一般无须关注。
- license：存储数据集的许可证信息，一般无须关注。
- images：存储每张图像的相关信息，包括它的宽度（width）、高度（height）和唯一标识符（id）。
- annotations：存储所有图像的标注信息，对于每一个标注，都包括用于分割的标注点坐标（segmentation）、标注点形成的闭合多边形面积（area）、物体是否存在重叠的标识（iscrowd）、图像唯一标识符（image_id）、物体边界框（bbox）、物体所属类别（category_id）和该标注的唯一标识符（id）。
- categories：存储数据集的类别信息，包括每一类的超类（supercategory）、唯一标识符（id）和类名（name）。

为了方便用户对 COCO 数据集进行读取与处理，COCO 数据集官方提供了 CO-

COAPI（对于 Python 而言，它被集成在 pycocotools 中），读者可以通过如下命令安装这个库：

```
pip install pycocotools
```

基于 pycocotools 可以构建数据集加载函数，这部分代码被保存在 dataset.py 文件中。在原始的标注信息中标注框的格式为 $(x_{\min}, y_{\min}, w, h)$，其中 $x_{\min}$ 表示该框 x 轴上的最小坐标，依此类推，w 表示标注框的宽度，h 表示标注框的高度。为了方便后续中心点的计算，本节将它的标注信息转化为 $(x_{\min}, y_{\min}, x_{\max}, y_{\max}, \text{class\_id})$，其中 class_id 表示该框所属的类别。标注信息的可视化效果如图 13.6 所示。

图 13.6　标注信息的可视化效果

13.3.2　搭建 CenterNet 网络

在搭建 CenterNet 网络时，首先需要生成可用的标注信息，即缩放后标注框的中心点坐标、中心点偏移量、尺度信息，以及对应的二维高斯函数，这部分代码被保存在 utils.py 文件中。

```
def gaussian_radius(det_size, min_overlap=0.7):
    '''
    确定高斯圆的最小半径r，保留IoU与GT大于阈值0.7的预测框
    输入：
        det_size: 缩放后标注框的大小为[box_w, box_h]
        min_overlap: 阈值
    返回值：
        高斯圆的最小半径r
    '''
```

```
        return r

def generate_txtytwth(gt_label, w, h, s):
    '''
    将原始bbox标注映射到特征图上
    输入：
        gt_label: ground truth:[xmin, ymin, xmax, ymax, class_id]
        w, h: 输入图像的尺寸
        s: 缩放的尺度
    返回值：
        中心点坐标：(grid_x, grid_y)
        偏移量：(tx, ty)
        尺度：(tw, th)
        二维高斯函数方差：sigma_w, sigma_h
    '''
    return grid_x, grid_y, tx, ty, tw, th, sigma_w, sigma_h

def gt_creator(input_size, stride, num_classes, label_lists=[]):
    '''
    创建高斯热力图，生成可用的标注信息
    输入：
        input_size: 输入图像的尺寸
        stride: 缩放的尺度
        num_classes: 类别总数
        label_list: 原始标记框
    返回值：
        gt_tensor: 高斯热力图，(H×W, num_classes+4+1)
    '''
    return gt_tensor
```

CenterNet 主干网络的代码被保存在 model.py 文件中。在第 4 章中提到过，对于常出现的网络结构，可以将其实现为 nn.Module 对象，并作为一个特殊的层。例如，这里使用了自定义的卷积操作 ConvLayer，实现的代码如下：

```
class ConvLayer(nn.Module):
    def __init__(self, in_channels, out_channels, kernel_size, padding):
        super(ConvLayer, self).__init__()
        self.conv2d = nn.Sequential(
            nn.Conv2d(in_channels,out_channels,kernel_size,stride=1,padding=padding,
dilation=1),
            nn.BatchNorm2d(out_channels),
            nn.ReLU(inplace=True)
```

```
    )

    def forward(self, x):
        return self.conv2d(x)
```

本章同样用到了上卷积模块 DeConvLayer，它的实现方法与 ConvLayer 类似，这里不再赘述。为了加快网络的训练速度，本节选用 ResNet18 提取图像的特征。同时，本节引入了空间金字塔（Spatial Pyramid Pooling，SPP）模块来增强特征图的表达能力。SPP 通过组合不同尺度的特征图信息，可以实现局部特征与全局特征的相互融合，以此提高感受野。实现的代码如下：

```
class SPP(nn.Module):
    def __init__(self):
        super(SPP, self).__init__()

    def forward(self,x):
        x_1 = nn.functional.max_pool2d(x, 5, stride=1, padding=2)
        x_2 = nn.functional.max_pool2d(x, 9, stride=1, padding=4)
        x_3 = nn.functional.max_pool2d(x, 13, stride=1, padding=6)
        return t.cat([x, x_1, x_2, x_3], dim=1)
```

至此，可以实现 CenterNet 的主网络结构：

```
class Model(nn.Module):
    def __init__(self,num_classes,topk):
        super().__init__()
        self.num_classes = num_classes
        self.topk = topk
        self.backbone = resnet18(pretrained=True)
        # 去掉后面的全连接层
        self.backbone=nn.Sequential(*list(self.backbone.children())[:-2])
        self.smooth = nn.Sequential(
            SPP(),
            ConvLayer(512*4,256,kernel_size=1,padding=0),
            ConvLayer(256,512,kernel_size=3,padding=1)
        )
        self.deconv5 = DeConvLayer(512,256,kernel_size=4,stride=2)
        self.deconv4 = DeConvLayer(256,256,kernel_size=4,stride=2)
        self.deconv3 = DeConvLayer(256,256,kernel_size=4,stride=2)

        # heatmap head
        self.cls_pred = nn.Sequential(
```

```python
            ConvLayer(256,64,kernel_size=3,padding=1),
            nn.Conv2d(64,self.num_classes,kernel_size=1)
        )

        # offset head
        self.txty_pred = nn.Sequential(
            ConvLayer(256,64,kernel_size=3,padding=1),
            nn.Conv2d(64,2,kernel_size=1)
        )

        # size head
        self.twth_pred = nn.Sequential(
            ConvLayer(256,64,kernel_size=3,padding=1),
            nn.Conv2d(64,2,kernel_size=1)
        )

    def forward(self,x,target):
        c5=self.backbone(x)
        B=c5.size(0)
        p5 = self.smooth(c5)
        p4 = self.deconv5(p5)
        p3 = self.deconv4(p4)
        p2 = self.deconv3(p3)

        cls_pred = self.cls_pred(p2)
        txty_pred = self.txty_pred(p2)
        twth_pred = self.twth_pred(p2)

        # 热力图: (B, H×W, num_classes)
        cls_pred = cls_pred.permute(0, 2, 3, 1).contiguous().view(B, -1, self.
num_classes)
        # 中心点偏移: (B, H×W, 2)
        txty_pred = txty_pred.permute(0, 2, 3, 1).contiguous().view(B, -1, 2)
        # 物体尺度: (B, H×W, 2)
        twth_pred = twth_pred.permute(0, 2, 3, 1).contiguous().view(B, -1, 2)

        # 计算损失函数
        total_loss = get_loss(pred_cls=cls_pred, pred_txty=txty_pred,
pred_twth=twth_pred, label=target, num_classes=self.num_classes)

        return total_loss
```

根据式（13.7），损失函数的计算可以被划分为三个部分：计算中心点热力图损失 L_k、计算物体尺度损失 L_{size} 和计算中心点偏移量损失 L_{off}。实现的代码如下：

```python
def get_loss(pred_cls, pred_txty, pred_twth, label, num_classes):
    """
    计算损失
    输入：
        pred_cls: (B, H*W, num_classes)
        pred_txty: (B, H*W, 2)
        pred_twth: (B, H*W, 2)
        label: (H*W, num_classes+4+1)
    输出：
        total_loss
    """
    cls_loss_function = FocalLoss()
    txty_loss_function = nn.BCEWithLogitsLoss(reduction='none')
    twth_loss_function = nn.SmoothL1Loss(reduction='none')

    # 获取标注框gt
    gt_cls = label[:, :, :num_classes].float()
    gt_txtytwth = label[:, :, num_classes:-1].float()
    gt_box_scale_weight = label[:, :, -1]

    # 中心点热力图损失L_k
    batch_size = pred_cls.size(0)
    cls_loss = t.sum(cls_loss_function(pred_cls, gt_cls)) / batch_size

    # 中心点偏移量损失L_off
    txty_loss = t.sum(t.sum(txty_loss_function(pred_txty, gt_txtytwth[:, :, :2]), 2) *
gt_box_scale_weight) / batch_size

    # 物体尺度损失L_size
    twth_loss = t.sum(t.sum(twth_loss_function(pred_twth, gt_txtytwth[:, :, 2:]), 2) *
gt_box_scale_weight) / batch_size

    # 总损失
    total_loss = cls_loss + txty_loss + twth_loss

    return total_loss
```

将上述网络定义和辅助函数编写完成后，就可以开始训练网络了。该网络有以下可配置参数：

323

```
class Config(object):
    data_path = '/mnt/sda1/COCO/'  # 数据集存放路径
    num_workers = 4  # 多进程加载数据所用的进程数
    batch_size = 32
    max_epoch = 100
    num_classes = 80
    topk = 100
    lr = 1e-3    # 学习率
    gpu = True   # 是否使用GPU
    model_path = None

    vis = True  # 是否使用Visdom可视化
    env = 'CenterNet'   # Visdom的env
    plot_every = 20      # 每间隔20个batch，Visdom画图一次

    debug_file = '/tmp/debugcenternet' # 若存在该文件，则进入调试模式
    save_every = 10      # 每10个epoch保存一次模型

    # 测试时所用的参数
    test_img_path = 'test_img/'  # 待测试图像的保存路径
    test_save_path = 'test_result/'
```

至此，可以编写训练代码：

```
for epoch in range(opt.max_epoch):
    for ii,(image,target) in tqdm.tqdm(enumerate(dataloader)):
        optimizer.zero_grad()
        image = image.to(device)
        target = [label.tolist() for label in target]

        # 生成可用的标注信息
        target = gt_creator(512,4,opt.num_classes,target)
        target = t.tensor(target).float().to(device)
        total_loss = model(image,target)
        total_loss.backward()
        optimizer.step()
```

下面对生成的候选框进行了可视化操作。首先，通过大小为 3×3 的最大池化进行简易的非极大值抑制操作；然后，对网络的输出进行解码与缩放，得到原始图像尺度下的所有候选框；最后，选取 topk 个满足要求的点，并将中心点热力图上的取值作为该点的置信度。实现的代码如下：

```python
def decode(self, pred):
    """
    输入:
        pred: H*W×4
    输出:
        output: H*W×4
    """
    # pred: H*W×4
    output = t.zeros_like(pred)
    # grid_x, grid_y: 128×128
    grid_y, grid_x = t.meshgrid([t.arange(128, device=pred.device), t.arange(128,
device=pred.device)])
    # grid_cell: H*W×2
    grid_cell = t.stack([grid_x, grid_y], dim=-1).float().view(1, 128*128, 2)
    pred[:, :, :2] = (t.sigmoid(pred[:, :, :2]) + grid_cell) * 4
    pred[:, :, 2:] = (t.exp(pred[:, :, 2:])) * 4

    # 坐标转换: [cx,cy,w,h] -> [xmin,ymin,xmax,ymax]
    output[:, :, 0] = pred[:, :, 0] - pred[:, :, 2] / 2
    output[:, :, 1] = pred[:, :, 1] - pred[:, :, 3] / 2
    output[:, :, 2] = pred[:, :, 0] + pred[:, :, 2] / 2
    output[:, :, 3] = pred[:, :, 1] + pred[:, :, 3] / 2
    return output

def gather_feat(self, feat, ind):
    """
    输入:
        feat: 8000×1
        ind: opt.topk
    输出:
        feat.gather(1, ind): opt.topk×1
    """
    dim = feat.size(2)
    ind = ind.unsqueeze(2).expand(ind.size(0), ind.size(1), dim)
    return feat.gather(1, ind)

def get_topk(self, scores):
    """
    选取topk个满足要求的点
    输入:
        scores: num_classes×128×128
```

```
    输出：
        topk_score, topk_inds, topk_clses: opt.topk
    """
    B, C, H, W = scores.size()
    # topk_scores, topk_inds: num_classes×opt.topk
    topk_scores, topk_inds = t.topk(scores.view(B, C, -1), self.topk)
    topk_inds = topk_inds % (H * W)
    # topk_score, topk_ind: opt.topk
    topk_score, topk_ind = t.topk(topk_scores.view(B, -1), self.topk)
    topk_inds = self.gather_feat(topk_inds.view(B, -1, 1),topk_ind).view(B, self.topk)
    topk_clses = t.floor_divide(topk_ind, self.topk).int()
    return topk_score, topk_inds, topk_clses

def generate(self, x):
    """
    输入：
        x: 3×128×128
    输出：
        topk_bbox_pred: (opt.topk×4)
        topk_score[0]: (opt.topk,)
        topk_clses[0]: (opt.topk,)
    """
    c5 = self.backbone(x) # c5: 512×16×16
    B = c5.size(0)
    p5 = self.smooth(c5)  # p5: 512×16×16
    p4 = self.deconv5(p5) # p4: 256×32×32
    p3 = self.deconv4(p4) # p3: 256×64×64
    p2 = self.deconv3(p3) # p2: 256×128×128
    cls_pred = self.cls_pred(p2)   # cls_pred: 80×128×128
    txty_pred = self.txty_pred(p2) # txty_pred: 2×128×128
    twth_pred = self.twth_pred(p2) # twth_pred: 2×128×128

    cls_pred = t.sigmoid(cls_pred)
    # 寻找8-近邻极大值点，其中keep为hmax极大值点的位置，cls_pred为对应的极大值点
    # hmax: num_classes×128×128
    hmax = nn.functional.max_pool2d(cls_pred, kernel_size=5, padding=2, stride=1)
    # keep: num_classes×128×128
    keep = (hmax == cls_pred).float()
    cls_pred *= keep
    # txtytwth_pred: H*W×4
    txtytwth_pred = t.cat([txty_pred, twth_pred], dim=1).permute(0, 2, 3, 1).
contiguous().view(B, -1, 4)
```

```
scale = np.array([[[512, 512, 512, 512]]])
scale_t = t.tensor(scale.copy(), device=txtytwth_pred.device).float()
# bbox_pred: H*W×4
bbox_pred = t.clamp((self.decode(txtytwth_pred) / scale_t)[0], 0., 1.)

# 得到topk取值。topk_score: 置信度, topk_ind: index, topk_clses: 类别
topk_score, topk_ind, topk_clses = self.get_topk(cls_pred)
topk_bbox_pred = bbox_pred[topk_ind[0]]
return topk_bbox_pred.cpu().numpy(), topk_score[0].cpu().numpy(), topk_clses[0].
cpu().numpy()
```

在 main.py 文件中编写了相关接口，用于加载预训练好的模型对指定的图像进行目标检测。这部分代码的实现如下：

```
@t.no_grad()
def test(**kwargs):
    opt = Config()

    for k_, v_ in kwargs.items():
        setattr(opt, k_, v_)
    device=t.device('cuda') if opt.gpu else t.device('cpu')

    # 加载模型
    model = Model(num_classes=opt.num_classes, topk=opt.topk).eval()
    model.load_state_dict(t.load(opt.model_path, map_location=lambda _s, _: _s))
    model.to(device)
    transform = Augmentation()

    for index, file in enumerate(os.listdir(opt.test_img_path)):
        img = cv2.imread(opt.test_img_path + '/' + file, cv2.IMREAD_COLOR)
        x = t.from_numpy(transform(img, boxes=None, labels=None)[0][:, :, (2, 1, 0)]).
permute(2, 0, 1)
        x = x.unsqueeze(0).to(device)
        bbox_pred, score, cls_ind = model.generate(x)
        bbox_pred = bbox_pred * np.array([[img.shape[1], img.shape[0], img.shape[1],
img.shape[0]]])
        for i, box in enumerate(bbox_pred):
            if score[i] > 0.35:
                # 可视化代码
                pass
```

至此，可以通过命令行的方式训练网络，或者加载预训练好的模型进行目标检测。

```
# 训练，使用GPU
python main.py train \
        --gpu \
        ---batch-size=32

# 测试，不使用GPU
python main.py test \
        --gpu=False \
        --model-path='checkpoints/centernet_final.pth' \
        --test-img-path='test_img/' \
        --test-save-path='test_result/'
```

13.4   实验结果分析

本次实验使用 COCO 数据集作为训练与验证数据集，训练了一个目标检测网络。部分目标检测的结果如图 13.7 所示，本书配套代码中保存了训练好的模型，读者可以使用其他图像查看目标检测的结果。

图 13.7   CenterNet 目标检测的结果

从图 13.7 所示的结果中可以看出，虽然本章训练的 CenterNet 网络能够检测出图像中的绝大多数物体，但是仍然存在部分漏检的情况。同时，部分候选框不能完全覆盖待检测物体的全部像素，读者可以考虑将 ResNet18 替换为官方使用的 DLA 或者 Hourglass，以提高图像特征的表述能力，从而提高网络后续的检测效果。

除了直观的可视化，在目标检测中还存在一个非常重要的定量指标：各类别平均精度的平均值（mAP），用于衡量目标检测的效果。下面对 mAP 的计算方法进行简要说明。

在深度学习中，精度（Precision）与召回率（Recall）是最常用的两个指标。在目标检测中，最终得到的候选框与标注信息的 IoU 需要大于一定的阈值。根据该阈值可以得到一张图像中各个类别候选框的正确检测数量（TP）、错误检测数量（FP）以及漏检的物体数量（FN），根据式（13.9）可以计算得到精度与召回率。

$$\text{精度} = \frac{\text{TP}}{\text{TP} + \text{FP}} = \frac{\text{TP}}{\text{AllDetections}}$$
$$\text{召回率} = \frac{\text{TP}}{\text{TP} + \text{FN}} = \frac{\text{TP}}{\text{AllGroundTruths}} \tag{13.9}$$

其中，AllDetections 表示所有的检测结果，AllGroundTruths 表示所有的正样本。对所有检测结果按置信度进行排序，可以绘制出 P-R 曲线，通过 P-R 曲线可以得到平均精度（AP），如式（13.10）所示。

$$\text{AP} = \int_0^1 p(r)\mathrm{d}r \tag{13.10}$$

其中，$p(r)$ 指绘制的 P-R 曲线。COCO 数据集使用了不同阈值、不同尺度下的 AP 来评测目标检测的结果，具体包括 AP、$\text{AP}^{\text{IoU}=0.50}$、$\text{AP}^{\text{IoU}=0.75}$ 以及 AP^{small} 等。目前最常用的指标是 AP，它衡量了 IoU 阈值从 0.50 至 0.95、滑动步长为 0.05 的各个阈值下 AP 的平均值。下面对本章训练的 CenterNet 进行评测，结果如下：

```
Average Precision  (AP) @[ IoU=0.50:0.95 | area=   all | maxDets=100 ] = 0.253
Average Precision  (AP) @[ IoU=0.50      | area=   all | maxDets=100 ] = 0.448
Average Precision  (AP) @[ IoU=0.75      | area=   all | maxDets=100 ] = 0.256
Average Precision  (AP) @[ IoU=0.50:0.95 | area= small | maxDets=100 ] = 0.094
Average Precision  (AP) @[ IoU=0.50:0.95 | area=medium | maxDets=100 ] = 0.272
Average Precision  (AP) @[ IoU=0.50:0.95 | area= large | maxDets=100 ] = 0.394
ap50:  0.44848811222021856
ap:  0.25307972449581073
```

相比于原论文作者实现的版本，本章实现的 CenterNet 的 AP 值有一定的降低。原论文作者在 ResNet18 中使用了空洞卷积模块（Deformable Convolution）来增强网络的感受野，同时使用了数据增强等相关技巧，感兴趣的读者可以进一步复现。

13.5 小结

本章带领读者使用 PyTorch 实现了一种单阶段、无锚框的目标检测算法——CenterNet，它的整体设计思路十分优雅、简洁，同时没有额外的复杂操作。CenterNet 在保持较高精度的同时能够兼容较高的检测速度，该思路同样适用于三维图像的目标检测、人体姿态估计、目标跟踪等经典的计算机视觉问题，感兴趣的读者可以进一步探索。

参考文献

[1] LECUN Y, BOTTOU L, BENGIO Y, et al. Gradient-based learning applied to document recognition[J]. Proceedings of the IEEE, 1998, 86(11): 2278-2324.

[2] HE K, ZHANG X, REN S, et al. Deep residual learning for image recognition[C]// Proceedings of the IEEE conference on computer vision and pattern recognition. 2016: 770-778.

[3] DOSOVITSKIY A, BEYER L, KOLESNIKOV A, et al. An image is worth 16×16 words: Transformers for image recognition at scale[J]. International Conference on Learning Representations, 2021.

[4] GOODFELLOW I J, POUGET-ABADIE J, MIRZA M, et al. Generative Adversarial Networks[J]. Advances in Neural Information Processing Systems, 2014, 3: 2672-2680.

[5] RADFORD A, METZ L, CHINTALA S. Unsupervised representation learning with deep convolutional generative adversarial networks[J]. arXiv preprint arXiv:1511.06434, 2015.

[6] JOLICOEUR-MARTINEAU A. The relativistic discriminator: a key element missing from standard GAN[J]. International Conference on Learning Representations, 2019.

[7] VASWANI A, SHAZEER N, PARMAR N, et al. Attention is all you need[J]. Advances in neural information processing systems, 2017: 5998-6008.

[8] GATYS L, ECKER A, BETHGE M. A neural algorithm of artistic style[J]. arXiv preprint arXiv:1508.06576, 2015.

[9] GATYS L, ECKER A, BETHGE M. Texture synthesis using convolutional neural networks[J]. Advances in neural information processing systems, 2015, 28: 262-270.

[10] JOHNSON J, ALAHI A, FEIFEI L. Perceptual losses for real-time style transfer and super-resolution[C]//European conference on computer vision. Springer, 2016: 694-711.

[11] HUANG X, BELONGIE S. Arbitrary style transfer in real-time with adaptive instance normalization[C]//Proceedings of the IEEE International Conference on Computer Vi-

sion, 2017: 1501-1510.

[12] IOFFE S, SZEGEDY C. Batch normalization: Accelerating deep network training by reducing internal covariate shift[C]//International conference on machine learning. PMLR, 2015: 448-456.

[13] ULYANOV D, VEDALDI A, LEMPITSKY V. Instance normalization: The missing ingredient for fast stylization[J]. arXiv preprint arXiv:1607.08022, 2016.

[14] PARK D, LEE K. Arbitrary style transfer with style-attentional networks[C]//Proceedings of the IEEE/CVF Conference on Computer Vision and Pattern Recognition, 2019: 5880-5888.

[15] ZHU J, PARK T, ISOLA P, et al. Unpaired image-to-image translation using cycle-consistent adversarial networks[C]//Proceedings of the IEEE international conference on computer vision, 2017: 2223-2232.

[16] REN S, HE K, GIRSHICK R, et al. Faster r-cnn: towards real-time object detection with region proposal networks[J]. IEEE transactions on pattern analysis and machine intelligence, 2016, 39(6): 1137-1149.

[17] HE K, GKIOXARI G. Dollár P, et al. Mask r-cnn[C]//Proceedings of the IEEE international conference on computer vision, 2017: 2961-2969.

[18] LIU W, ANGUELOV D, ERHAN D, et al. Ssd: Single shot multibox detector[C]//European conference on computer vision. Springer, 2016: 21-37.

[19] REDMON J, DIVVALA S, GIRSHICK R, et al. You only look once: Unified, real-time object detection[C]//Proceedings of the IEEE conference on computer vision and pattern recognition, 2016: 779-788.

[20] LIN T, GOYAL P, GIRSHICK R, et al. Focal loss for dense object detection[C]//Proceedings of the IEEE international conference on computer vision, 2017: 2980-2988.

[21] HUANG L, YANG Y, DENG Y, et al. Densebox: Unifying landmark localization with end to end object detection[J]. arXiv preprint arXiv:1509.04874, 2015.

[22] TIAN Z, SHEN C, CHEN H, et al. Fcos: Fully convolutional one-stage object detection [C]//Proceedings of the IEEE/CVF International Conference on Computer Vision, 2019: 9627-9636.

[23] LAW H, DENG J. Cornernet: Detecting objects as paired keypoints[C]//Proceedings of the European conference on computer vision (ECCV), 2018: 734-750.

[24] ZHOU X, WANG D, Krähenbühl P. Objects as points[J]. arXiv preprint arXiv: 1904.07850, 2019.

[25] ZOU Z, SHI Z, GUO Y, et al. Object detection in 20 years: A survey[J]. arXiv preprint arXiv:1905.05055, 2019.